# 图解中学物理

## 深入了解物理世界的“规则”

〔日〕牛顿出版社　编

《科学世界》杂志社　译

科学出版社

北京

图字：01-2021-6751

## 内 容 简 介

物理是探索隐藏在自然界中的“规律”的学问。今天，人类正在利用自己发现的“规律”向茫茫太空发射探测器，让汽车在世界各地飞驰，并用智能手机交换着各种信息。如果认为“物理太难”而对其敬而远之的话，那你就会错过了解能够改变我们生活“规律”的机会，那是多么可惜啊！

本书精选了“力与运动”“气体与热”“波”“电与磁”“原子与光”这五个主题，通俗易懂的介绍旨在让大家掌握最基本的物理知识。各章节的前半部分是大家想了解和掌握的重要内容，后半部分则以“想了解更多”为题，介绍更为深入的内容。想快速学习物理的读者也可以先读前半部分的内容。

读完本书，大家会对以前觉得不可思议的一些现象恍然大悟，发自内心地感叹“原来是这样啊”。无论是今后即将学习物理的读者，还是希望重新学习的读者，希望通过阅读本书能真切感受到物理的乐趣，我们将不胜荣幸。



**图书在版编目（CIP）数据**

图解中学物理 / 日本牛顿出版社编；《科学世界》杂志社译．—北京：科学出版社，2023.2

ISBN 978-7-03-070291-3

Ⅰ.①图…　Ⅱ.①日…②科…　Ⅲ.①物理学－青少年读物　Ⅳ.①O4-49

中国版本图书馆 CIP 数据核字（2021）第 215926 号

责任编辑：王亚萍 / 责任校对：申晓焕
责任印制：李　晴 / 排版设计：楠竹文化

科学出版社出版
北京东黄城根北街16号
邮政编码：100717
http://www.sciencep.com

北京盛通印刷股份有限公司 印刷
科学出版社发行　各地新华书店经销

*

2023 年 2 月第　一　版　开本：889 × 1194　1/16
2024 年 3 月第三次印刷　印张：10
字数：240 000

**定价：78.00 元**

（如有印装质量问题，我社负责调换）

# 在 5 个领域改变了世界的“规律”！

向上投出的球不会飞向遥远的宇宙而会落回地面，这是因为球被地球“拽着”的缘故。月球围绕地球运转也是同样的道理。无论是地面上发生的现象，还是太空中发生的现象，它们背后都有同一个“规律”，即“物理定律”在发挥着作用。

物理（物理学）是研究各种自然现象是基于什么原因而发生的，并找出隐藏在各种现象背后规律（物理规则）的学问。到目前为止，伟大的前辈已经发现了“作用与反作用定律”“能量守恒定律”等物理定律。

本书分为“力与运动”“气体与热”“波”“电与磁”及“原子与光”5 部分。

## PART1 力与运动

在失重空间里，用普通体重计根本无法称量体重。那么，怎样才能在空间站称体重呢？

第 1 部分将介绍“ 惯性定律”“作用与反作用定律”等有关力与运动的物理定律。

## PART2 气体与热

为什么吸盘能紧紧地吸在墙壁上？温度有上限和下限吗？

第 2 部分将介绍肉眼虽难以看到却拥有巨大能量的空气（气体）与热的性质。

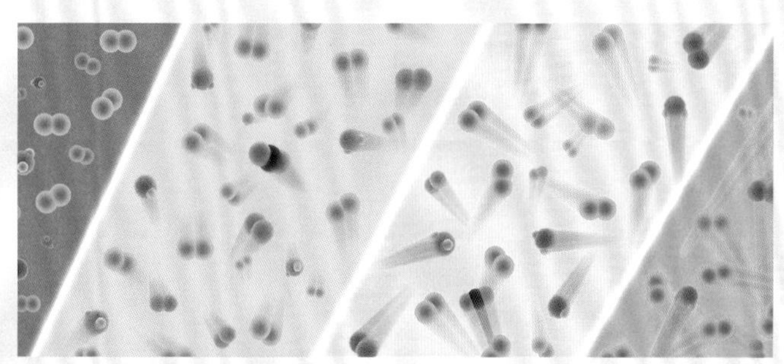

## PART3 波

为什么无色透明的肥皂水能吹出七彩肥皂泡？

第 3 部分将以光与声音等方面的现象为例，介绍与日常生活中很多现象有关的波的性质。

## PART4 电与磁

为什么手机使用时间长了会变热，电动机通电后会转动，你知道这是基于怎样的工作原理吗？

第 4 部分将剖析电与磁的性质，了解著名的“左手定则”。

## PART5 原子与光

光也是一种波。不过，如果光是波的话，那从理论上来说，我们应该看不到几十米远的烛光。然而，实际上我们却能看到烛光，这究竟是为什么呢？

第 5 部分将介绍无法用常识解释的微观世界的粒子（原子、电子）及光的不可思议的性质。

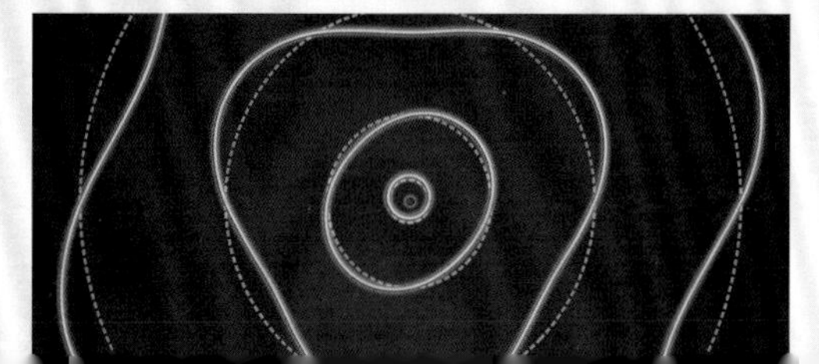

# 图解
# 中学物理

深入了解物理世界的“规则”！

## 1 力与运动



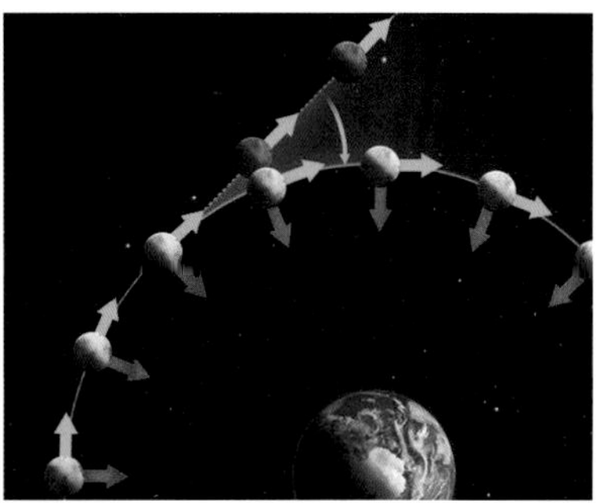

**想了解更多！**

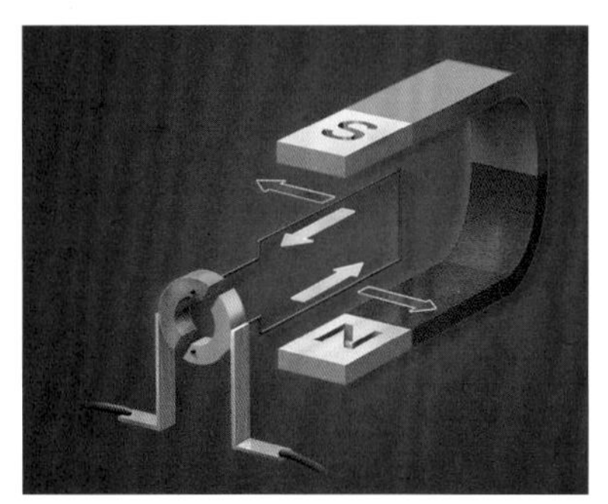

# 2 气体与热



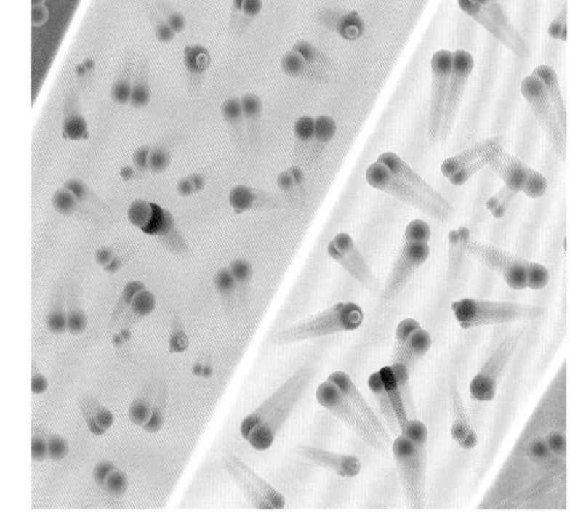

# 3 波

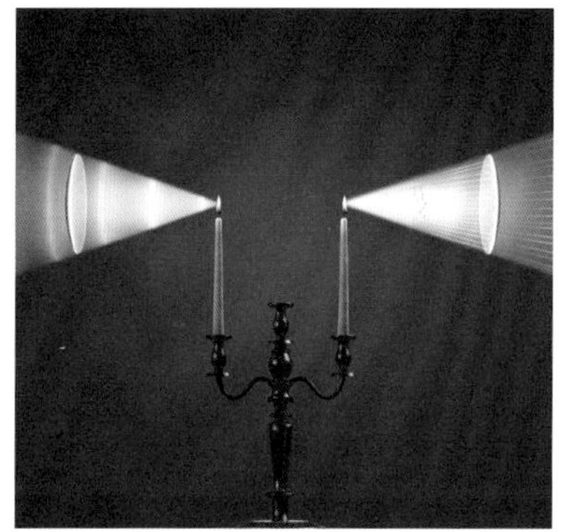

# 4 电与磁



# 5 原子与光

1

# 力与运动

围绕地球运转的月球、在冰面上滑行的冰壶、跳伞的人……尽管物体可以借助形形色色的力进行各种运动，但所有的运动都基于一些简单的“规律”。第 1 部分将用具体案例来介绍“惯性定律”“作用与反作用定律”等非常重要的物理定律，或许我们能找到有关运动的“规律”。

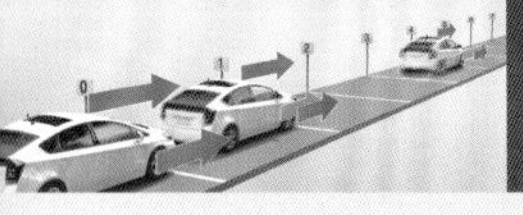



# 在宇宙空间里，一旦开始运动，就停不下来！

让我们闭上眼睛想象存在这样一个宇宙空间：那里没有星系存在，空荡荡的什么都没有。一艘宇宙飞船飞行在其中，最终耗尽了燃料。那么，宇宙飞船什么时候会停下来呢？

实际上，宇宙飞船既不会停下来，也不会拐弯，而是以相同的速度永远沿着直线向前飞行。一切运动的物体如果没有受到推动或拉拽，都将以同一速度直线前进（匀速直线运动），这就是“惯性定律”。

例如，截至目前，美国国家航空航天局（NASA）在1977年发射的太空探测器“旅行者1号”与“旅行者2号”仍然在惯性定律的作用下在太空中航行，继续向太阳系之外挺进（惯性飞行）。

## 伽利略与笛卡儿推翻了“常识”

惯性定律是意大利科学家伽利略·伽利雷（Galileo Galilei，1564～1642）与法国哲学家勒内·笛卡儿（Rene Descartes，1596～1650）在同一时期提出的。之前，基于古希腊哲学家亚里士多德（Aristotle，公元前384～前322年）的观点，科学家一直认为“只要没有外力持续作用于物体，物体就无法继续运动”。然而，伽利略与笛卡儿却发现，即使没有外力作用于物体，物体也能继续运动。这一发现颠覆了人类2000年来一直坚信不疑的“常识”。

惯性定律是关于所有物体运动的三大定律之一，也被称作“第一运动定律”。在日常生活中，由于摩擦力、空气阻力※等的影响，我们根本不可能看到物体持续运动的情景。但是，通过设定类似宇宙空间那样的“理想状态”，我们就能看到物体运动的本质。

※ 将在第20～21页详细介绍。

## 距离地球最远的人造飞行器——旅行者1号

1977年，美国发射了“旅行者1号”与“旅行者2号”太空探测器。这两个探测器在不同轨道上完成木星与土星观测任务后开始向太阳系之外挺进，直到今天，依然在惯性定律的作用下继续飞向远方。旅行者1号是距离地球最远的人造飞行器，现在仍在继续更新其创下的纪录（截至2019年12月19日，距离地球222亿千米远）。

从严格意义上来说，旅行者1号与旅行者2号并不是完全以相同的速度在直线飞行，受太阳及行星等天体引力的影响，它们的飞行速度也在时刻发生极其微小的变化。

**惯性定律（第一运动定律）**

运动的物体在完全没有受到外力作用时，将以相同的速度继续沿着直线运动。这样的运动称为“匀速直线运动”。静止的物体在没有受到外力作用时，将保持静止。

# 正因为有外力作用于汽车，汽车才能加速行驶和转弯！

根据惯性定律，即使没有外力作用于物体，物体也会匀速运动。那么，当有外力作用于物体时，物体将如何运动呢？下面，我们以汽车为例进行说明。

众所周知，当我们踩下油门时，原本静止的汽车就开始前进，而且会不断加速。这是因为轮胎旋转得越来越快，不断向后“蹬”地面的缘故。轮胎通过“蹬”地面，而在行进方向上不断给汽车施加力。正是作用于行进方向上的这个力，汽车才得以不断加速前进。

与此相反，当我们踩下刹车时，轮胎的旋转会变慢，轮胎与地面之间摩擦力的作用方向与汽车的行进方向相反，结果汽车就会减速。就像汽车一样，当有外力作用于一个物体时，物体才会做加速或减速运动。

## 不断加速的汽车

图片描绘了汽车在外力的作用下每隔一定的时间间隔速度增加的情景。从图中可以看出，汽车的速度分别为时速20千米、40千米、60千米，以每小时20千米的间隔逐渐变快，但加速度是固定不变的。这样的运动称为“匀加速运动”。

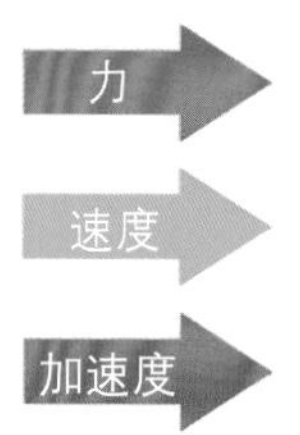

## “速率”与“速度”不同

假设汽车受到的外力保持不变，其行驶速度则会以一定的时间间隔逐渐变快，如每隔 5 秒，速度从时速 20 千米变为 40 千米，再到时速 60 千米。受外力作用时，物体的速度会持续变化。速度在一定时间内的变化量称作“加速度”。

那么，使劲踩油门的话，汽车能更迅猛地加速吗？这时，汽车轮胎会更猛烈地“蹬”地面，会有更大的一个力作用于汽车。实际上，加速度与力的大小成正比。作用于汽车的力增大为 2 倍时，加速度也将提高到 2 倍；力增大为 3 倍的话，加速度也提高到 3 倍。

顺便说一下，在物理学上，“速率”与“速度”这两个词的含义不同。“速率”只是指数值大小，“速度”除了快慢之外，还包括运动方向。向右打方向盘，则会产生向右的力，汽车会向右转弯。这时，即使速度计显示的速率没有变化，但汽车的运动方向发生了变化，因此速度发生了变化。可以说，力可以改变物体的速度。

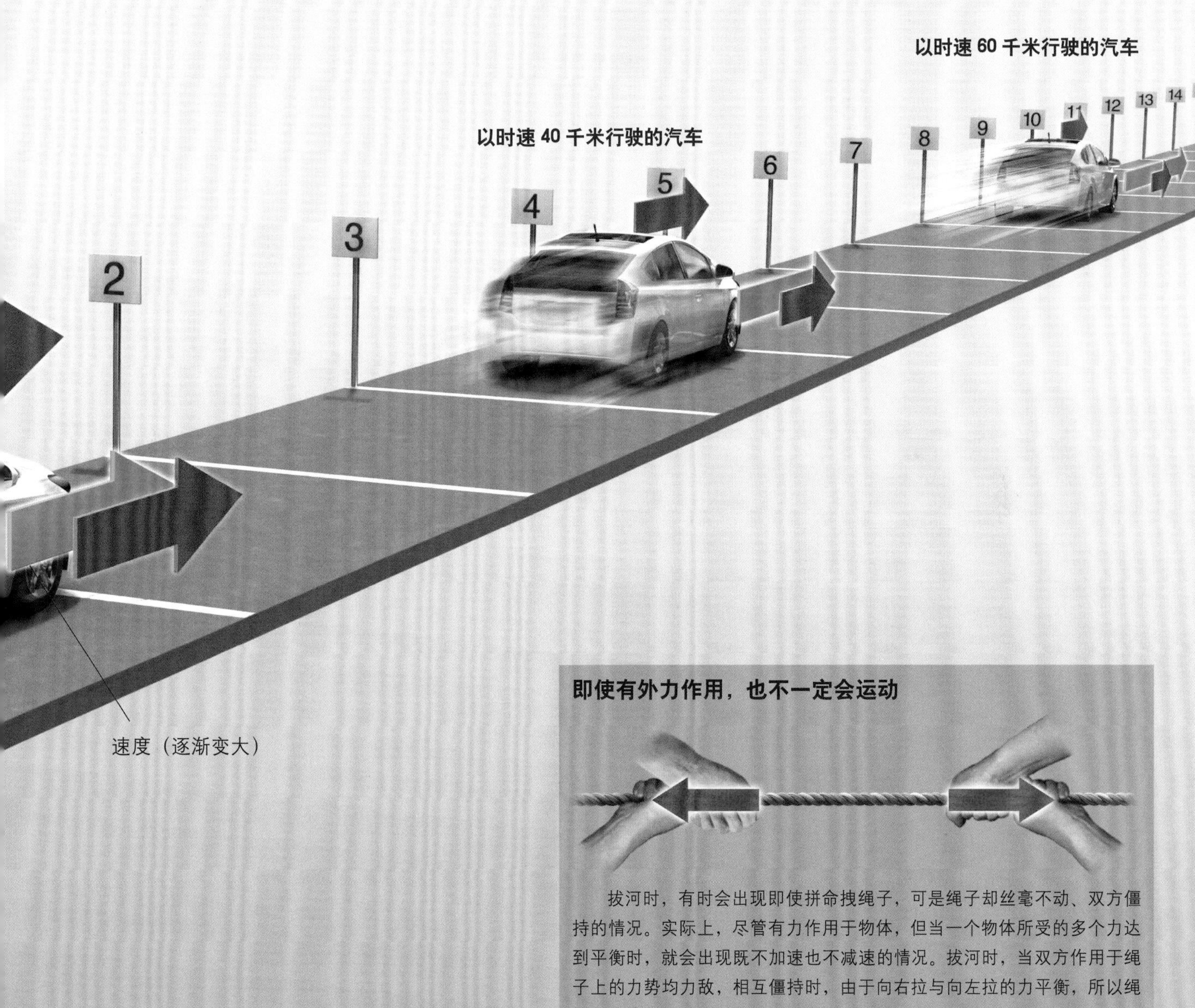


**即使有外力作用，也不一定会运动**

拔河时，有时会出现即使拼命拽绳子，可是绳子却丝毫不动、双方僵持的情况。实际上，尽管有力作用于物体，但当一个物体所受的多个力达到平衡时，就会出现既不加速也不减速的情况。拔河时，当双方作用于绳子上的力势均力敌，相互僵持时，由于向右拉与向左拉的力平衡，所以绳子不移动。

此外，根据惯性定律，当多个力均衡作用于运动的物体时，物体既不加速也不减速，而是以相同的速度运动。

# 在失重的宇宙中，如何测量体重？

你是否有过这样的感觉：如果汽车里有多位乘客，即使像往常一样踩下油门，汽车也不太容易加速。

这种现象意味着“越重（质量越大）的物体越不容易加速”。更准确地说，则是“质量与加速度成反比”。即尽管作用力相同，但物体的质量增大为 2 倍时，其加速度则降为 1/2；质量增大为 3 倍时，加速度降为 1/3。

正如前一对页介绍的那样，作用于同一物体的力越大，其加速度越大。也就是说，“力与加速度成正

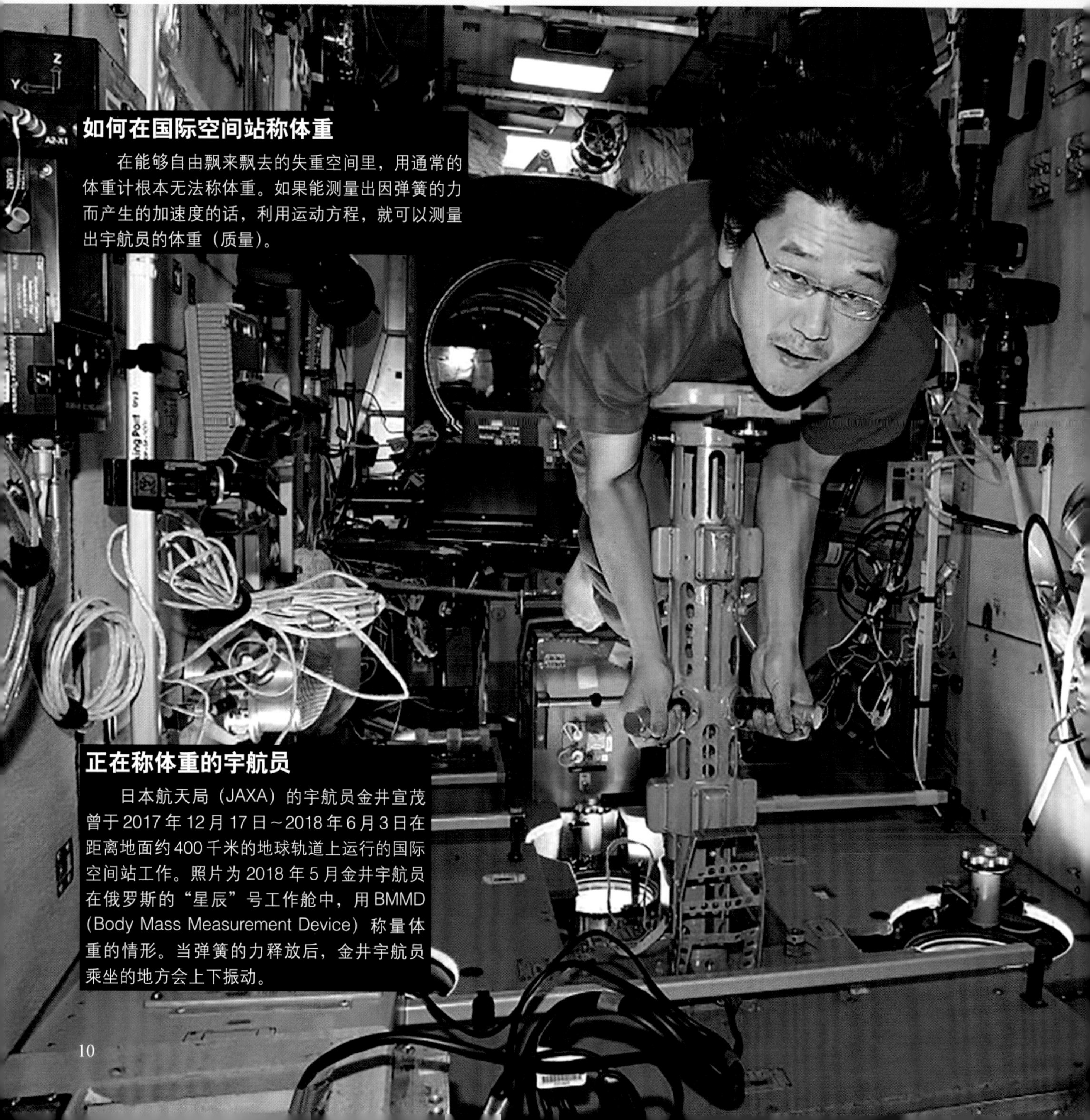

## 如何在国际空间站称体重

在能够自由飘来飘去的失重空间里，用通常的体重计根本无法称体重。如果能测量出因弹簧的力而产生的加速度的话，利用运动方程，就可以测量出宇航员的体重（质量）。

## 正在称体重的宇航员

日本航天局（JAXA）的宇航员金井宣茂曾于 2017 年 12 月 17 日～2018 年 6 月 3 日在距离地面约 400 千米的地球轨道上运行的国际空间站工作。照片为 2018 年 5 月金井宇航员在俄罗斯的“星辰”号工作舱中，用 BMMD（Body Mass Measurement Device）称量体重的情形。当弹簧的力释放后，金井宇航员乘坐的地方会上下振动。

比”。实际上，这些关系可以汇总为“力（$F$）= 质量（$m$）× 加速度（$a$）”。这一方程被称作“运动方程”，是有关运动三大定律中的第二个定律，即“第二运动定律”。

## 能预知未来运动趋势的基本定律

通过运动方程，我们可以了解“多大的力作用于多重的物体时，该物体会怎样加速”。如果知道物体的质量与力的大小的话，我们就能得知物体的加速度，并预测其今后的运动趋势。

在失重（微重力环境）的国际空间站（ISS）中，宇航员称体重时也会用到运动方程。宇航员坐到压缩弹簧上，如果知道弹簧产生的“力”与宇航员运动时的“加速度”，就可以计算其“质量”。

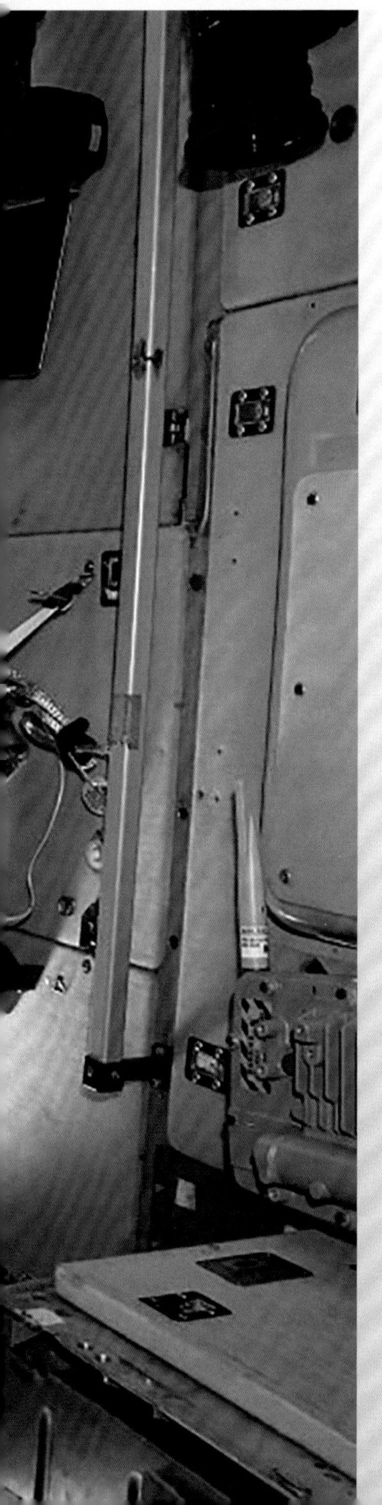

### 体重越轻，越容易加速

当压缩弹簧的力释放后，坐在上面的人体重越轻，弹簧加速越剧烈；体重越重，弹簧加速越缓慢。根据弹簧释放的力与加速度，就能计算出质量（体重）。实际上，由于弹簧在上下振动（因为弹簧产生的力与坐在上面的人的加速度并非固定不变），所以，实际计算时还需要运用三角函数等知识，但在原理上是相同的。

### 运动方程（第二运动定律）

表示力与质量及加速度之间关系的方程，是所有运动的基本定律。

$$F = ma$$

$F$：力 [N]
$m$：质量 [kg]
$a$：加速度 [m/s$^2$]

# 跳伞时，地球也在被跳伞的人拽着

众所周知，游泳运动员可通过使劲用脚蹬泳池壁而能够强有力地快速折返。究竟是怎样的一种力，改变了游泳运动员的前进方向并使其加速的呢？由于游泳运动员脚蹬了泳池壁，所以有外力作用于泳池壁。不过，如果没有外力作用于运动员自身的话，运动员也无法折返（无法改变运动速度）。

实际上，一物体对另一物体施加力时，另一物体对此物体必定也有一个同样大小的反作用力，这称为“作用与反作用定律”。泳池壁对游泳运动员也有一个“推回去”的作用力，大小与运动员脚蹬泳池壁的力相同。

作用与反作用定律被称为“第三运动定律”，所有的力都遵循这一定律。也就是说，当你使劲推衣柜的时候，衣柜也对你施加了一个力。你用拳头砸墙壁的话，你的手也会因受到来自墙壁的同样大小的力而感到疼痛。

## 即使距离遥远，作用与反作用定律也成立

从几千米的高空跳伞时，下降速度几乎能达到时速 200 千米，其背后的“推手”就是地球重力。重力是指任何物体之间都有的相互吸引力——万有引力※。

像万有引力那样，作用于相距遥远的物体之间的力也遵循作用与反作用定律。也就是说，跳伞者被地球重力吸引的同时，地球也被跳伞者的“重力”所吸引而极其微弱地向跳伞者“靠拢”。

※ 有人认为，重力是万有引力与地球自转所产生的离心力的“合力”。

## 作用与反作用定律也适用于跳伞

右图描绘了跳伞的情景。就像跳伞者受到地球重力的吸引那样，地球也受到了跳伞者的吸引，且这两个力相同。不过，由于地球的质量非常大（$6\times10^{24}$ 千克），尽管体重 60 千克的跳伞者下降了 1000 米，但地球只向上运动了极短的距离–0.0000000000000001 毫米左右，仅仅相当于氢原子核直径的十万分之一。

**作用与反作用定律（第三运动定律）**

当物体 A 对物体 B 有一个作用力时，物体 B 也必定对物体 A 有一个同样大小的反作用力。这时，两个力的方向完全相反。

跳伞者对地球的吸引力

## 万有引力定律

任何物体之间都有相互吸引力—万有引力。万有引力的大小取决于物体的质量及物体之间的距离。距离越近，万有引力越大。

$$F = G\frac{m_1 m_2}{r^2}$$

$F$：万有引力 [N]※1

$m_1$、$m_2$：两个物体的质量 [kg]

$r$：两个物体之间的距离 [m]

$G$：万有引力常数 [$6.67 \times 10^{-11}$ ($N \cdot m^2/kg^2$) ※2]

※1：$kg \cdot m/s^2$

※2：$N \cdot m^2/kg^2 = m^3/(kg \cdot s^2)$

# 月球正在不断向地球“坠落”

自诞生以来，月球在 45 亿年的漫长岁月里一直在围绕着地球运转。尽管月球因万有引力而受到地球的吸引，可是却没有“坠向”地球，这是为什么呢？实际上，这是因为月球相对于地球在以每秒 1 千米的速度运动的缘故。

如果没有万有引力的话，月球大概会根据惯性定律直线飞出去（图中的虚线路径）。然而，实际上，月球因万有引力而被地球紧紧吸引着，因此，它改变了行进方向。也可以说，与基于惯性定律的路径相比，月球在不断“坠向”地球。就这样，高速运动的月球在不断向地球“坠落”的同时，与地球的距离却几乎保持不变地做着圆周运动（实际轨道是稍扁的椭圆）。

这种情形与抛掷链球非常相似。因为球体绑在运动员手里抓的铁链上，所以球体才不会飞离运动员，而是围着运动员旋转。万有引力相当于把高速运转的月球“绑”在了地球附近。

正如前文介绍的那样，当外力作用于物体时，物体的速度会改变。月球的速度因万有引力的影响而发生了变化，但不是运转快慢的变化，而是方向上的变化。

## 月球也在“摆动”地球

根据作用与反作用定律，月球也在吸引地球。因此，地球也在被月球的引力所“摆动”（右图），在以地球与月球的重心（位于地球内部）为中心进行圆周运动。

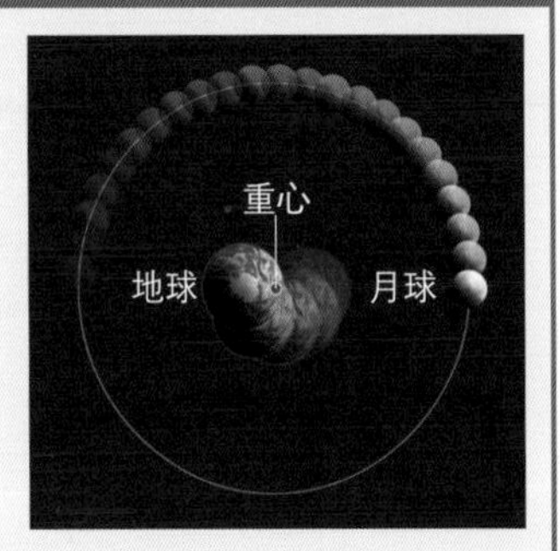


恒星与行星之间也会出现同样的情况。大质量恒星因受到周围小质量行星的引力影响而发生极其微小的“摆动”。实际上，科学家正在通过观测恒星这一极小的运动来间接探寻太阳系之外的行星（根据多普勒法来探寻系外行星）。

## 万有引力“束缚”住了月球

月球在围绕地球运转。假设万有引力突然消失的话，月球就会因惯性定律而沿着直线飞出去。与此相反，正因为月球被万有引力束缚着，所以才不会直线前行，而是不断向地球“坠落”，并保持着圆周运动。

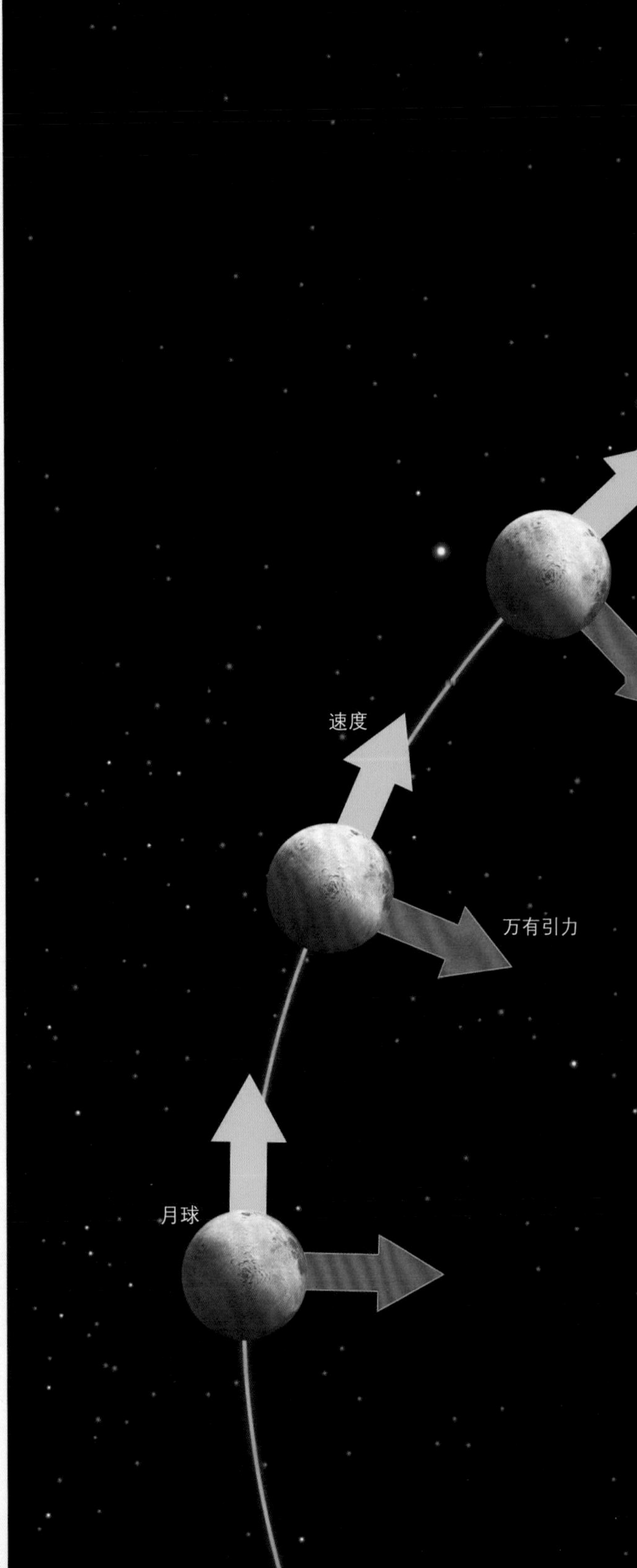

如果没有万有引力的话，
月球就会沿着直线飞出去
受万有引力的影响，月球的
行进方向发生改变，不断
“坠”向地球
地球

# 通过向后喷射燃料，“隼鸟 2 号”探测器才得以加速飞行

2018 年 6 月，JAXA 发射的“隼鸟 2 号”探测器在历经 3 年半、大约 30 亿千米的漫长飞行后，终于到达了小行星“龙宫”。在没有空气的空荡荡的宇宙空间里，“隼鸟 2 号”是怎样加速的呢？

我们来想象一下坐在带轮椅子上双脚离地使劲投掷篮球的情景吧。在投出篮球的瞬间，椅子会因作用于篮球的反作用力而向与篮球飞行方向相反的方向移动。“隼鸟 2 号”以“离子发动机”为动力源，与刚才的例子相同，通过反作用而得以加速飞行。

离子发动机是一种向后喷射气态氙（Xe）离子的动力装置，通过喷射氙的反作用而实现加速。这种现象可以用动量守恒定律解释。动量是指一个物体通过“质量 × 速度”所获得的“运动趋势”。动量守恒定律是指“只要没有外力作用，两个物体的总动量保持

## 采用离子发动机喷射来实现加速的“隼鸟 2 号”

2014 年 12 月，“隼鸟 2 号”升空，2018 年 6 月到达飞行目的地—小行星“龙宫”。在飞行过程中，“隼鸟 2 号”利用离子发动机喷射进行了 1 次减速与 2 次加速，最后进入与“龙宫”的公转轨道相同的轨道。

如果向行进方向喷射氙离子的话，则可以减速。

### 动量守恒定律

没有外力作用时，物体的总动量保持不变。坐在带轮椅子上的人投出篮球时，相对于投掷篮球的人来说，也产生了与篮球动量相同大小的反向动量。无论投掷篮球前，还是投掷篮球后，总动量保持不变，都是零。

用“质量 × 速度”可以计算出动量，所以，物体越重，投射速度越快，坐在椅子上的人所获得的动量越大，移动速度越快。

不变”。

在刚才的例子中，坐在椅子上的人与篮球最初都没有运动，所以两者的总动量为零。投出篮球后，篮球向前飞的那一部分动量则对人产生了一个向后的动量。由于两者的大小相同，方向相反，因此，投掷篮球后的总动量与投掷篮球前相同，也是零。“隼鸟2号”探测器利用离子发动机向后喷射燃料而获得向前的动量，才得以加速飞行。

在今天看来，探测器能够在宇宙中加速飞行是一件非常平常的事情，但以前并不是这样的。1920年，美国发明家罗伯特·戈达德（Robert Goddard，1882～1945）提出了利用火箭开展月球之旅的可能性，但遭到美国《纽约时报》的严厉批评，被认为根本不可能。当时普遍认为“只要不向后推动空气，飞行器就不会向前飞行”，因此，在真空的宇宙中根本无法实现加速。

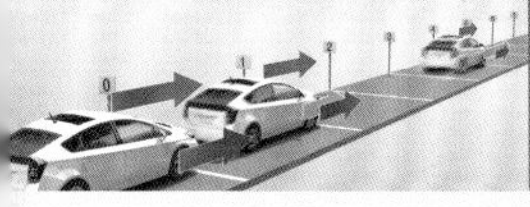



# 总能量绝不会增减！

让我们想象一下站在高台上用网球拍击球的情形。假设从不同角度以相同速度击球，在哪一种情况下，网球即将落地时的速度最快呢（忽略空气阻力）？

实际上，网球即将落地时的速度在任何情况下都是相同的。只要想想因物体的“状态”不同而变化的能量，我们就能理解其中的道理。网球主要拥有两种能量，一种是取决于网球运动速度的“动能”，另一种是取决于网球所在高度的“势能”。

向斜上方击出的网球在重力作用下，速度逐渐减慢，动能减少。不过，由于网球飞到了更高的空中，因此其势能增大了。减少的那一部分动能与增大的那一部分势能是相同的，也就是说，动能与势能之和总是保持不变，这就是力学上的能量守恒定律。

无论从哪一个角度击球，只要击球瞬间的球速相同，球就拥有相同的动能。而且，只要球处于同一高度，就具有相同的势能。球即将落地时，因为处于同一高度，所以其势能也相同。这样一来，根据力学上的能量守恒定律，球在即将落地时的动能相同，速度也相同。

## 能量具有各种各样的形态

能量以多种形式出现，如光能、电能、热能等，而且可以根据各种现象从一种形式转化为另一种形式。例如，借助于太阳能电池板可以把太阳的光能转换为电能，借助于电加热器可以把电能转换为热能等。

虽然能量可以从一种形式转化为另一种形式，但能量的总量是保持不变的，这就是能量守恒定律。

### 即将落地时的网球速度是多少？

以同一速度击球时，网球在即将落地时的速度会因击球角度不同而不同吗？根据力学上的能量守恒定律，位于同一高度的网球具有相同的势能（网球的绿色部分）与相同的动能（网球的橙色部分）。也就是说，网球在即将落地时的速度是相同的。

### 铁球会撞到脸上吗？

**问题：** 假设你眼前有一个系在摆上的铁球。松手放开铁球，铁球向外摆动后返回时，会撞到你的脸上吗？

（答案见右页下方）

因为上升，
导致势能增大，
动能减少，
但总能量保持不变。

## 力学上的能量守恒定律

当一个物体只受重力作用时，其动能与势能的总量保持不变。根据以下公式，动能与速度的平方成正比而增大，势能与高度成正比而增大。

动能

$$K = \frac{1}{2} mv^2$$

$K$：动能 [J]
$m$：质量 [kg]
$v$：速度 [m/s]

势能

$$U = mgh$$

$U$：势能 [J]
$m$：质量 [kg]
$g$：重力加速度 [m/s$^2$]
$h$：高度 [m]

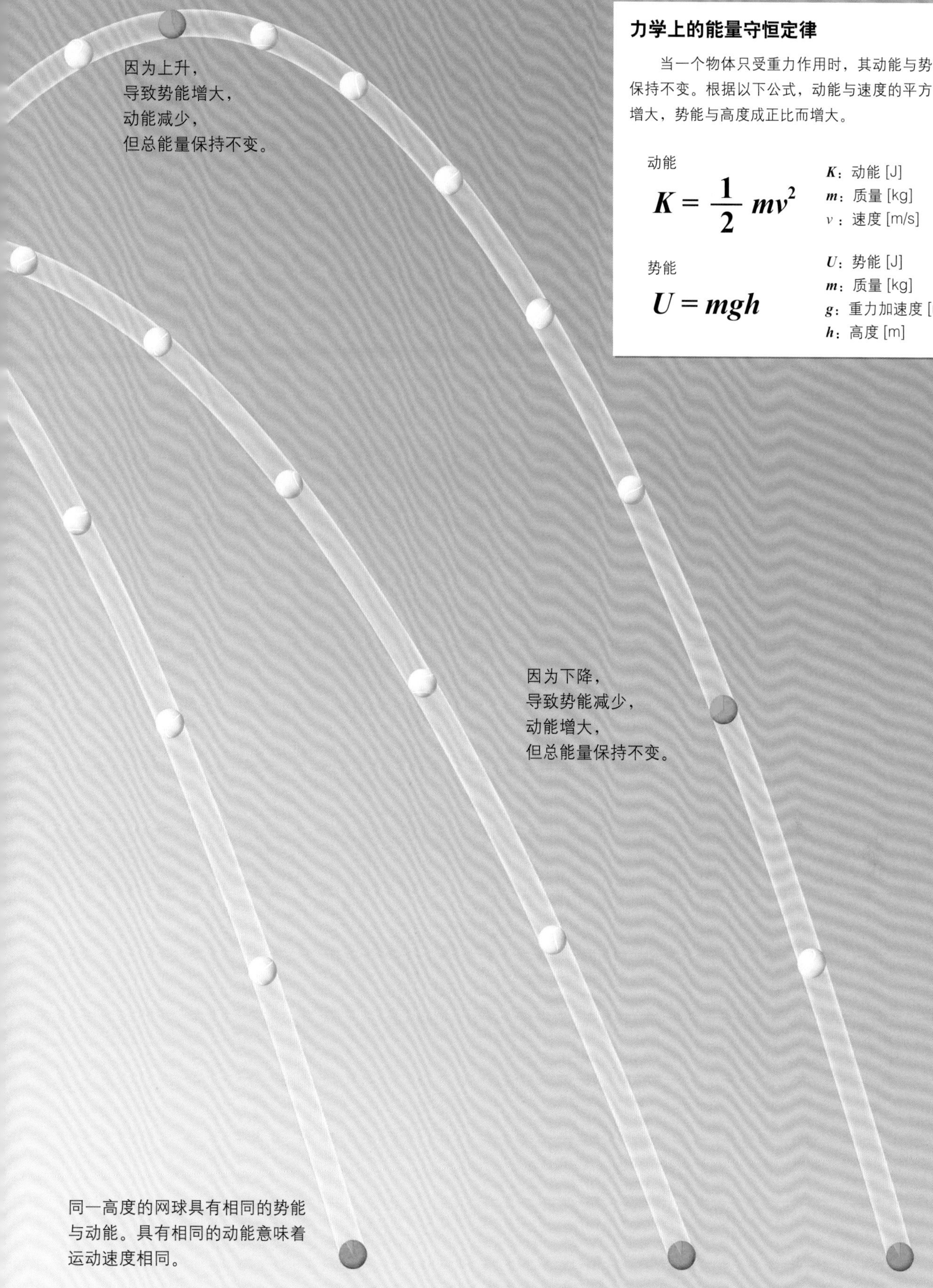

因为下降，
导致势能减少，
动能增大，
但总能量保持不变。

同一高度的网球具有相同的势能与动能。具有相同的动能意味着运动速度相同。



**答案：**不会撞到脸上。在松开手的瞬间，铁球的动能是零。往返一次后，在同一位置的动能变成零，铁球会在你眼前停下来。不过，如果在松开手的那一瞬间稍微推了一下球，铁球的动能就会增大，返回时的高度将高于原来的高度，就会撞到脸上。

# 如果没有摩擦，我们甚至无法走路！

我们来想象一下在理想状态下的能量守恒。假设一个球沿着平坦而光滑的轨道滚动，貌似它可以不损失任何动能而一直滚动下去。然而，因为有摩擦力与空气阻力，实际上球最终会停下来。

摩擦力是作用于两个相互接触的物质之间的、阻碍物体相对运动的力。只要两个物体相互接触，摩擦力就绝不会为零。空气阻力也是阻碍物体运动的力。物体在推开空气的同时，也受到来自空气的反向作用力。

也许大家会认为摩擦力与空气阻力是阻碍物体运动的“累赘”，但如果没有这些力的话，我们生活的世界将会变成一个极不方便的世界。如果不存在摩擦力，我们甚至无法在地面上行走，而且一旦开始运动，就再也停不下来。此外，如果没有空气阻力，雨滴就会快速倾泻而下，一旦砸到身上会非常痛。

## 物体因摩擦力而停止运动时，会产生热

在冰壶运动中，投出的冰壶会在冰面上滑行一段距离，最后在摩擦力和空气阻力的作用下停下来。这时，尽管冰壶的动能减少到零，但根据能量守恒定律，减少的那一部分动能应该转化成了其他形式的能量。

因摩擦力而减少的动能主要转化成了热能。在体育馆中迅猛滑行时，有时会感觉皮肤好像被烧伤了，这是因为在摩擦力的作用下，动能转化为热能，产生了摩擦热的缘故。

空气阻力也是同样的，接触到物体的空气温度有极其微小的升高。

### 即使在极其光滑的冰面上，物体也一定会停止运动

任何物体之间都必定会产生摩擦力。尽管冰面上形成了薄薄的水层，在很大程度上减少了摩擦力，但摩擦力也不会变成零。冰壶比赛中用的冰壶尽管能滑行很长的一段距离，但最终一定会停下来。

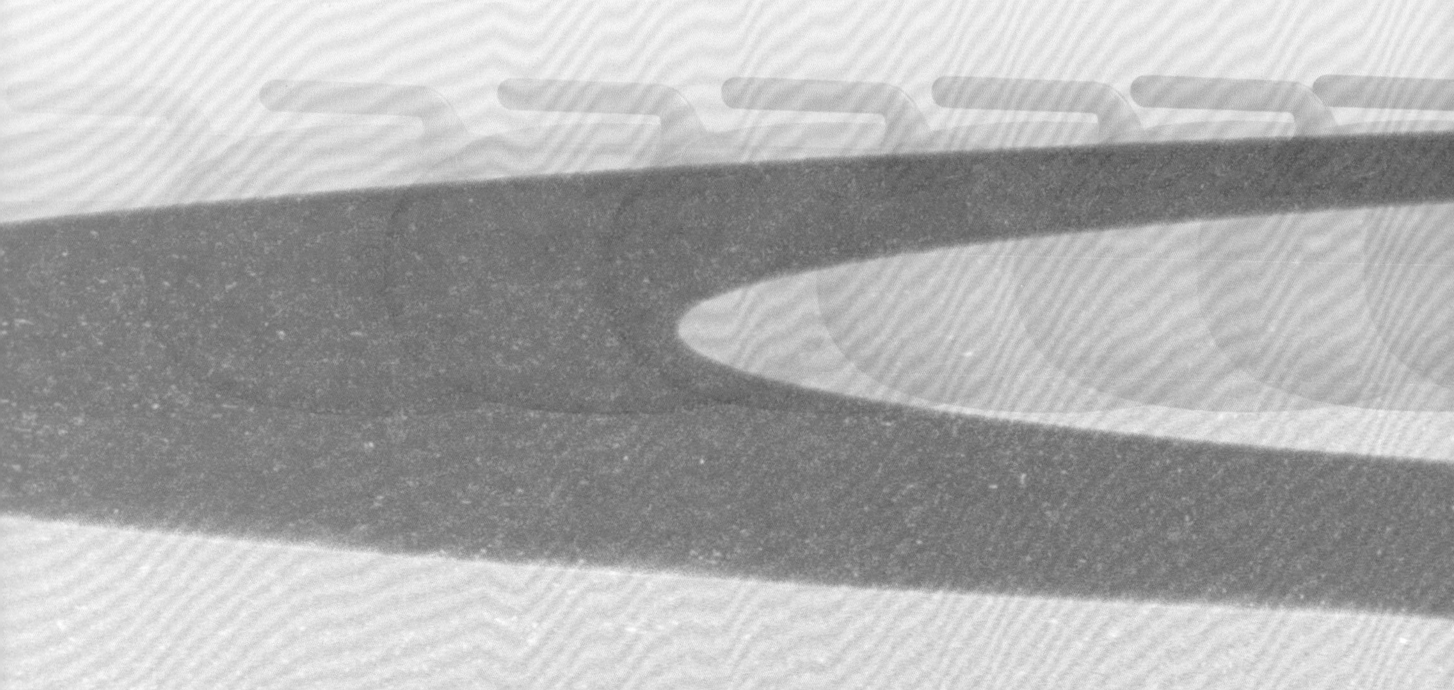

## 如果没有摩擦力……

2002 年，小柴昌俊博士荣获了诺贝尔物理学奖。读研究生时，小柴博士曾在一所中学担任过讲师。据说，他在这所学校里曾提过一个问题※：“如果没有摩擦力，将会发生什么？”这个问题设想的正确答案是：“白纸”。如果没有摩擦力的话，铅笔会在纸上滑动而无法写下文字。说到底，如果没有摩擦力，我们甚至很难握住铅笔，也无法安稳地坐在椅子上。摩擦力在幕后默默地支撑着我们生活的世界。

不能用铅笔写字？

※《只要去做，就能做到》（小柴昌俊 著，日本新潮社）

### 摩擦力公式※

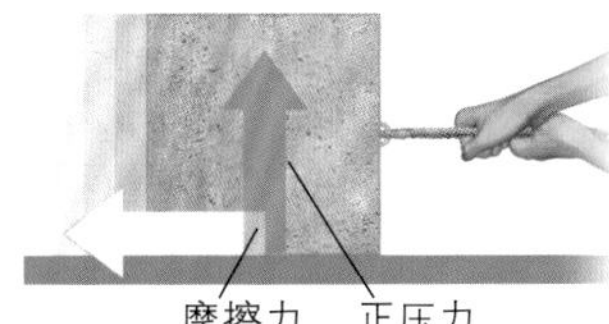


$$F = \mu N$$

$F$：摩擦力 [N]

$\mu$：摩擦系数（因物质而异）

$N$：正压力（地面垂直向上推物体的力）[N]

※ 这是物体运动时的“动摩擦”公式。

## 如果没有空气阻力……

空气阻力的大小因物体运动速度不同而不同。物体缓慢运动时，空气阻力与运动速度大致成正比；物体快速运动时，空气阻力与速度的平方成正比。也就是说，物体的运动速度越快，空气阻力越大。

如果没有空气阻力，雨滴砸到身上会非常痛。尽管雨滴是因重力吸引而落下的，但它并不能无止境地持续加速。当然，刚开始降落时，雨滴会因重力而不断加速，但当降落速度达到某一速度后，空气阻力就会与重力大小相同而处于平衡状态，雨滴就再也不能加速下落。

这时的速度称为“终端速度”。雨滴的终端速度最快只有每小时几十千米，即便砸到身上也不会痛。但是，如果没有空气阻力，雨滴就会一直加速下落，临近地面时的速度甚至会高达每小时 200 千米。

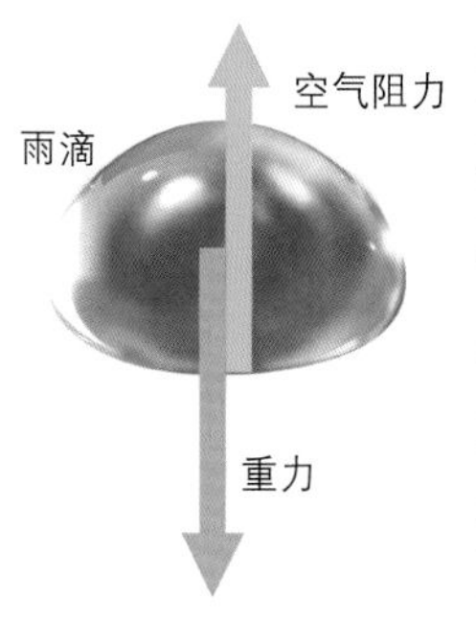

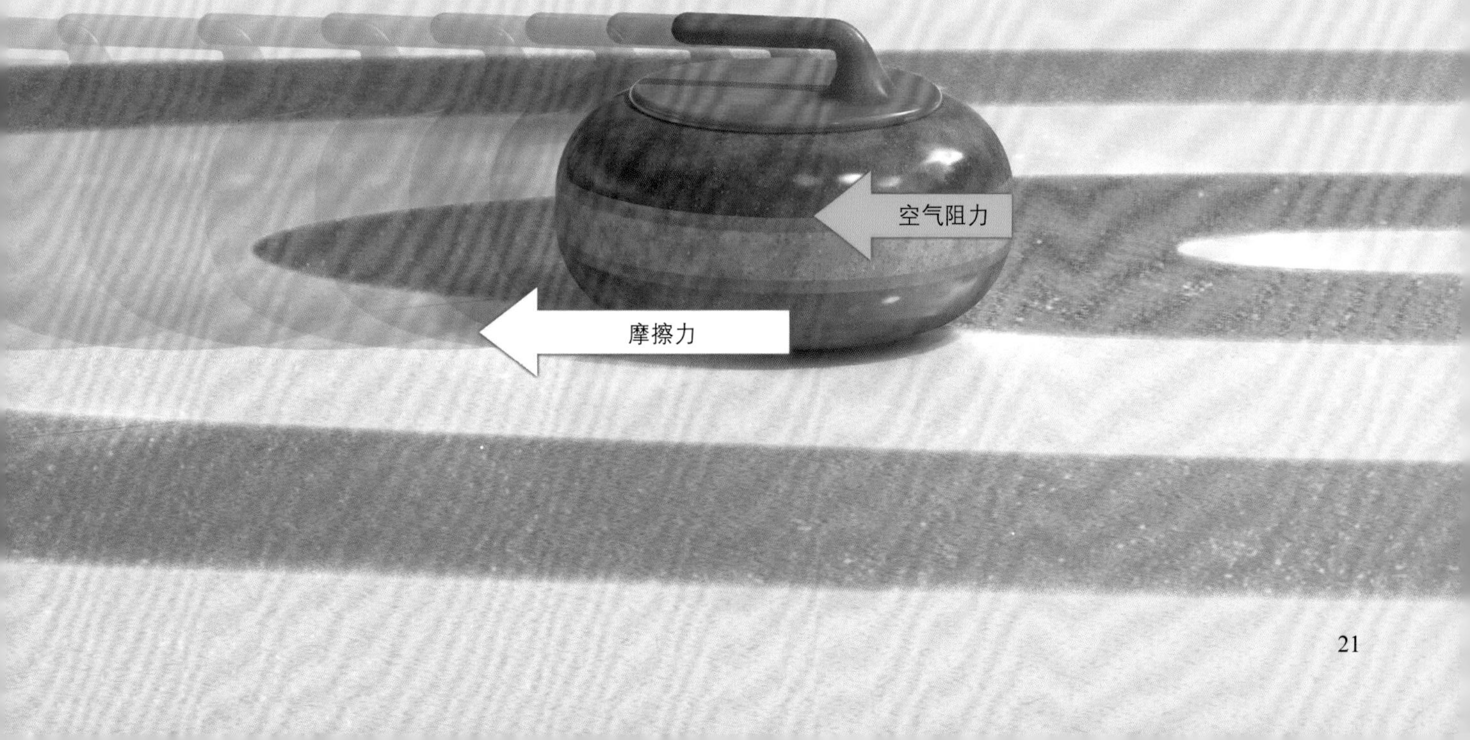

因空气阻力与重力平衡，雨滴停止加速

空气阻力

摩擦力

# 牛顿力学标志着现代物理学的出现

牛顿力学是在17世纪由英国科学家艾萨克·牛顿（1642~1727）建立的一种物理学基本理论。在某种意义上，牛顿力学的诞生才标志着真正意义上的物理学的出现。牛顿吸收以伽利略·伽利雷（1564~1642）为代表的许多前人研究物体运动的成果，加以总结和发展，最后建立了牛顿力学。

牛顿在23岁时遇上英国发生大瘟疫，他就读的剑桥大学暂时关闭，只好回到家乡伍尔索普。然而，正是在1665～1666年停课待在乡下的这段时间，他连续创下了堪称科学史上的伟大功绩，因而这一时期被科学史家誉为牛顿“奇迹年”。

这一时期，牛顿发现了成为牛顿力学核心的“万有引力定律”（**1**）。也是在这一时期，牛顿奠定了牛顿力学乃至全部物理学广泛使用的数学工具“微积分学”的基础（**2**）。在这同一时期，他甚至在不属于牛顿力学的其他领域（光学）也做出了伟大发现，证明“白色的太阳光是由各种各样的色光混合而成”（**3**）。

## 科学史上最重要的著作《原理》

但是，牛顿不喜欢在学术上挑起争论，他一直没有把万有引力定律和自己的其他研究成果加以发表的想法。在英国的另一位科学家埃德蒙·哈雷（那位预言“哈雷彗星将周期性回归”的著名科学家）的一再劝说下，他才渐渐动心，终于在1687年出版了他的一部巨著《自然哲学的数学原理》(简称《原理》)。《原理》是科学史上最重要的著作之一。

### 更详细的说明

#### 牛顿力学是牛顿一人创立的吗？

牛顿力学冠上了牛顿的名字，其实并非是由牛顿一人创立。例如后面将要详细介绍的“运动三定律”（惯性定律、运动方程和作用力与反作用力定律），就包括了伽利略、笛卡儿和惠更斯等活跃在16～17世纪的许多科学家的贡献。正如日本东京大学大学院综合文化研究科的和田纯夫专任讲师所指出的，“牛顿的功绩是把运动三定律和万有引力定律结合起来，证明从天体的运动到身边物体的运动，亦即一切物体的运动，都可以同样利用这些定律而得到圆满说明。”

### 在“奇迹年”里创下三大伟绩

这里跨页图解表现了牛顿在1665~1666年创下的三项伟大功绩

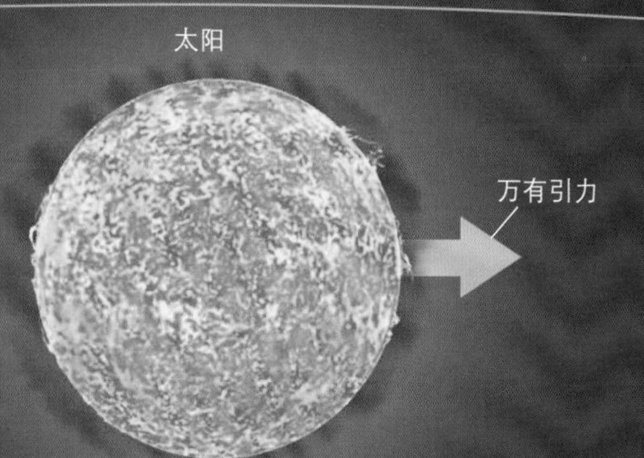


**1. 万有引力定律**

万有引力定律说，“一切物体都有一个因其重量（质量）而产生的作用力，并以这种力相互吸引。”在后文有详细介绍。

## 2. 微积分学

微积分学是用来求曲线的切线的斜率（变化率）和曲线图形所包围的面积时所使用的一种数学工具。本文不打算涉及微积分学，但是，比如说，如果知道了如何用图形来表示物体速度随时间的变化（下），那就等于知道了如何使用微积分学来计算物体的加速度（红线的斜率）和物体的移动距离（暗绿色区域的面积）。顺便提到，今天我们使用的微积分符号基本上沿用的是微积分学的另一位创立者——德国科学家戈特弗里德·莱布尼兹（1646～1716）所使用的符号。

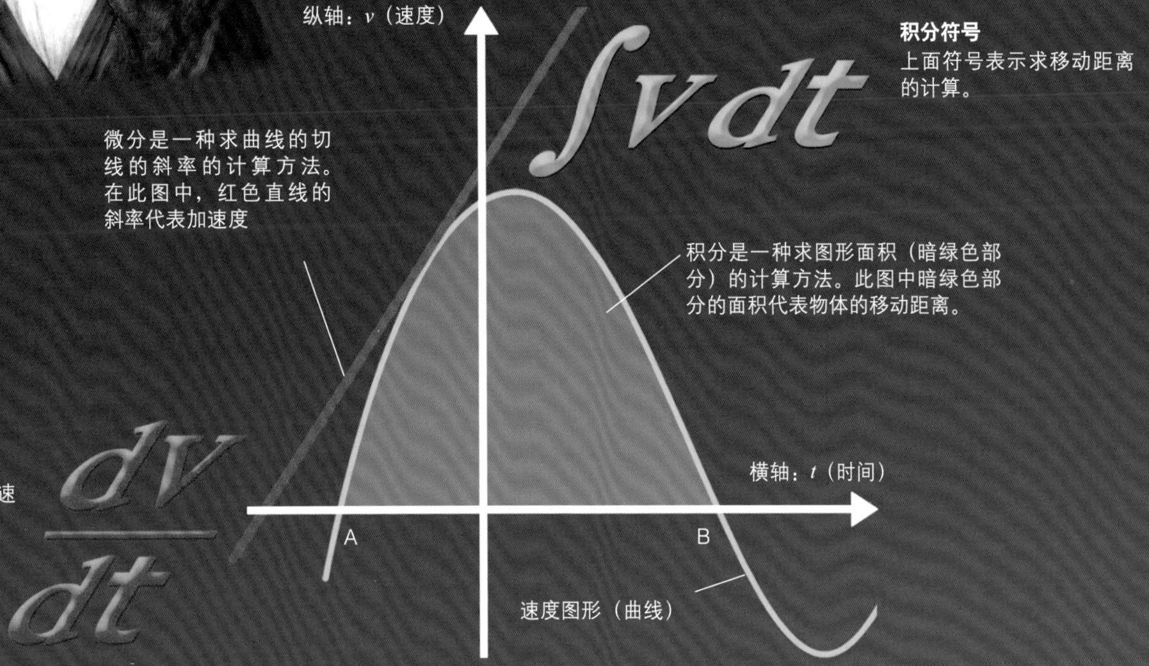

纵轴：$v$（速度）

$$\int v\,dt$$

**积分符号**
上面符号表示求移动距离的计算。

微分是一种求曲线的切线的斜率的计算方法。在此图中，红色直线的斜率代表加速度

积分是一种求图形面积（暗绿色部分）的计算方法。此图中暗绿色部分的面积代表物体的移动距离。

**微分符号**
右面符号表示求加速度的计算。

$$\frac{dv}{dt}$$

横轴：$t$（时间）

A

B

速度图形（曲线）

## 3. 白色光是无数色光聚集而成的光

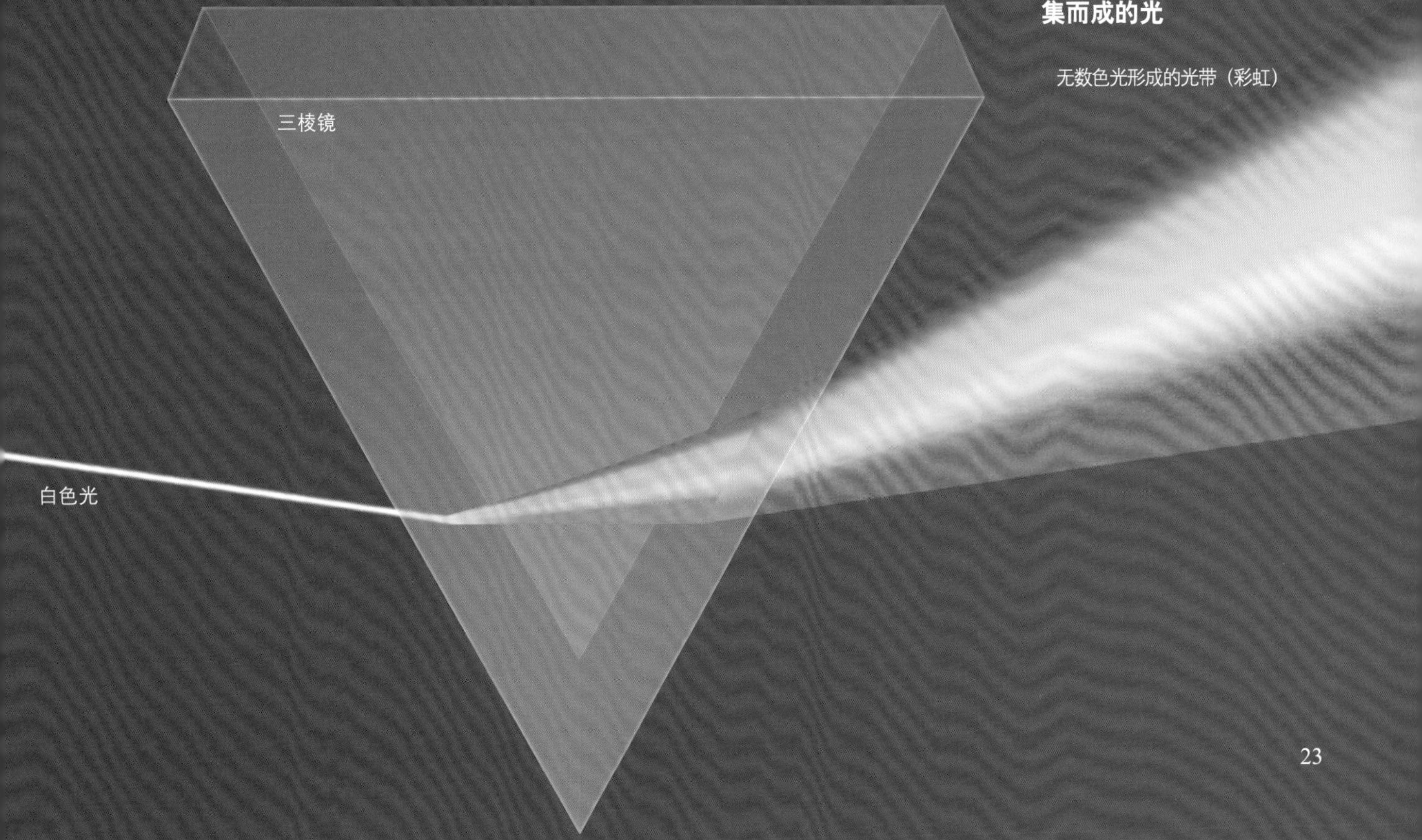

无数色光形成的光带（彩虹）

三棱镜

白色光

# 发现了惯性定律的伽利略与笛卡儿

惯性定律这一“偏离常识”的定律是由意大利科学家伽利略·伽利雷首先发现的。顺便说一下，牛顿是在伽利略去世的那一年出生的。当时，伽利略做了一个实验（**1**）。一个小球沿着左侧的斜面 A 滚落，然后沿着右侧的斜面 B 上升。假设斜面非常光滑，几乎可以忽略摩擦。这时，**小球沿着斜面 B 上升到与从斜面 A 开始滚落的高度相同的高度**。无论怎样改变斜面 B 的坡度，小球都会上升到与最初的下落高度等高的地方（**2**）。伽利略注意到了这一实验事实。

## 借助于思想实验，发现了“偏离常识”的定律

此后，伽利略进行了思想实验（**3**）。也就是说，

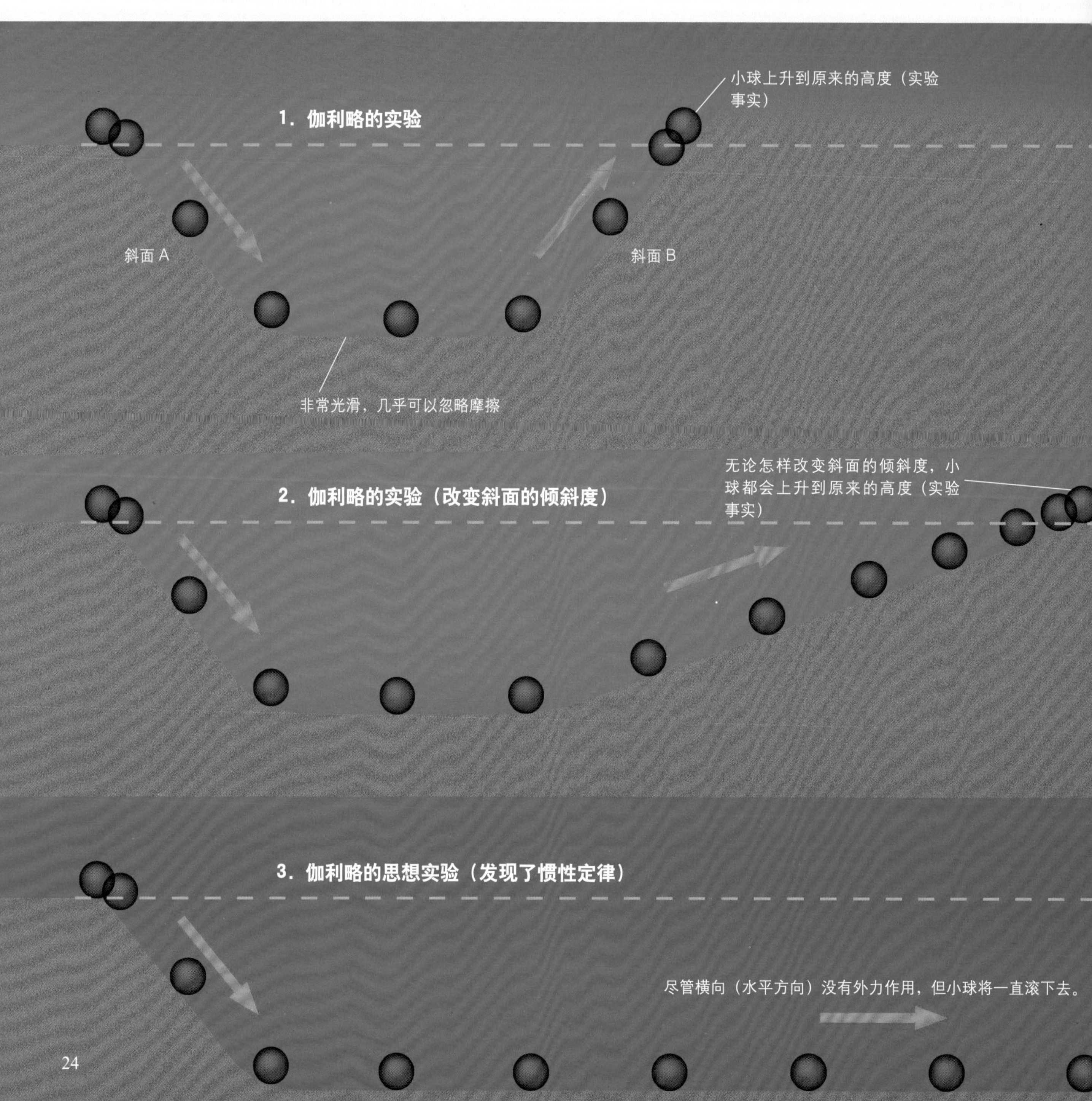
1．伽利略的实验
小球上升到原来的高度（实验事实）
斜面 A
斜面 B
非常光滑，几乎可以忽略摩擦
2．伽利略的实验（改变斜面的倾斜度）
无论怎样改变斜面的倾斜度，小球都会上升到原来的高度（实验事实）
3．伽利略的思想实验（发现了惯性定律）
尽管横向（水平方向）没有外力作用，但小球将一直滚下去。

他在脑子里进行了实验。伽利略在脑子里不断减小斜面B的倾斜度，并推测小球也会上升到相同的高度，因此，球应该越滚越远。

若斜面B最后降为平面，这时，小球将沿着这个水平面永远直线行进。换言之，尽管小球在水平方向上没有受到任何作用力，但它将一直滚下去。这就是惯性定律。经过这样的思想实验，伽利略终于发现了惯性定律。

不过，伽利略认为“如果没有外力作用的话，运动的物体将保持圆周运动”。例如，由于地球表面是球面，因此，如果**3**的运动一直持续下去的话，你就会发现它是一个圆周运动。“如果没有外力作用的话，运动的物体将保持直线运动”这一更准确的结论则是由法国科学家勒内·笛卡儿（1596～1650）得出的。

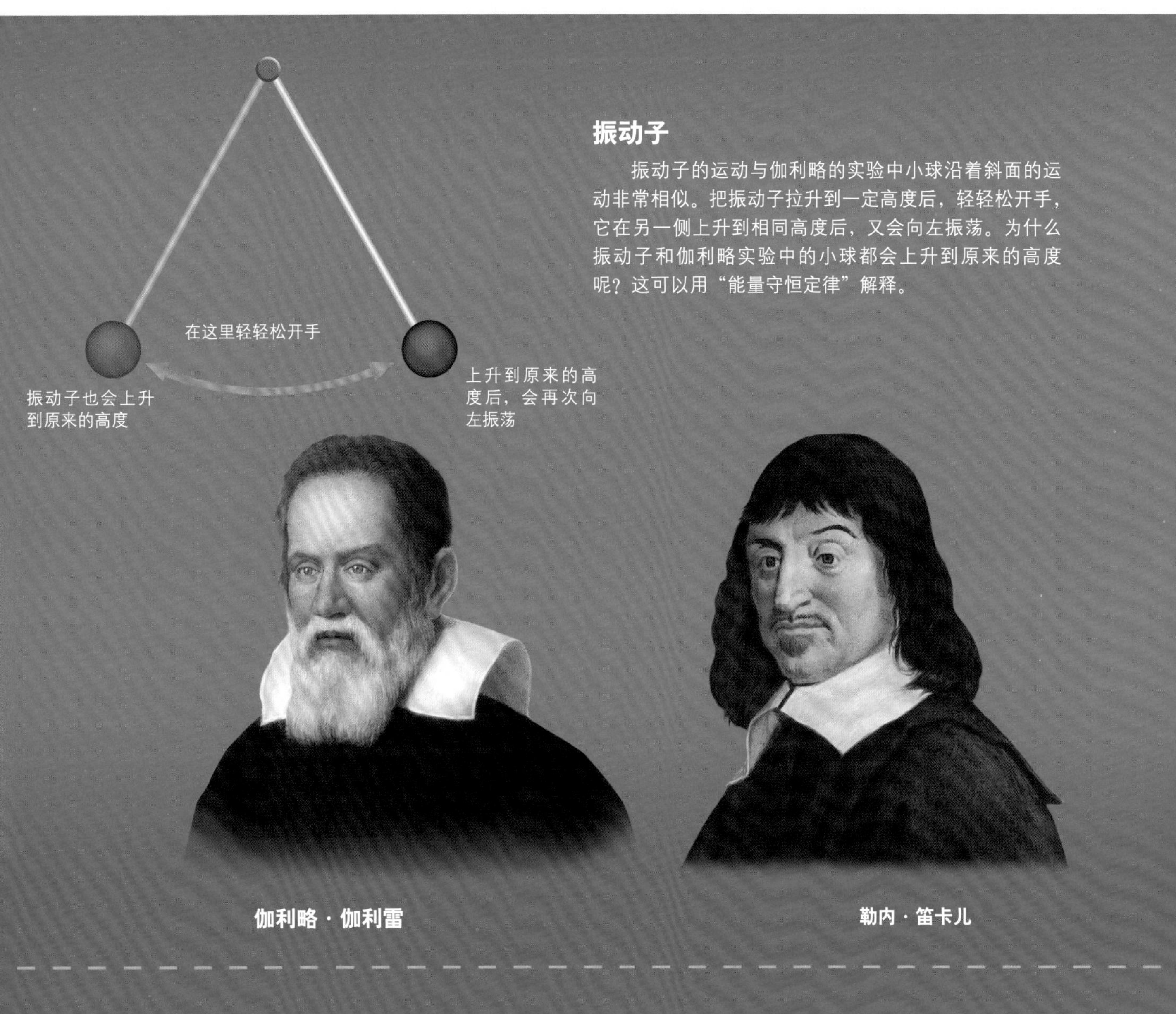
在这里轻轻松开手
振动子也会上升到原来的高度
上升到原来的高度后，会再次向左振荡
如果斜面的角度是零的话，小球应该永远滚下去（根据实验事实推论）
→ 惯性定律

## 振动子

振动子的运动与伽利略的实验中小球沿着斜面的运动非常相似。把振动子拉升到一定高度后，轻轻松开手，它在另一侧上升到相同高度后，又会向左振荡。为什么振动子和伽利略实验中的小球都会上升到原来的高度呢？这可以用“能量守恒定律”解释。

**伽利略·伽利雷**

**勒内·笛卡儿**

# 不用很大劲也能投出时速 200 千米的棒球！

在前文介绍“惯性定律”时，我们使用了“速度”一词，而个别地方却用了“速率”。严格说来，在物理学中使用这两个术语是有区别的。“速度”还包含了运动的方向，是用矢量（有箭头）来表示；“速率”则只表示速度的大小。例如，谈到汽车的行驶速度，说向东时速 100 千米，这是指速度；说时速达到 100 千米，这是指速率。速度和速率是力学中两个非常重要的概念，必须充分了解它们的特点。

原来，**同一个物体的运动，看它的人（观测者）不同，它的速度是不一样的**。当你驾车行驶时，你是否看见过旁边向着同一个方向行驶的汽车好像静止不动呢？两辆相对于道路以同样速度行驶的汽车，从一辆车看另一辆车，就会看见对方的速度（相对速度）为零。

如图 **1–a** 所示，在以时速 100 千米向右行驶的火车上，有一位棒球投球手向右方投出时速 100 千米的棒球，火车外站在地面上静止不动的人看见那个飞行的棒球的速度是多少呢？这只需把表示棒球时速 100 千米的指向右侧的一个矢量和表示火车时速 100 千米的指向右侧的一个矢量二者进行矢量加法运算，就可以求出。结果是，地面上的人看见的棒球速度是向右方时速 200 千米。有了这种速度加法运算，普通人在快速行驶的火车上随便一投，也能投出连职业棒球运动员都惊叹的、速度如此高的“刚速球”（棒球运动术语，指投球手投出的高速球）呢！

再来看图 **1–b** 所示的情形。这次火车上的人是向

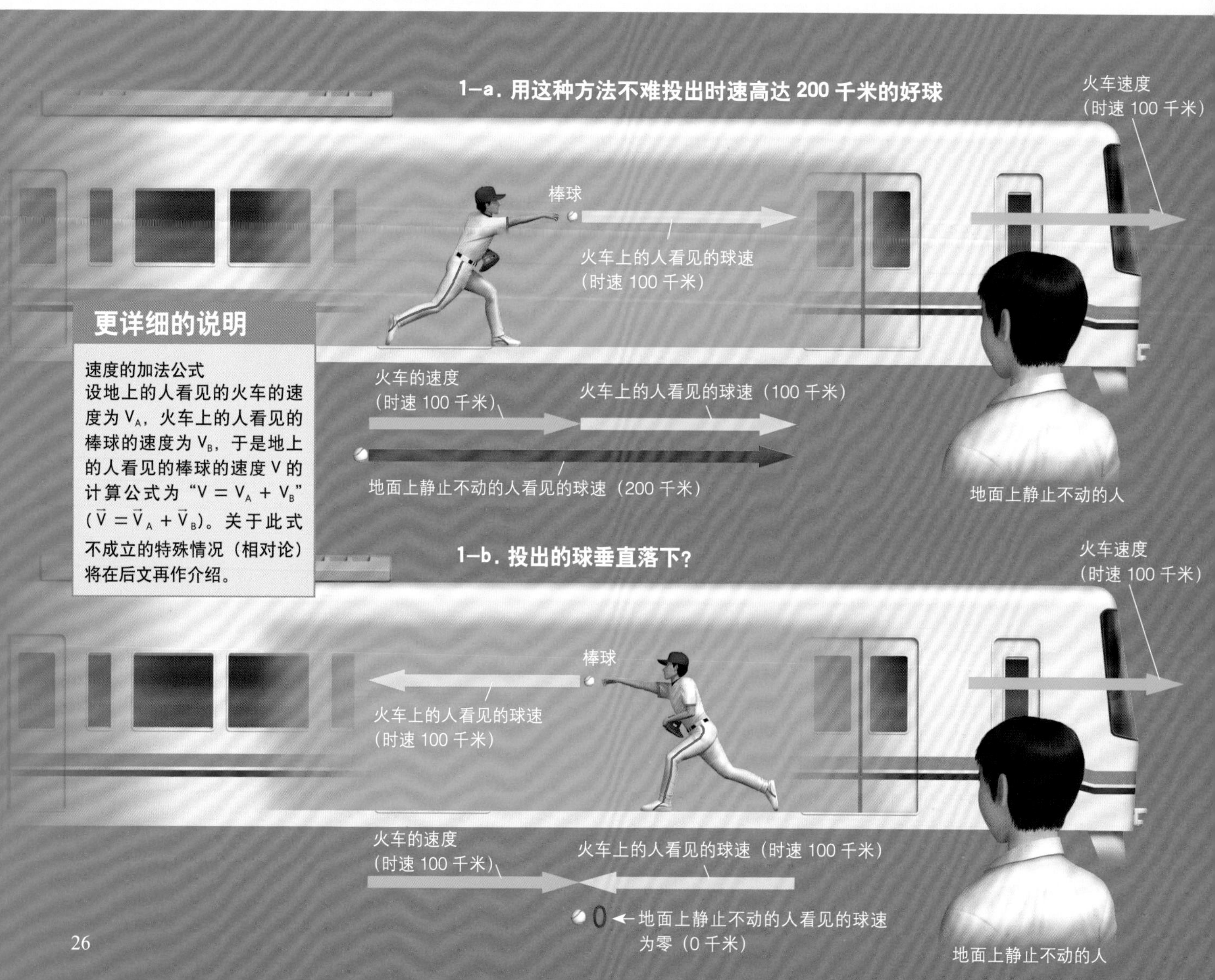


**更详细的说明**

**速度的加法公式**
设地上的人看见的火车的速度为 $V_A$，火车上的人看见的棒球的速度为 $V_B$，于是地上的人看见的棒球的速度 V 的计算公式为“$V = V_A + V_B$”（$\vec{V} = \vec{V}_A + \vec{V}_B$）。关于此式不成立的特殊情况（相对论）将在后文再作介绍。

左方投出时速 100 千米的棒球，车外地面上的人看见的速度是多少？在这种情况下进行矢量加法运算（数值相减），结果是两个速度互相抵消，车外站在地面上不动的人看见的球的速度为零。这就是说，车外的人看见的是投球手随火车向右方移动了，而棒球留在原处垂直落下。这真是不可思议！

## “抛物运动”是怎样的运动？

这里来考虑从地上向斜上方投出棒球的情形，棒球此时作“抛物运动”（**2–a**）。由于受到地球重力的影响，棒球将在空中划出一条叫作“抛物线”的曲线轨迹，最后掉落到地面。

我们可以把这种抛物运动在竖直方向的运动和在水平方向的运动分别来考虑。例如，可以把棒球在离手抛出时刻的速度（初速度）分解为分别沿竖直方向和沿水平方向的两个“速度分量”。事实上，任何一个速度矢量都可以这样被“分解”到两个方向。

由于重力总是垂直向下指向地面，那么，棒球就只是在竖直方向受到重力的作用，而在水平方向没有受到力的作用。于是，按照惯性定律，棒球在水平方向就会保持同样的速度（初速度的水平分量）向前运动。如果像图 **2–b** 中表示的那样跟随棒球一直从“正下方”向上看棒球的话（不考虑在竖直方向的运动），确实可以看到棒球是在作匀速直线运动。

另一方面，如果像 **2–c** 中表示的那样从棒球的“正后方”看棒球（不考虑在水平方向的运动），看到的则是棒球在重力的作用下作“先上升后落下”的运动。

结论是，抛物运动是在竖直方向作上升落下运动和在水平方向作匀速直线运动这两种运动的合成运动。写成公式就是“抛物运动＝上升落下运动（竖直方向的运动）＋匀速直线运动（水平方向的运动）”。

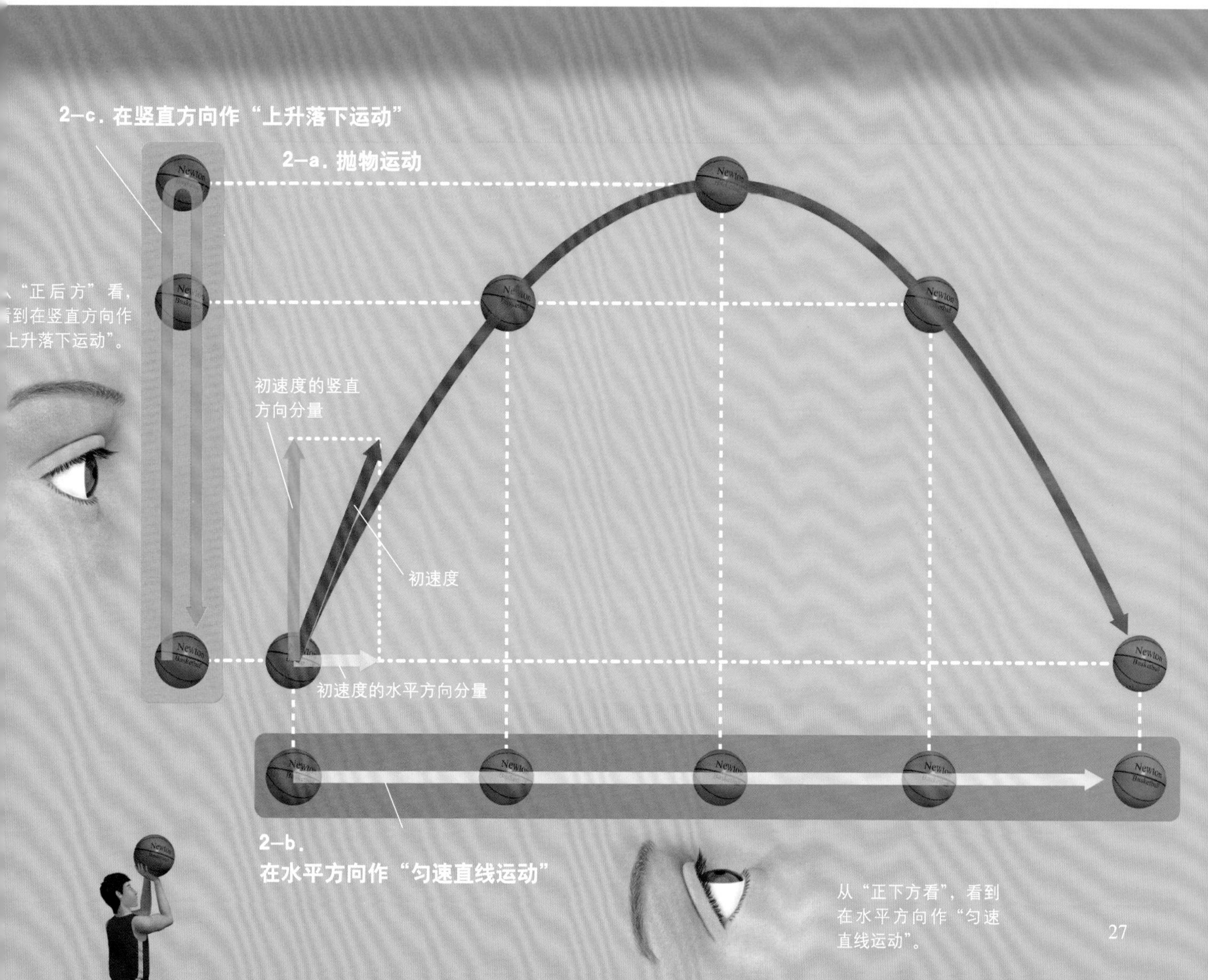

# 为何感觉不到地球的自转和公转？

这里，我们根据惯性定律来分析“地球的自转和公转问题”（**1**）。

地球自转使赤道表面的速率为每小时 1700 千米，地球的公转速度为每小时 10.7 万千米。以如此高的速度运动，为什么我们感觉不到地球的这种自转和公转呢？由于地球在运动，按理说，向正上方抛出一个球，它应该落在运动着的地球的后面（地球运动的反方向），掉落在比上抛地点偏后一些的位置才是（**2**）[※1]。可是实际情况并不是这样，这是为什么？

我们可以把地球改换成火车来考虑这个问题。假定火车在平坦笔直的铁轨上以恒定速率沿着直线行驶（匀速直线运动）。你就在这列火车上，如果你垂直向上抛出一个球，它会掉落在什么位置呢？这与你抛球的时候有没有跳起来离开地板没有关系。实验结果表明，抛出的球仍然会掉落在你（在火车上）原来站立的位置（**3**）。

## 火车、乘客和球全都在水平方向以同样的速率运动

先来分析火车外静止不动的人看到了什么（**4**）。他看到，当那只球抛出前拿在一位乘客的手上时，球和乘客一起都在随火车以 50 千米的时速在水平方向运动。火车上的人看见的是球被垂直向上抛出，车外

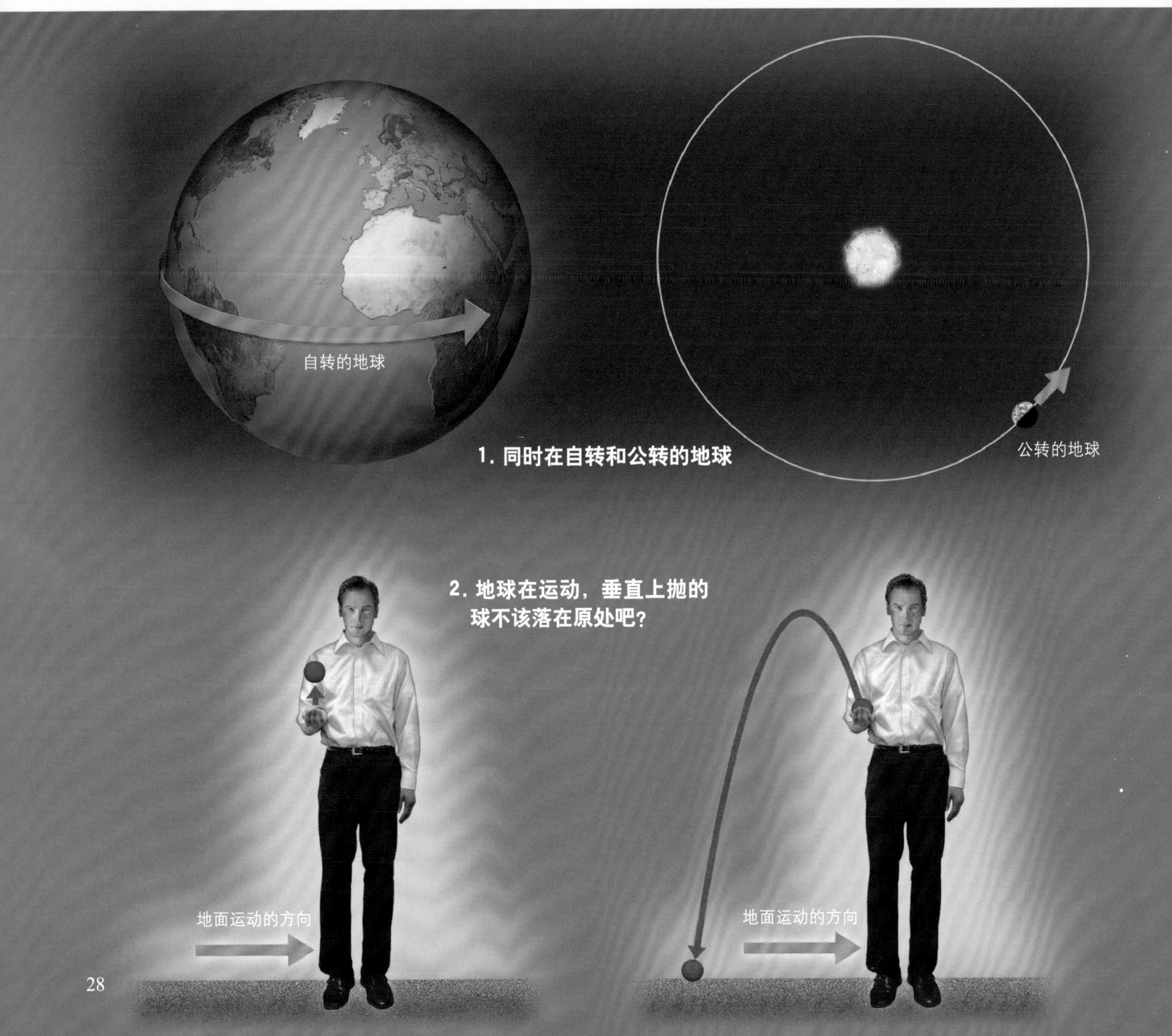


1. 同时在自转和公转的地球

2. 地球在运动，垂直上抛的球不该落在原处吧？

静止的人看到的却是这只球离开乘客的手以后按照惯性定律仍然在水平方向保持着 50 千米的速度运动。换句话说，在火车外静止的人看来，这只球其实是向斜上方抛出，作的是抛物运动。用公式写出，这只球的运动是“上升落下运动（在竖直方向）＋匀速直线运动（在水平方向）＝抛物运动”。

上抛球作抛物运动，而此时火车和乘客也在水平方向以时速 50 千米的速度运动，这就同前面提到的驾驶汽车看见旁边并列前行的其他汽车一样，乘客看见的球的水平速度应该是减去自己速度的值，也就是等于零。于是，同样一个球的运动，在车外的人看来是在作抛物运动，而在车上的人看来，则是在垂直方向作上升和落下运动（抛物运动－匀速直线运动＝上升落下运动）。

地球作自转和公转的时候，地球上的人，连同他拿着的物体（如一只球），都在以同样的速度随地球一起运动[※2]。所以，同火车上的情形一样，在地球上垂直向上抛出的球也一定会掉回到身旁。这样就得到一个结论，一个在作匀速直线运动的场所（如火车上或地球上）运动物体（如上抛球），它的运动与在静止场所的运动没有区别。这就是伽利略的相对性原理。

现在可以回过头来分析曾在前面提到的那个热气球的问题。地球在运动，按照惯性定律，空气和气球也在随地球一起运动。在地上看，气球虽然是垂直上升到空中，然而从地球外面的宇宙空间看，空气和气球都在以同样的速度随地球运动。因此，只是飘浮在空中，是不可能向西移动的。

※1 在人们普遍相信天动说（又称“地心说”，认为一切天体都围绕地球运动的一种早期学说）的时代，反对地动说的人正是以此来证明地球是静止的：“如果地球在运动的话，上抛的球就不会掉回到身旁，所以地球没有运动。

※2 地球的自转和公转都是作圆周运动，不过，由于圆周的半径非常大，如果只考虑一段不长的时间，那么也可以认为同所介绍的火车例子中一样，基本上是在作匀速直线运动。

**更详细的说明**

### 爱因斯坦的相对性原理

爱因斯坦（1879 ～ 1955）将关于物体运动的“伽利略相对性原理”加以扩展，得到了普遍性更强的“爱因斯坦相对性原理”。爱因斯坦相对性原理说：“在作匀速直线运动的场所，一切物理定律都同静止场所没有区别。”爱因斯坦从这条原理出发，建立了使得关于时间和空间的观念发生革命性变化的“相对论”。

# 力学重点：什么是“加速运动”？

知道了运动方程（力 = 质量 × 加速度）中的“力”是什么，现在再来看方程中的“加速度”是什么。前面介绍过，物体受到力的作用，它的速度（速率和行进方向）会发生变化。物体的速度发生变化的运动叫作“加速运动”。这样我们就可以说力是一种“引起加速运动的作用”。

加速度被定义为每秒钟（单位时间）内速度的变化。求速率的公式是“位置变化（移动距离）÷ 经过的时间”※1，那么，求加速度的公式就是“速度的变化 ÷ 经过的时间”※1。

我们来考虑汽车加速的情形（**1**）。为了进行比较，下面的图解还同时绘出了匀速直线运动的情形（**2**）。如图 **1** 所示，从时刻 0 秒到时刻 1 秒这段时间，速率从每秒 0 米增加到了 2 米，这样就可以求出在这段时间的加速度等于“(每秒 2 米 – 每秒 0 米 )÷(1 秒 –0 秒 ) = 2 米 / 秒 $^2$”※2。这意思是，在 1 秒钟内，速度增加了每秒 2 米。

## 也有速率不增加的加速运动

对于减速运动仍然使用“加速度”的说法，通常不使用“减速度”或“减速运动”的说法。这是因为减速可以被看成“负加速”。在图 **1** 上，在从时刻 3 到时刻 4 这段时间速率从每秒 6 米减小为每秒 4 米，这段时间的加速度等于 (4–6)÷(4–3) = –2 米 / 秒 $^2$。

※1 严格说来，这样计算得到的是在经过时间内的“平均速率”或“平均加速度”。尽量缩短作为分母的“经过时间”（无限逼近 0 秒），求得的才是在那一瞬间的速率或加速度。

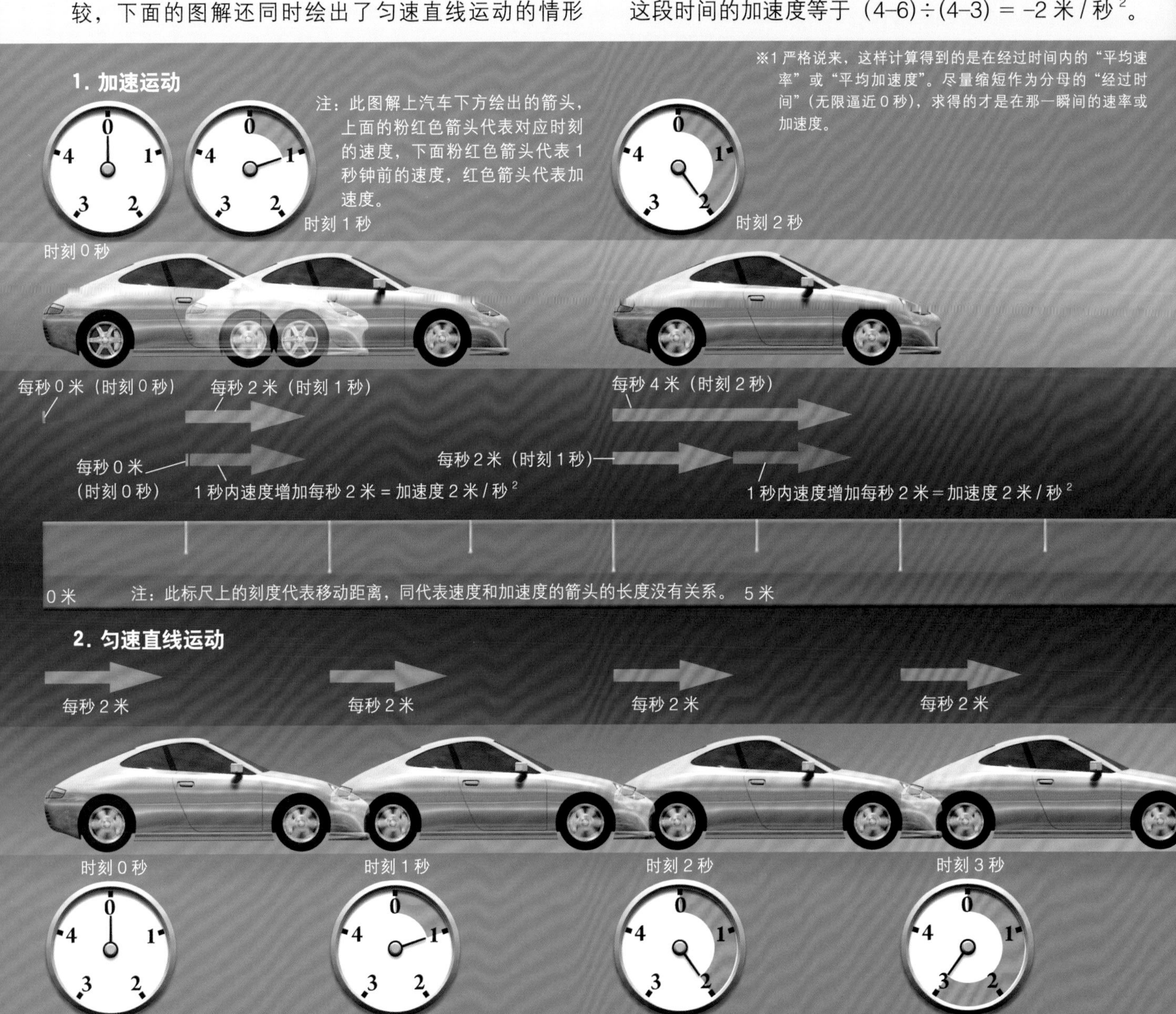

需要特别注意的是，**即使速率没有增大或减小，速度的方向（行进方向）发生变化，也叫作加速运动。也就是说，加速运动是指速度矢量发生变化的一切运动。**

这里来考虑汽车保持恒定速度沿曲线行驶的情形（**3**）。在这种情形，汽车的速率没有变化，但是行进方向发生了变化，因而也是加速运动。这种运动同“月球为什么不会坠落”的问题（见后面介绍）有关系，应该把它记住。

驾驶汽车，油门踏板踩得越深※3，车子的加速度越大，这意味着汽车受到了比较大的力。**同一个物体，要使加速度增大到原来加速度的 2 倍，就必须施加大小为原来力的 2 倍的力。**

速度（米 / 秒）
移动距离
（粉红色区域面积）
6
4
加速度 –2 米 / 秒²
（红线的斜率）
加速度 2 米 / 秒²
（红线的斜率）
0
3
4
时刻（秒）


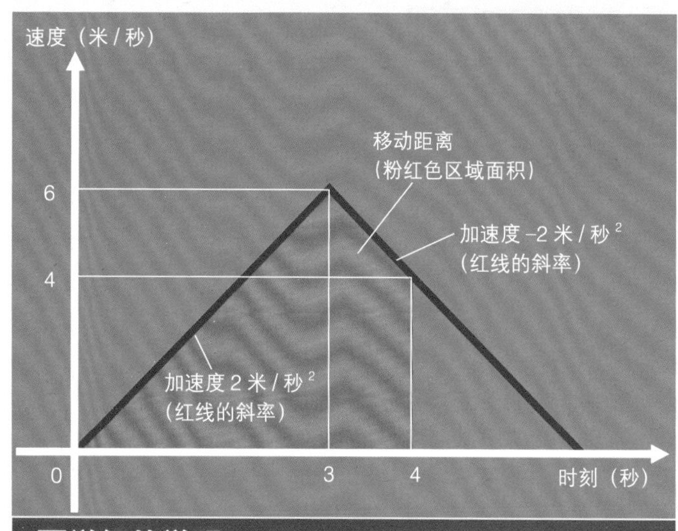

## 更详细的说明

### 速度图

上面图形表示图 1 中汽车的速度随时间的变化。使用微积分才能够更加清楚地说明这种变化，但在此图形上已能看到速度变化的主要性质：两条直线的斜率等于加速度（速度随时间的变化率），两条直线和横轴包围的面积等于移动距离（从 0 秒到 3 秒为 9 米，从 0 秒到 4 秒为 14 米）。

※2 加速度的单位，可读作“米每二次方秒”。
※3 “油门踏板”是俗称，正式名称是“加速踏板”。

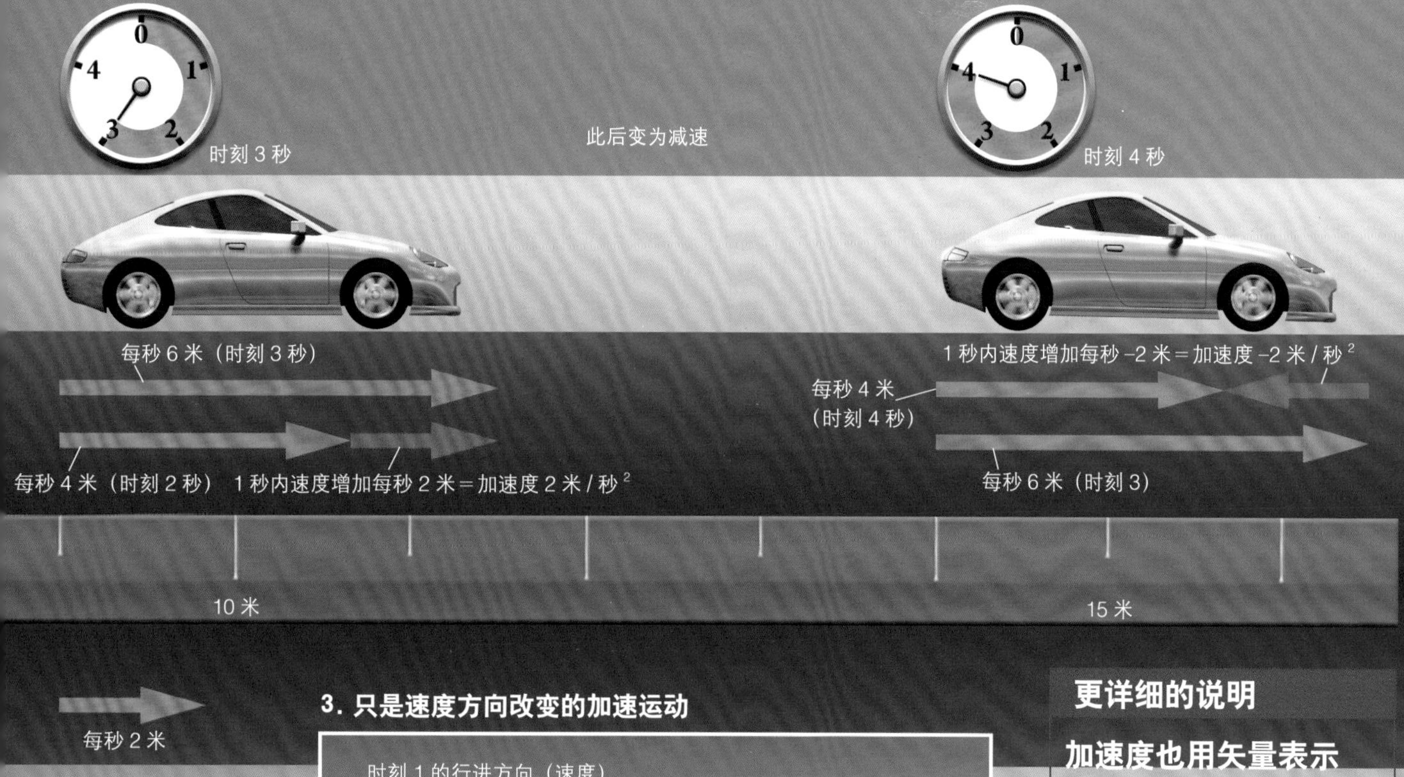

0
1
2
3
4
时刻 3 秒
此后变为减速
时刻 4 秒
每秒 6 米（时刻 3 秒）
每秒 4 米（时刻 2 秒）
1 秒内速度增加每秒 2 米＝加速度 2 米 / 秒²
1 秒内速度增加每秒 –2 米＝加速度 –2 米 / 秒²
每秒 4 米
（时刻 4 秒）
每秒 6 米（时刻 3）
10 米
15 米
每秒 2 米
时刻 4 秒


**3. 只是速度方向改变的加速运动**

时刻 1 的行进方向（速度）
时刻 1 的行进方向（速度）
时刻 1 的
速度矢量
时刻 2 的行进
方向（速度）
速度变化矢量
注：用经过时间除此矢量、得平
均加速矢量
时刻 2 的
速度矢量


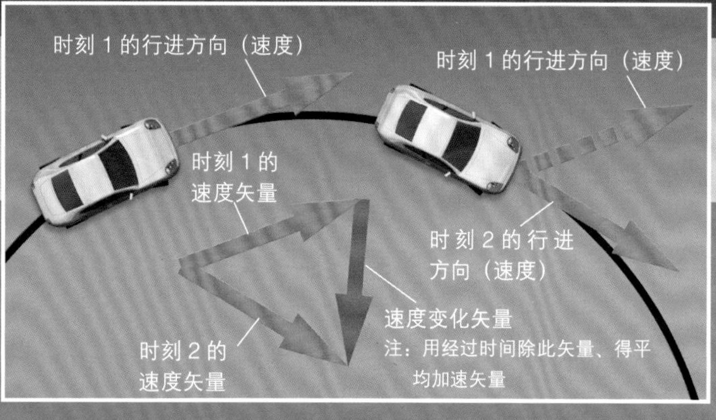

## 更详细的说明

### 加速度也用矢量表示

加速度既有大小，也有方向，因而也用矢量表示。计算方法是

平均加速度矢量（$\bar{a}$）＝速度变化矢量（$\Delta\bar{V}$）÷经过时间用经过时间除左图内的速度变化矢量的长度，经整理，就得到平均加速度矢量。经过时间逼近 0 时所得到的极限值，就是该瞬间的加速度矢量。

# 重物体和轻物体本来以同样方式下落

从这里开始，我们来介绍运动第二定律“运动方程”。所谓运动方程，是指如下这个公式：

**力＝质量 × 加速度**

懂得了这个运动方程，也就等于抓住了力的本质。先来考虑就在我们近旁的重力（又叫“万有引力”）。

古希腊的哲学家亚里士多德曾经指出，“重物体比轻物体下落较快”（**1**）。比如，一块铁，较重，一片羽毛，很轻，铁块下落的速度显然要比羽毛快。亚里士多德的说法好像也有道理。

然而，亚里士多德的这种观点被伽利略否定了。我们来考虑如下的假想实验。设想有一个重球和一个轻球，两者用绳子系在一起，让它们下落（**2**）。姑且承认亚里士多德的说法“重物体下落较快”，那么，由于重球下落较快，用绳子与它系在一起的轻球就会在后面拖住它，结果应该是两个球一起下落比单独一个重球下落慢。改换思考角度，两个球的总重量是重球和轻球两者重量之和，当然比一个重球重，那么，两个球一起下落则应该比单独一个重球下落快。同样一种现象，只是改变了思考角度，结论就相互矛盾。伽利略认为，这说明最初的那个假定“重物体下落较快”是错误的。

伽利略的看法是，“不论重物体还是轻物体，本来都是以同样的速率下落。羽毛下落得慢，是因为它受到的空气阻力很大。如果是在真空中，铁块和羽毛都应该以同样速率下落”。伽利略的这种看法，在后来研制出真空泵以后，已用实验加以证实（**3**）。

## 进行斜面实验发现了“自由落体定律”

伽利略还用实验直接测量了物体实际下落的速率。物体垂直下落的速度非常快，难以直接测量。他研究的是沿斜面滚下的球的运动（**4**）。逐渐增大斜面的倾斜角，最后让斜面垂直，球的滚动就变成了下落运动。

伽利略记下球沿斜面滚下时每间隔一定时间所通过的地点，最后得到了如下结论：“球移动的距离与所经过的时间的二次方成正比”（自由落体定律）。例如，如果 1 秒后球通过的距离为 1，那么 2 秒后通过的距离是 4（$=2^2$），3 秒后通过的距离则是 9（$=3^2$）。实验还证明，不论增大还是减小斜面的角度，这个结果不变。换句话说，这个结论对于下落运动（斜面角度为 90°）也成立。

不仅如此，沿斜面滚下的球的运动，随着滚动时间的增加，每一秒钟内所移动的距离越长。这意味着球的速度在增加（作加速运动）。这说明，重力会增加物体的速度。

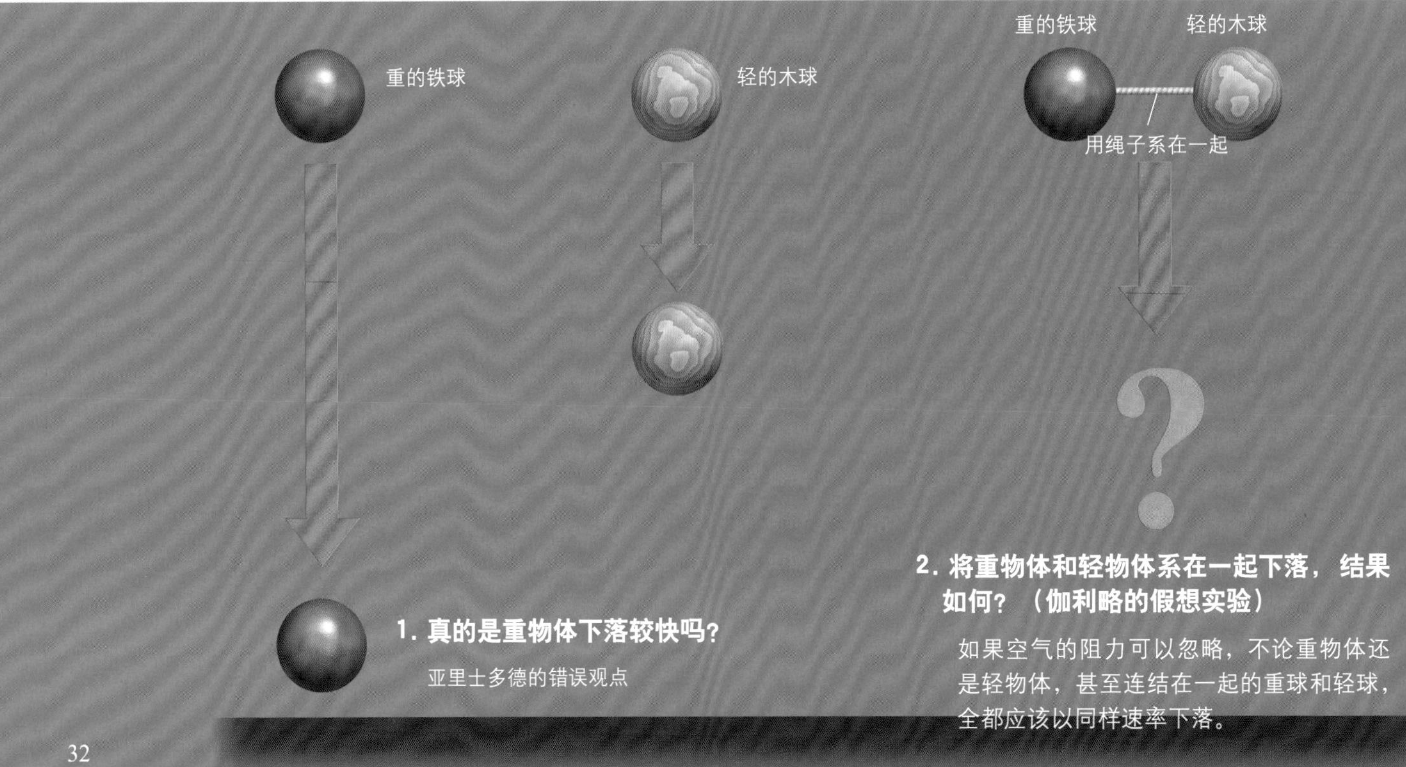


**1. 真的是重物体下落较快吗？**

亚里士多德的错误观点

**2. 将重物体和轻物体系在一起下落，结果如何？（伽利略的假想实验）**

如果空气的阻力可以忽略，不论重物体还是轻物体，甚至连结在一起的重球和轻球，全都应该以同样速率下落。

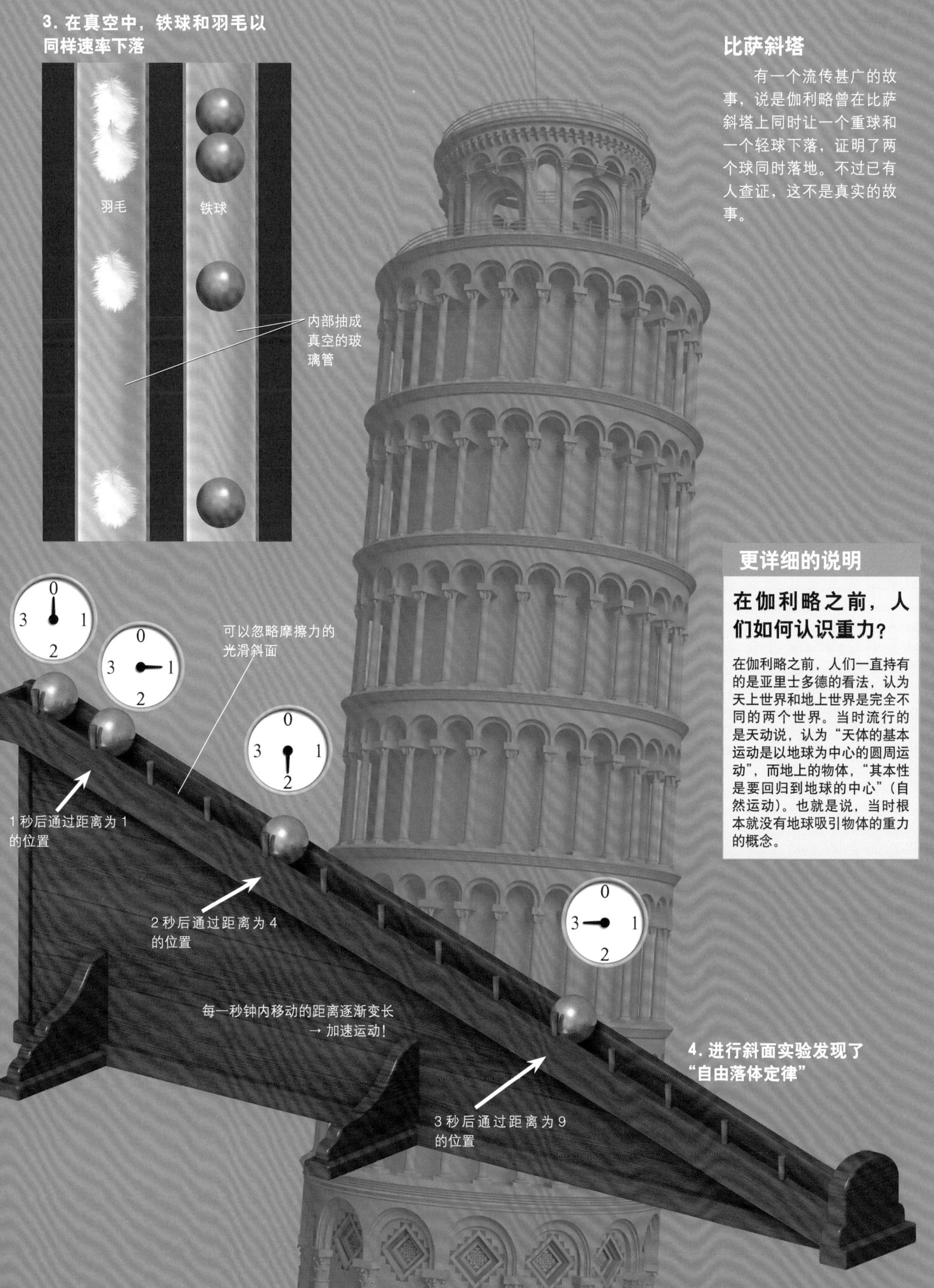
3. 在真空中，铁球和羽毛以同样速率下落
羽毛
铁球
内部抽成真空的玻璃管
0
1
2
3
可以忽略摩擦力的光滑斜面
1 秒后通过距离为 1 的位置
2 秒后通过距离为 4 的位置
每一秒钟内移动的距离逐渐变长
→ 加速运动！
3 秒后通过距离为 9 的位置
4. 进行斜面实验发现了“自由落体定律”

## 比萨斜塔

有一个流传甚广的故事，说是伽利略曾在比萨斜塔上同时让一个重球和一个轻球下落，证明了两个球同时落地。不过已有人查证，这不是真实的故事。

## 更详细的说明

### 在伽利略之前，人们如何认识重力？

在伽利略之前，人们一直持有的是亚里士多德的看法，认为天上世界和地上世界是完全不同的两个世界。当时流行的是天动说，认为“天体的基本运动是以地球为中心的圆周运动”，而地上的物体，“其本性是要回归到地球的中心”（自然运动）。也就是说，当时根本就没有地球吸引物体的重力的概念。

# 即使没有重力，乒乓球和炮弹也有差别

“质量”和“重量”是两个容易混淆的概念，这里先解释两者的区别，然后再说明运动方程的意义。

“重量”是会因场所不同而改变的一个量。地球上的一个重量为6千克重[※1]的物体，拿到重力（万有引力）只有地球1/6的月球上，重量便变为只有1千克重（**1**）。在没有重力[※2]的国际空间站上，任何物体的重量都会变为零。重量是作用在物体上的重力的大小。

另一方面，“质量”则是表示“让一个物体运动起来的难度（加速难度）”的一个量。在国际空间站上没有重量，不论乒乓球还是铁球，托在手上都感觉不到一丝重量（**2**）。但是，即使在这种无重力的状态，也是同地球上一样，质量大的物体难以运动，要使它运动起来（使之加速），必须施加比较大的力（**3**）。

我们已经得到力的一个性质，**质量越大的物体，使之加速所需要施加的力越大**。事实上，得到具有同样加速度的加速运动，对于2倍的质量，则需要施加2倍的力。也就是说，力与质量成正比。从上一页的介绍我们知道，施加的力越大，物体的加速度越大，即力与加速度成正比。把这两个结论结合起来，于是有“力＝质量 × 加速度”，这就是运动第二定律（运动方程）。显然，我们在日常生活中讲到的“力”，常常不一定是这个意思。

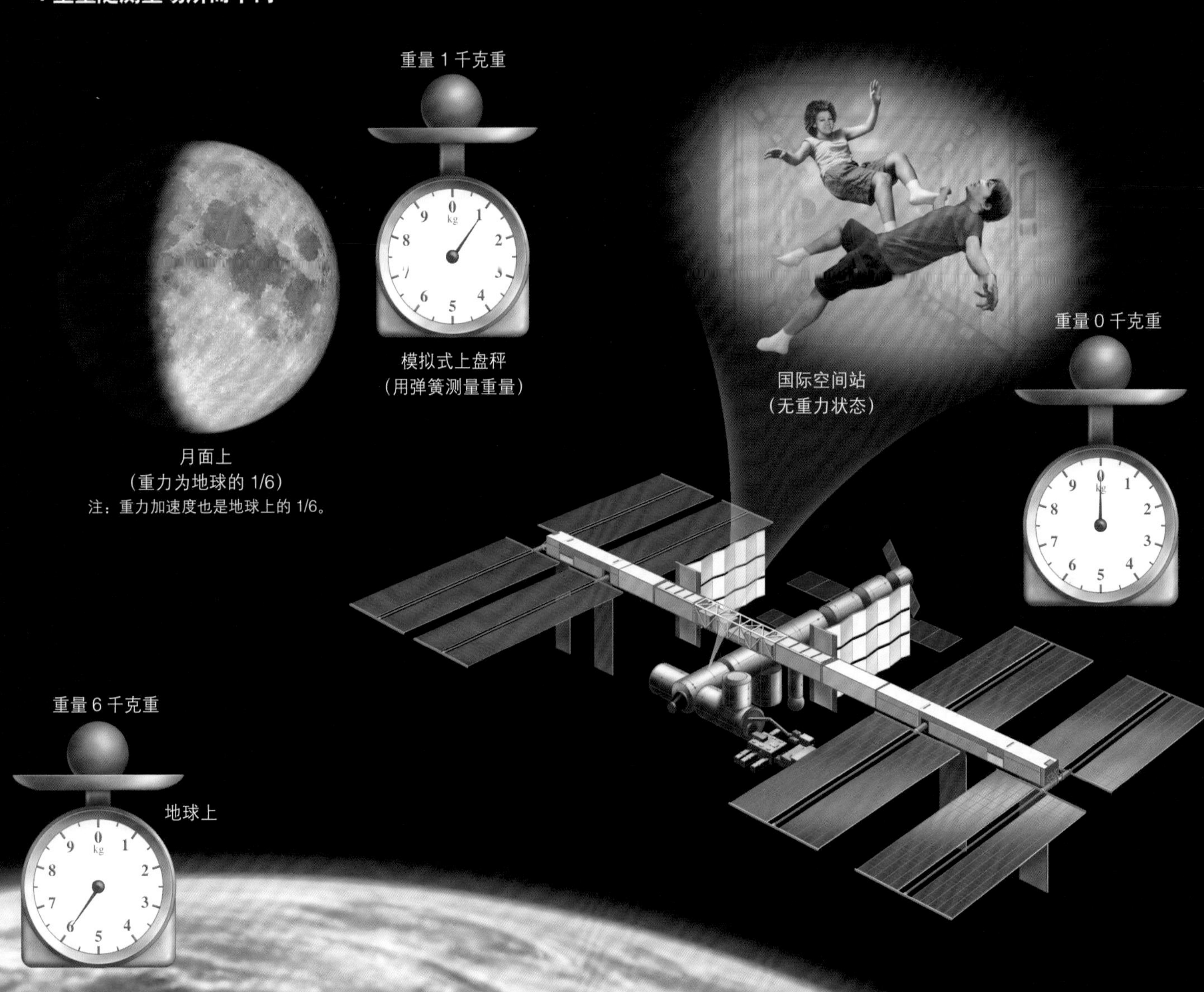

## 一切物体都以同样的加速度下落

现在再回过头来看重力。如前面介绍的，如果忽略空气的阻力，同质量大小无关，一切物体都同时下落到地面。这句话的真正意思是，**一切物体都以同样的加速度下落**。实验测量到的这个加速度（重力加速度）在地球上是 9.8 米 / 秒 $^2$。具体说来，一个物体的下落运动是每隔一秒钟它的速度便增加 9.8 米 / 秒，即速度随时间按照如下规律一秒一秒地增加：每秒 0 米→每秒 9.8 米→每秒 19.6 米→每秒 29.4 米→根据运动方程，于是就有“（地球上的）重力＝质量 ×9.8[※3]”。

质量大，重力就大，也许有人会想，那么重力加速度也应该随质量增大吧？当然不是。这是因为，质量大，加速难度也增大，抵消了重力增大的效应，所以重力加速度同质量没有关系。

也许有读者对力和加速度之间的这种关系有怀疑。比如说，用力推动书架，书架动了，但我们感觉不到书架在加速。原来，书架从原来的静止状态（速度为零）变得动了起来，这就是明显的加速运动（速度发生变化）。只不过加速运动发生在从不动到动的那一瞬间，我们难以觉察到而已。

※1 在日常生活中我们使用“千克”为单位，严格说来，这其实是质量单位。在本文中，我们用的重量单位是“千克重”，或者使用更普遍的力的单位“牛顿”（N）。

※2 关于国际空间站上为什么是无重力状态，见后面详细说明。

※3 力的单位是“牛顿”。根据运动方程，“力＝质量 × 加速度”，因而有“1 牛顿 =1 千克 ×1 米 / 秒 $^2$”，即 1 牛顿＝ 1 千克 · 米 / 秒 $^2$。

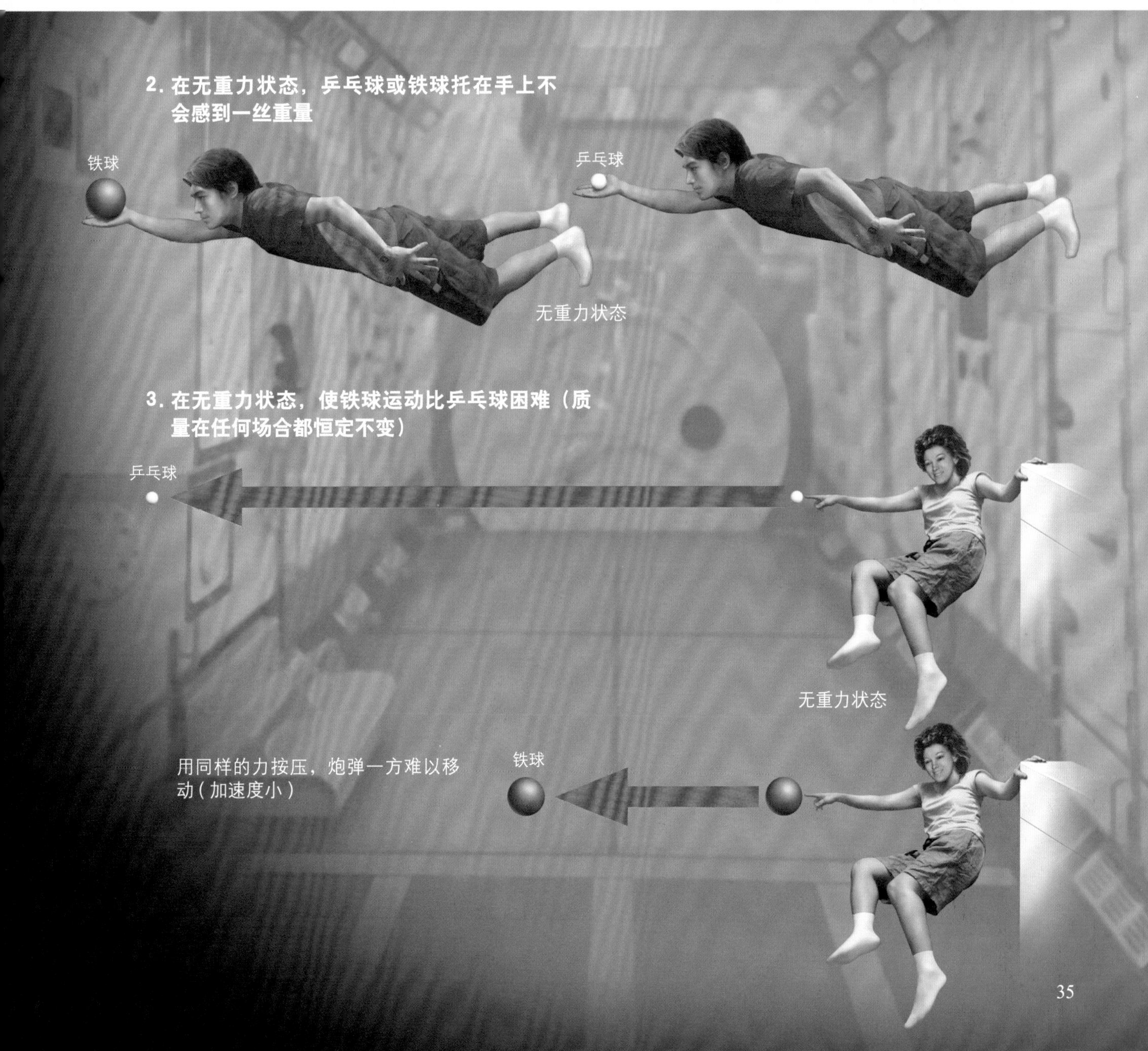

2. 在无重力状态，乒乓球或铁球托在手上不会感到一丝重量
铁球
乒乓球
无重力状态
3. 在无重力状态，使铁球运动比乒乓球困难（质量在任何场合都恒定不变）
乒乓球
无重力状态
用同样的力按压，炮弹一方难以移动（加速度小）
铁球

# 假若没有空气阻力，下雨天绝不敢外出

作用在一个物体上的力可以不止一个，如下落的水滴，它不仅受到重力的作用，还要受到所谓“空气阻力”的作用（**1–a**）。在这种情况下，通过两个力的矢量的加法运算，可以求得重力和空气阻力这两个力的“合力”（**1–b**）。**所谓合力，是指当有多个力作用时，与这几个力同时作用具有相同效果的一个力。**

在运动方程中把“力”换成“合力”，得到“合力 = 质量 × 加速度”，从而有“加速度 = 合力 ÷ 质量”。在图 **1–c** 中，合力的矢量有一定的长度，水滴仍会以一定的加速度下落，尽管加速度要比空气阻力可以忽略时小。

## 两个力取得平衡，物体没有加速

雨滴从非常高的高空落下，如果一直作加速运动的话，掉落到地面附近，它们的速度肯定小不了。可是，雨滴打在身上并不疼，这说明雨滴的速度并不大。这是为什么呢？例如，假定雨滴是从 2 千米的高空落下，如果没有空气阻力，计算表明，雨滴落到地面的速度将会达到 200 米 / 秒，这当然是非常大的速度。虽然不过是雨滴，但以这样大的速度打在身上，那也肯定是十分危险的

原来，空气阻力有一种性质，那就是，物体速度越大，这种阻力也越大。雨滴开始下落时受到重力的作用被加速，随着速度增大，空气阻力很快变大，最终将变大到同重力的大小相等（**1–d**）。这种阻力与重力大小相等，但作用方向相反，两者的合力为 0。合力为 0，相当于实际上没有受到力的作用。这种状态叫作“力的平衡”。

实际上没有受到力的作用并不意味着雨滴就不向

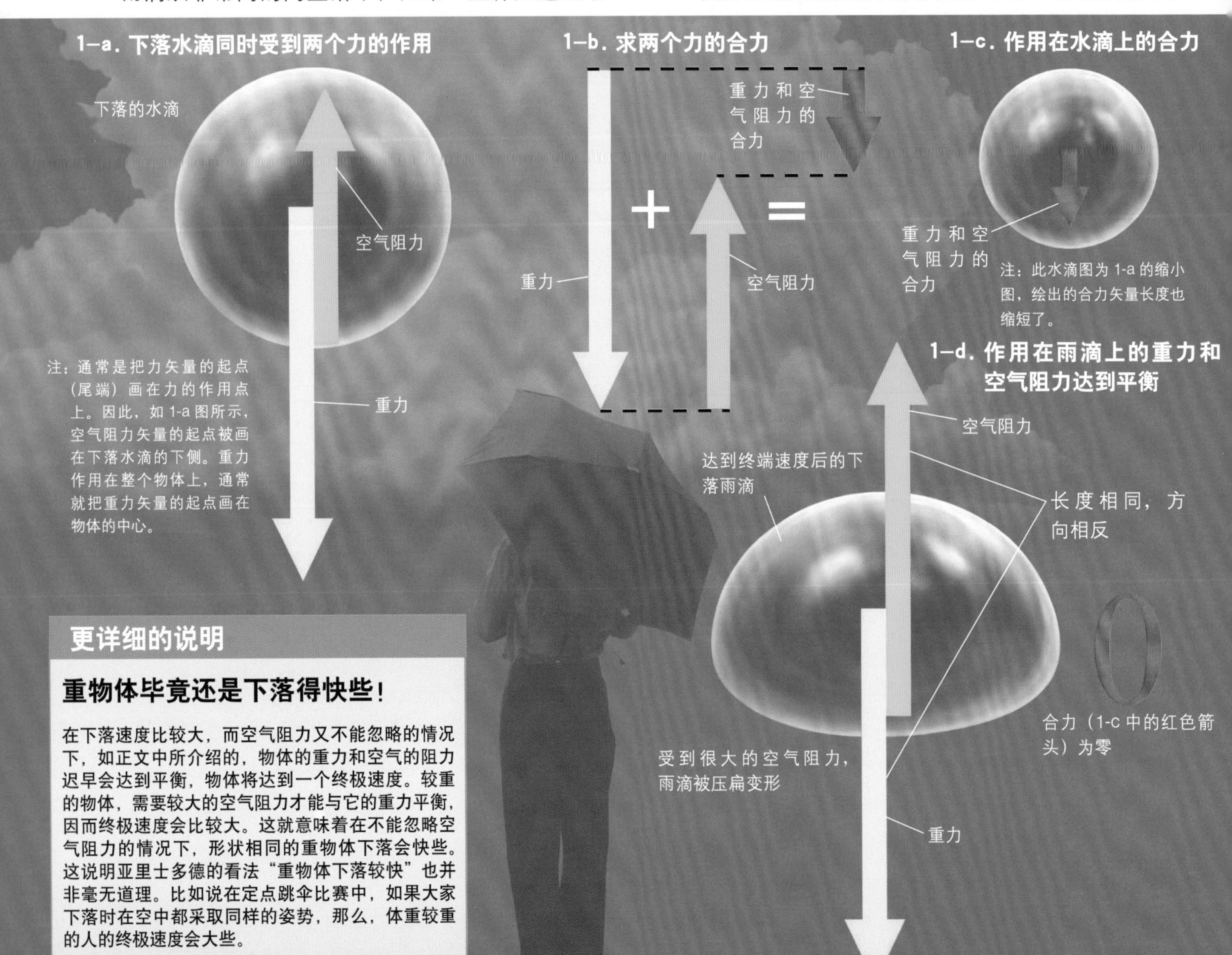


### 更详细的说明

#### 重物体毕竟还是下落得快些！

在下落速度比较大，而空气阻力又不能忽略的情况下，如正文中所介绍的，物体的重力和空气的阻力迟早会达到平衡，物体将达到一个终极速度。较重的物体，需要较大的空气阻力才能与它的重力平衡，因而终极速度会比较大。这就意味着在不能忽略空气阻力的情况下，形状相同的重物体下落会快些。这说明亚里士多德的看法“重物体下落较快”也并非毫无道理。比如说在定点跳伞比赛中，如果大家下落时在空中都采取同样的姿势，那么，体重较重的人的终极速度会大些。

下掉落，这是因为存在着惯性定律的缘故。没有受到力的作用，静止的物体将仍然保持静止，以某个速度运动着的物体将仍然保持原来的速度作匀速直线运动。

这就是说，当雨滴所受到的两个力达到平衡以后，根据惯性定律，它将保持达到平衡时所具有的那个速度（“终极速度”，又叫“收尾速度”）继续下落。雨滴的这个终极速度不会很大（通常只有数米每秒），所以打在身上不会感到疼痛。

## 合力，“平行四边形的对角线”

不在同一条直线上的两个力的合力，同样也可以利用矢量加法来求出。如图 **2–a** 所示，汽车 A 被汽车 B 和汽车 C 用钢丝绳牵引，汽车 A 开始在合力方向（向右）移动。汽车 B 和汽车 C 分别以其拉力作用在汽车 A 上，用这两个力的矢量作图绘出一个平行四边形，然后绘出对角线，这条对角线就是合力的矢量（见右侧黄色框内说明）。图 **2–b** 和图 **2–c** 是改变了图中两个拉力的方向和大小后的另外两种情况。

第 1 矢量
第 2 矢量
（左下矢量平移而来）
矢量和
第 2 矢量

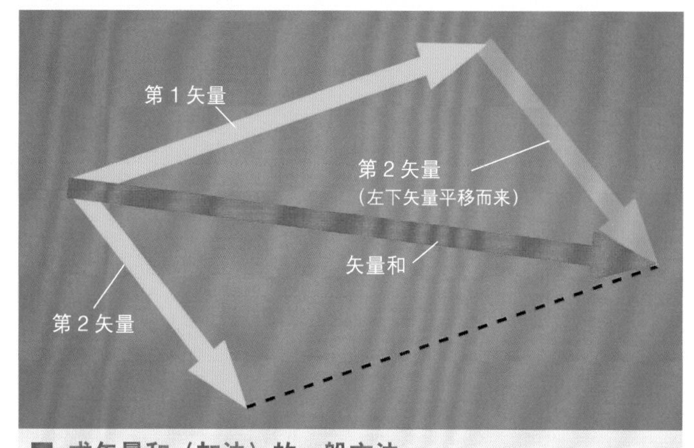

**■ 求矢量和（加法）的一般方法**

无论力、速度，还是加速度，求它们的矢量和，都按照如下方法作图进行矢量加法运算。先平行移动两个矢量（绿色箭头），将它们的起点（箭头尾端）置于同一点，以它们为两个边绘出一个平行四边形。然后沿此平行四边形的对角线绘出一个新矢量（红色箭头），这就是两个矢量之和。

改用下面方法作图同样也能求出矢量和。这里暂且把两个矢量分别叫作第 1 矢量和第 2 矢量。先把第 2 矢量平行移动，使其起点对准第 1 矢量的终点（尖端）。这时，从第 1 矢量的起点向平移后的第 2 矢量（半透明绿色箭头）的终点引一条直线，沿着这条直线绘出的矢量（红色箭头）就是两个矢量之和。在作图中平行移动矢量，矢量的性质不变。

**2–a．不在同一直线上的两个力的合力……例 1**

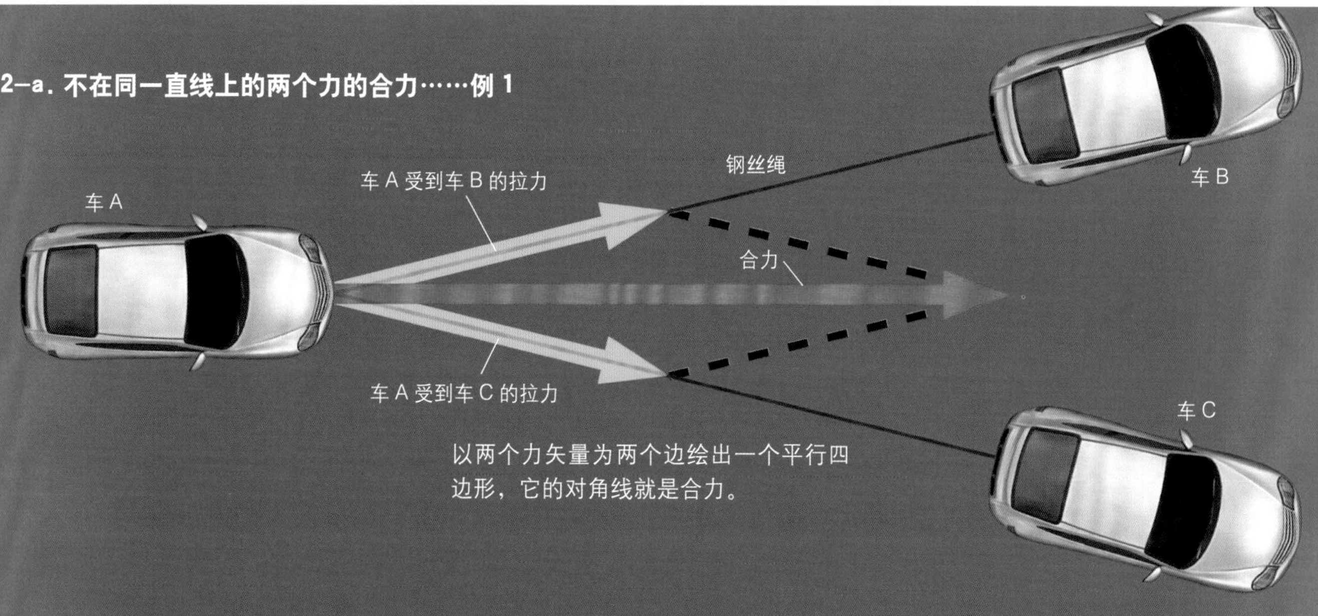

车 A
车 A 受到车 B 的拉力
钢丝绳
车 B
合力
车 A 受到车 C 的拉力
车 C
以两个力矢量为两个边绘出一个平行四边形，它的对角线就是合力。

**2–b．不在同一直线上的两个力的合力……例 2**

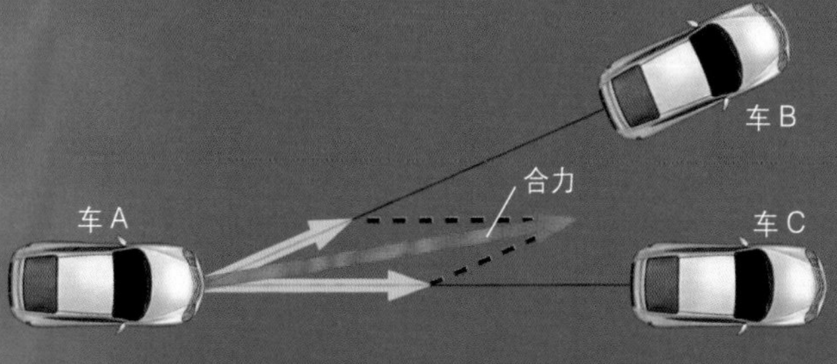

车 B
合力
车 A
车 C

**2–c．不在同一直线上的三个力的合力……例 3**

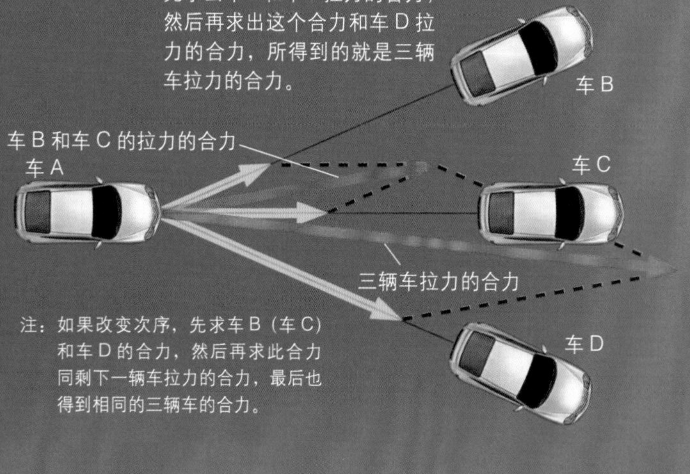

先求出车 B 和车 C 拉力的合力，然后再求出这个合力和车 D 拉力的合力，所得到的就是三辆车拉力的合力。
车 B
车 B 和车 C 的拉力的合力
车 A
车 C
三辆车拉力的合力
车 D
注：如果改变次序，先求车 B（车 C）和车 D 的合力，然后再求此合力同剩下一辆车拉力的合力，最后也得到相同的三辆车的合力。

# 我们周围存在着各种各样的力

我们的周围存在着各种各样不同的力，这里来介绍其中具有代表性的几种力。例如，我们来分析一个人使劲推书架时的情形。这时书架受到了这样几种力的作用：人推书架的力、重力、地板对书架的反推力（支持力）（**1–a**）和地板的摩擦力（**1–b**）。这里只考虑书架所受的力，不涉及人和地板所受到的力。在进行受力分析时，最重要的是要正确找出作用在所考虑物体上的所有的力。

## 地板和弹簧的相同点

在上面列出的书架所受到的力中，有一种是支持力。支持力是两个物体接触时所出现的一种垂直于接触面的反推力。在进行受力分析时，这种力最容易被疏漏，然而它却是普遍存在的一种力。例如，书架受到重力的作用，它本来应该向下方运动（加速运动），但静止不动，这说明它一定还受到了一个方向同重力相反的与之达到平衡的另一个力的作用（**1–c**）。这就是地板向上作用在书架上的支持力。

地板在向上反推书架，乍一听有些不可思议。其实，这种力在性质上与弹簧作用在放置在它上面的重物的那种力（弹性力）属于同一个类型（**2**）。弹性力的大小同弹簧长度相对于原来长度的伸长量或压缩量

1. 常见的各种力

### 更详细的说明

#### 容易混淆的“力的平衡”与“作用、反作用”

“力的平衡”与“作用反作用定律”是截然不同的两件事。无论力的平衡图例中，还是作用反作用定律的图例中，长度相同的力的箭头都是正好相反的，因此两者很容易混淆。力的平衡是指作用于同一物体的两个力的大小相同，方向相反，两者之和为零的状态。另一方面，作用反作用定律则是指作用于两个物体的两个力大小相等、方向相反。

成正比。弹簧长度的伸长量或压缩量越大，它倾向于恢复原来长度的那种弹性力就越大。

书架下面的地板在书架重量的作用下会略微有些变形。地板变形，同弹簧一样，也会产生一种倾向于恢复原来形状的力。这就是地板对书架的支持力。

现在再来分析书架在水平方向所受到的力。如果人推书架的力不是很大，书架不会被移动。这时，推力和摩擦力※平衡，合力为零（**1–d**）。物体在静止状态所受到的摩擦力叫作“静摩擦力”。这种静摩擦力，只要书架保持静止，随推力增大而增大。静摩擦力的大小有一个上限（最大静摩擦力），推力增大到超过静摩擦力这个上限，书架就会移动。

作用在运动物体上的摩擦力叫作“滑动摩擦力”。滑动摩擦力通常都要小于最大静摩擦力。由于这个缘故，在用力推书架时，在书架没有动起来之前要用很大的力，然而书架一旦被推动，我们会感觉到推动它继续移动的力反而减小了。

摩擦力的方向，在物体仍然静止时，与物体倾向移动的方向相反；在物体运动时，与物体的运动方向相反。

※ 产生摩擦力的原因主要是彼此接触的两个物体表面上的原子相互间存在着作用力，而且同接触表面的凹凸不平也有关系。不过，摩擦力的机制十分复杂，现在还没有完全搞清楚。

**1–c. 书架在竖直方向受到的力达到平衡**

地板反推书架的力

0

达到平衡

书架受到的重力

**1–d. 书架在水平方向受到的力达到平衡**

（书架没有移动时）

地板的静止摩擦力

人对书架的推力

0

达到平衡

**2. 弹簧产生的力（弹性力）**

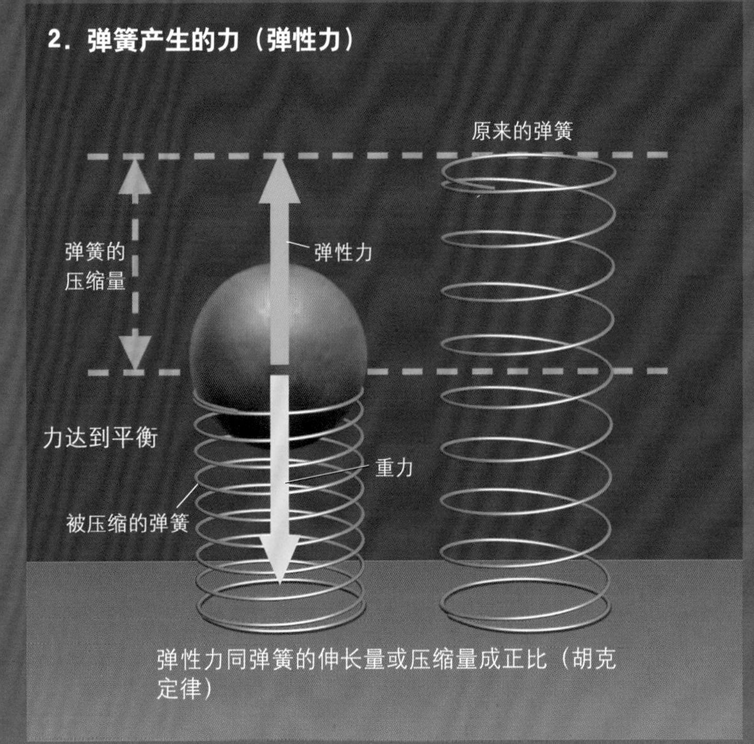


弹性力同弹簧的伸长量或压缩量成正比（胡克定律）

## 更详细的说明

### 在没有摩擦力的世界，一切会乱套！

假如我们生活在没有摩擦力的世界，那会是怎样一种情景？首先，吃饭就够呛。筷子夹不上食物，即使夹上了，马上就会滑落。也无法用图钉在墙上贴画，更无法用钉子制作一个书架。图钉和钉子都是利用摩擦力来固定物体。衣服会非常容易破。衣服是用纤维编织而成，多亏纤维之间的摩擦力，衣服才具有抗拉扯的强度。日常生活中依靠摩擦力的地方真是太多了，不可能一一列举。

# 公共汽车突然加速或制动时所感受到的惯性力

本文介绍同前文所介绍的所有力都不同的一种特殊力，即“虚拟力”。

谁都有这样的经验，乘坐小汽车、公共汽车或飞机，当这些交通工具突然加速时，我们会感觉到像是受到来自前面的一个推力（指向同前进方向正相反的力），把我们的身体推向靠背；当突然制动时，又像是受到来自后面的一个推力（指向前进方向），要把我们的身体向前抛出座椅（**1**、**2**）。这种力叫作“惯性力”。

当公共汽车以恒定的速度行驶（匀速直线运动）时，则不会有这种感觉（**3**）。这就是说，作匀速直线运动时没有惯性力。惯性力是乘坐的交通工具作加速运动时才会出现的一种力。

在突然加速的公共汽车上（**1**），假定是向前方加速，乘客的身体按照惯性定律仍然维持着加速前的比较慢的速度，结果，乘客便会滞后，掉在加速运动的汽车的后面。在汽车上看这种现象，由于乘客觉得自己是静止坐在座椅上，他就会感觉到好像突然出现了一个向后推他的力。这就是产生惯性力的原因。

公共汽车突然制动（**2**），情况则相反。汽车已经减速，可是乘客仍然维持着减速前的比较快的速度继续向前运动。在汽车上看这种现象，乘客就会感觉到自己像是受到了一个从后向前推他的力（惯性力）※1。

## 观测位置不同，可以有惯性力，也可以没有惯性力

值得提醒的是，在车外静止不动的观测者看来（1#、2#），乘客并没有加速，他始终保持着汽车加速或减速前原来的速度，以不变的速度在向前运动。根据运动方程（力＝质量 × 加速度），既然“加速度＝0”，那么自然“力＝0”。也就是说，在车外静止的人看来，乘客并没有受到力的作用。**惯性力不过是在作加速运动的场所内（在这个例子中是在公共汽车内）观测到的一种好像是受到力作用的现象**。因此，惯性力也被称为“表观力”或“虚拟力”。惯性力不是真实存在的力，因而也不存在对应的反作用力。惯性力会因观测位置不同或出现，或消失。

**惯性力的方向总是同观测场所（即观测者所在的场所，这里是公共汽车内）的加速度方向相反**※2。而且，在作加速运动的场所观测，惯性力总是作用在位于此场所的所有物体上。在作加速运动的公共汽车上，不仅所有的乘客，货架上的提包，飞在空中的蚊蝇，连同空气，都要受到惯性力的作用。

公共汽车外的静止观测者（1#）

公共汽车外的静止观测者（2#）

※1 汽车座位上的安全带，就是用来系住身体，防止人体在汽车万一发生撞车事故时飞出去的一种安全装置。

※2 计算惯性力的公式是“物体的质量 ×（－观测场所的加速度）”。公式中的负号表示惯性力的方向与加速度的方向相反。

注：站立在公共汽车上的乘客，他左手抓住的吊环把他向右拉的力（张力），还有地板把他的脚向右拉的力（摩擦力），两者都是真实的力。在车上看到的把他的身体向左拉的那种力，则是惯性力。

**1. 在突然加速的公共汽车内**

惯性力

加速度

在汽车加速度的反方向产生惯性力

加速度（减速）

## 更详细的说明

### 乘坐过山车和航天飞机也有惯性力

在游乐园乘坐过山车一类游乐设备我们可以感受到非常大的惯性力。在过山车一会急进一会急停的时候，我们的身体会一会儿被紧压在座椅上，一会儿又像是要被抛射出去。此外，在过山车驶过弯道的时候，我们还会感受到一种很强的“离心力”（详见后面），那也是一种惯性力。

航天飞机在发射的时候是作加速度很大的加速运动，宇航员在这段时间也要受到很大的惯性力的作用。宇航员在发射时受到的最大惯性力可以达到相当于自己重力的 3 倍（即“3G”）。

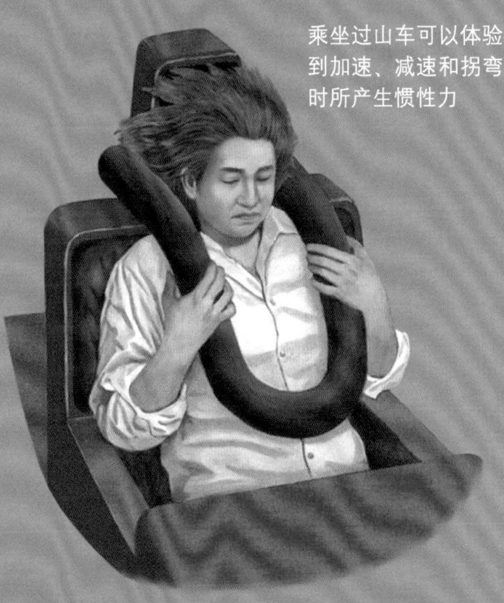

乘坐过山车可以体验到加速、减速和拐弯时所产生惯性力

# 自由下落时重力真的会消失吗？

乘坐电梯，不少人大概都有过感觉到自己的身体有时略微变重，有时略微变轻的经验。这是由于电梯加速或减速时产生了惯性力。这种惯性力使得我们在电梯内感觉到自己的身体变重了或变轻了。

电梯开始下降时，向下作加速运动，惯性力指向上方。这时我们会有身体略微变轻的感觉。那么，如果电梯向下的加速度增大，结果会怎样？随着加速度增大，我们的身体会变得越来越轻，增大到一定程度，甚至会感觉不到重力，也就是重力消失。此时，向上的惯性力正好抵消了重力。

重力消失，意味着电梯正在自由下落（**1**）※1。如前文的介绍，自由落体定律同重量（质量）无关，一切物体都以同样的加速度下落。电梯自由下落，电梯内的那个提包也在自由下落，因而，在任何时候提包的下落速度和电梯的下落速度都相同，即使经过多少秒钟的下落，在电梯内的人看来，提包的位置也没有变化※2。换句话说，在电梯内的人看来，提包飘浮在空中，这可以说就是一种无重力（无重量）状态。

现在，假定在这个下落的电梯内的那个人横向推一下一只球，看会发生什么情况。按照自由落体定律，此时人和球都在竖直方向以同样的速度（加速度）下落。在随电梯一起下落的人看来，球没有下落，只是被自己推动以后向前以恒定的速率沿直线行进（抛物运动－下落运动＝匀速直线运动）。在自由下落的电梯内，同电梯一起下落的人看到的是重力消失，但惯性定律（不受力的物体以恒定速率继续沿直线行进）仍然成立。

## 在飞机上进行无重力训练

利用上面介绍的原理可以制造出无重力状态。乘坐飞机飞行到高空，然后让飞机沿着一条抛物线轨迹作下落运动（弹道飞行）（**2**）。这时，同自由下落的电梯内一样，这下落的飞机内就处在一种无重力状态。事实上，宇航员训练，或者对将要搭载在人工卫星上的仪器设备进行试验，就使用了这种人造无重力环境的方法。飞机一次次地上升和下降，飞机上的乘员每次可以体验到延续时间大约为 20～30 秒的无重力状态。

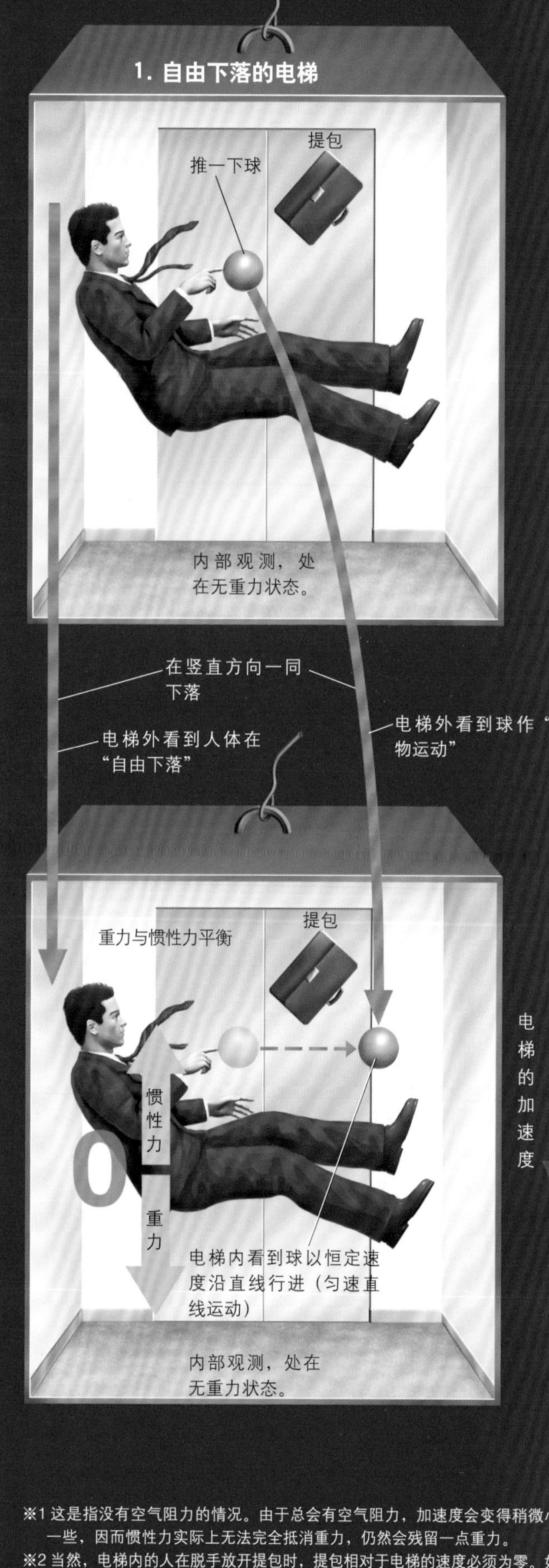
钢丝绳断裂
1. 自由下落的电梯
提包
推一下球
内部观测，处在无重力状态。
在竖直方向一同下落
电梯外看到人体在“自由下落”
电梯外看到球作“抛物运动”
提包
重力与惯性力平衡
惯性力
0
重力
电梯的加速度
电梯内看到球以恒定速度沿直线行进（匀速直线运动）
内部观测，处在无重力状态。

※1 这是指没有空气阻力的情况。由于总会有空气阻力，加速度会变得稍微小一些，因而惯性力实际上无法完全抵消重力，仍然会残留一点重力。

※2 当然，电梯内的人在脱手放开提包时，提包相对于电梯的速度必须为零。如果放开提包时给了它一个初速度，提包就会像那只球那样作匀速直线运动。

## 更详细的说明

### 在游乐园玩跳楼机（自由落体）或过山车，也会有接近于无重力的感觉

游乐园的跳楼机（又叫作“自由落体”。把乘坐在椅子上的游客带到高处，然后任其落下）或过山车沿着近似垂直的斜面下落，产生指向上方的惯性力，游客也会有一种接近于无重力状态的体验。

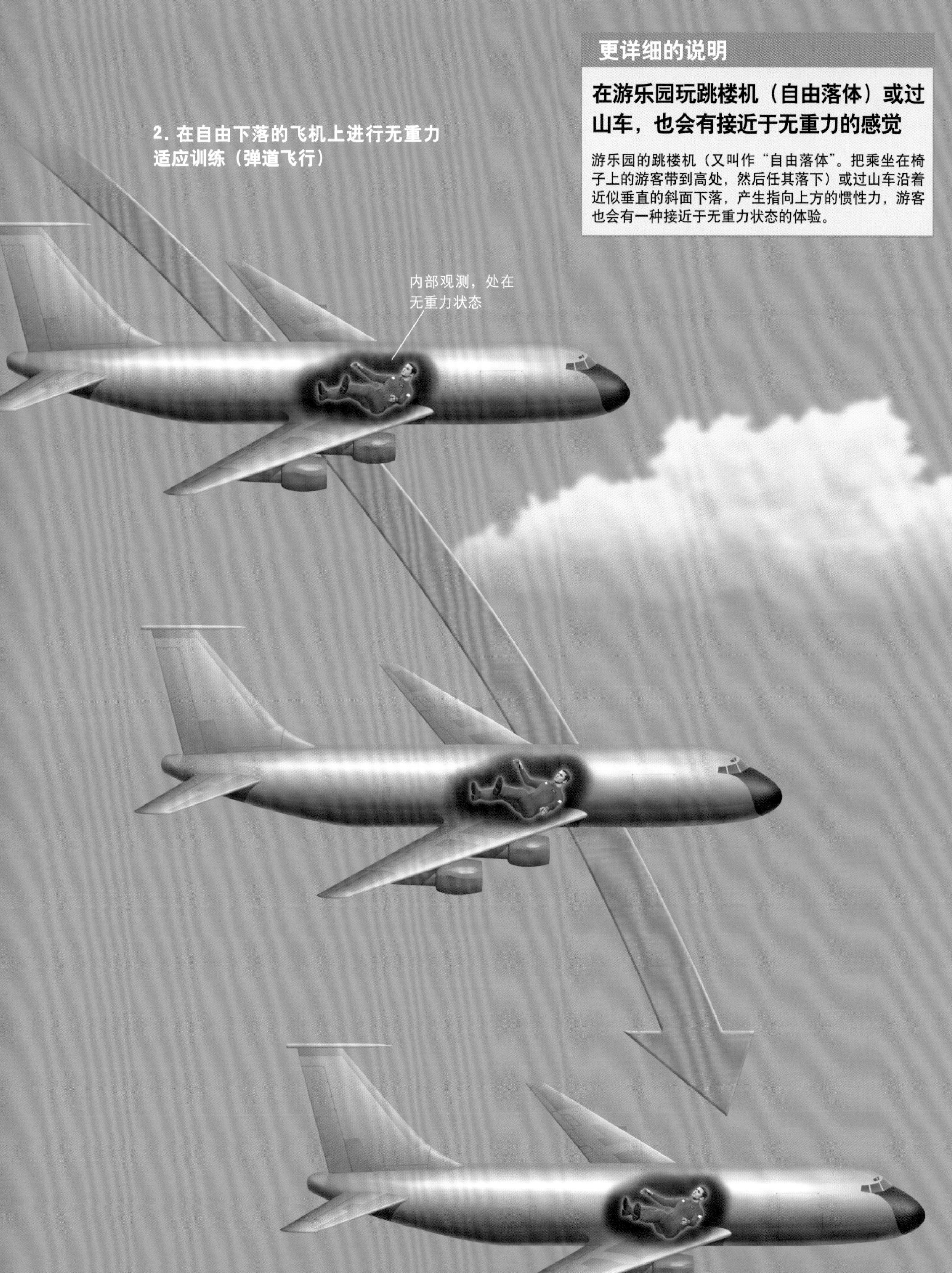
2. 在自由下落的飞机上进行无重力适应训练（弹道飞行）
内部观测，处在无重力状态

# 桌上的两个苹果也在以万有引力互相吸引

这一部分，我们来介绍“圆周运动”和牛顿的伟大发现之一的“万有引力定律”。

有故事说，牛顿在1666年的某一天看见苹果从树上掉下来，于是想到了万有引力定律（这个故事多半不是真实的）。他指出，**苹果从树上掉落和月球围绕地球运行同样都是万有引力作用的结果**（1）。

在伽利略和牛顿以前，人们普遍持有的看法是，天上世界存在着月球、太阳和行星等，是与地上世界完全不同的两个世界，支配这两个世界的物理定律也全然不同。地上的物体，受到力的作用可以作各种不同的运动，然而与地上世界不同，属于天上世界的天体却基本上只有一种运动，即圆周运动。牛顿推翻了这种“常识”，他指出，**天上世界和地上世界都只有一种统一的物理学**。

## 地球是靠万有引力将大量尘埃聚集起来形成的

万有引力，字面上就是“万物（一切物体）都具有的一种相互吸引力”的意思。桌子上隔开放置的两个苹果也在以极其微弱的万有引力相互吸引（2）。不过，这种吸引力实在太微弱，它被苹果和桌面之间的摩擦力抵消了。事实上，由于存在着摩擦力，我们基本上是察觉不到周围物体之间的万有引力效应的。

可是，在无重力且处于真空状态的宇宙空间中情况就不同了。在宇宙空间原来相隔一定距离的两个物体，在万有引力的作用下，相互吸引，会逐渐靠拢，最后紧挨在一起。

按照现在的理论，包括地球在内的太阳系的所有天体其实都是由原来的尘埃在万有引力的作用下一点一点地逐渐聚集而成。万有引力是支配全部宇宙的一种力。

1. 发现万有引力的艾萨克·牛顿

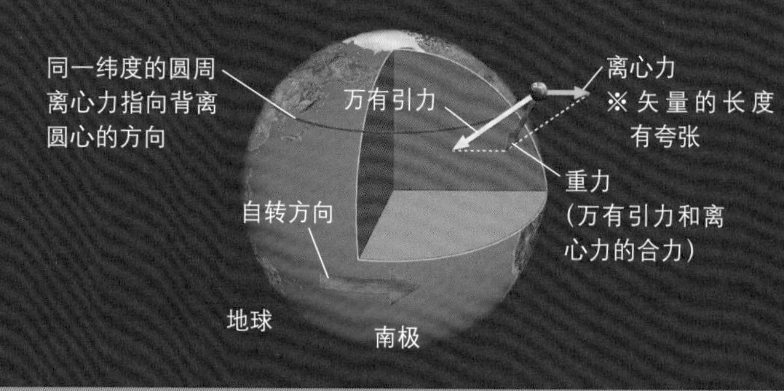

自由落体、月球的圆周运动都是万有引力的作用

## 更详细的说明

### 万有引力和重力的区别（上）

在平时语言中，万有引力和重力差不多是一个意思，然而有时候也需要加以区分。

由于地球在自转，地面上的一切物体都要受到一个不大的离心力的作用，这个离心力和万有引力的合力才是地球表面物体所受到的重力（上图）。物体下落的方向就是重力的方向。这就是说，同平常的想象也许不同，物体（除非在赤道和两极地方）下落的方向并不是指向地球的中心，而是指向稍微偏离中心的某个位置。

在谈到宇宙空间天体之间的万有引力时，一般不说“重力”，而简单地只说“引力”。不仅牛顿力学，即使在广义相对论（现代引力理论）中，说到“引力”也是指万有引力。

## 更详细的说明

### 在实验室证实万有引力定律（右）

英国科学家亨利·卡文迪许（1731～1810）在实验室里利用扭秤成功地测到了作用在大小不同的两对铅球之间的万有引力（右图）。在万有引力的作用下，大球和小球互相靠近，使得悬挂一对小球的扭丝发生扭曲，导致连接两个小球的横杆出现转动。他通过测量小横杆转动的角度测到了极其微弱的万有引力。卡文迪许的实验首次测定了“万有引力常数”。

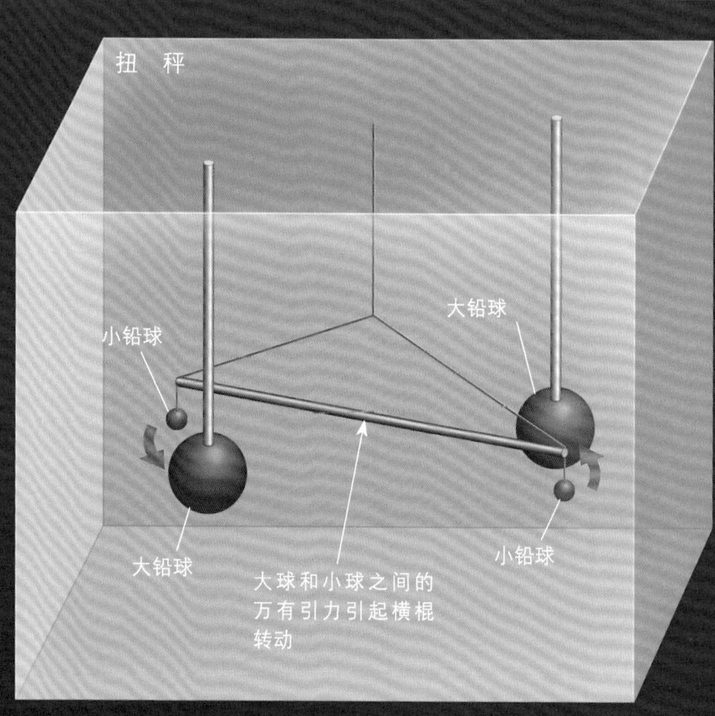


**2. 桌子上的两个苹果也在以万有引力互相吸引**

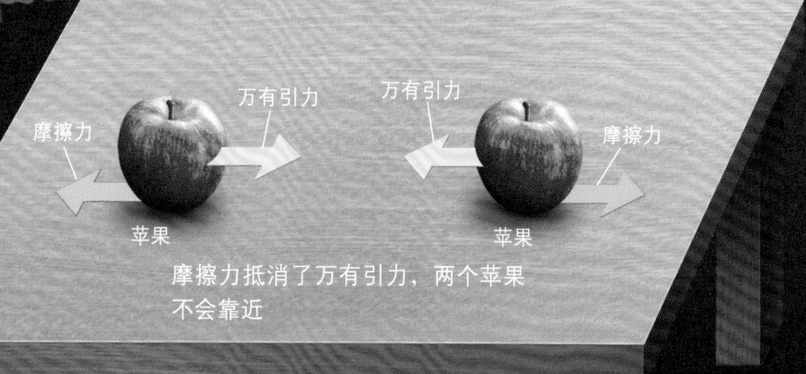


摩擦力抵消了万有引力，两个苹果不会靠近

# 万有引力同光的类似之处

牛顿不仅指出了万有引力的存在，还指出距离增大到 2 倍，万有引力减弱至 1/4（关于牛顿得到这个结论的根据，见第 52 页介绍）。这就是说，万有引力“随距离的平方成反比而减弱”。这称为“平方反比定律”。

在自然界中可以见到不少平方反比定律。例如，从光源（点光源）发出的光的强度就是如此 ※1。如手电筒所使用的那种小电珠，我们可以把它看作一种点光源（**1**）。我们都有这样的经验，它发出的光，距离越远越弱。这是为什么呢？

我们可把电珠发出的光想象为是从电珠发出的无数光线。在图 **1** 中，穿过面 A（到电珠的距离为 1）和面 B（到电珠的距离为 2）的光线的数目相同。

以电珠为顶点和面 A 为底面的四角锥同以电珠为顶点和面 B 为底面的四角锥两者为相似形，因此，面 B 的面积为面 A 的面积的 4 倍（$2^2$ 倍）。这就意味着穿过面 B 的光线的密度只有穿过面 A 的光线的密度的 1/4（$2^2$ 分之 1）。穿过一个面积的光线的密度对应照射在该面积上的亮度。结果，面 B 的亮度就只有面 A 亮度的 4 分之 1（$2^2$ 分之 1）。假定面 B 到电珠的距离为 $r$，按照同样的推理，便知道面 B 的亮度为面 A 亮度的 $r^2$ 分之 1。换句话说，光的亮度与距离的平方

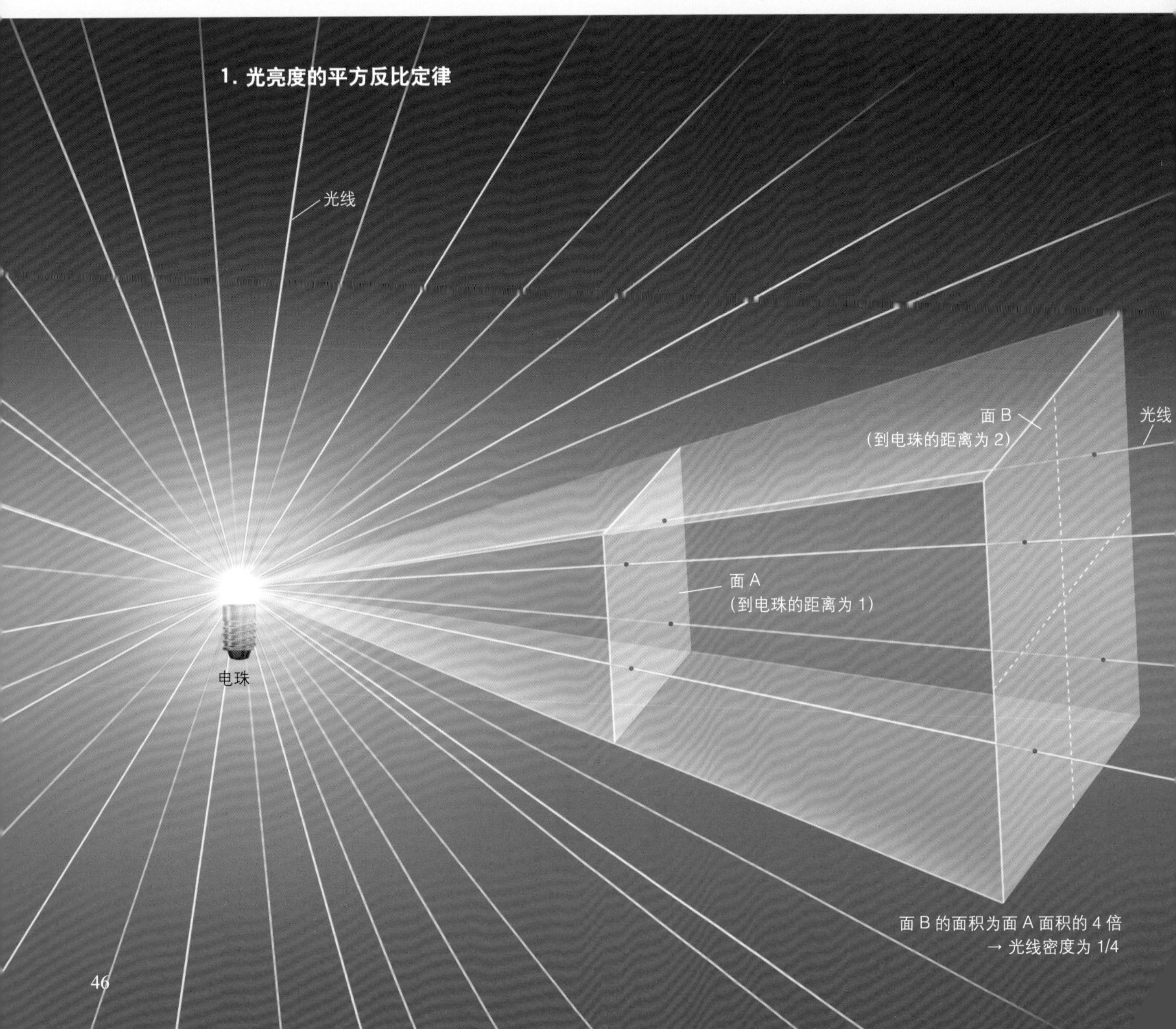

成反比。

对于万有引力也可以进行同样的推理。我们可以想象从地球向外发出无数根万有引力的“力线”，这样来解释万有引力的平方反比定律（**2**）。在这种力线密度高的地点，万有引力就强。距离增大，力线密度减小，万有引力便减弱。

## 万有引力定律中的“距离”指的是什么距离？

表示万有引力定律的公式如图 **3** 所示。这个公式的意思是：“**作用在两个物体之间的万有引力与两个物体各自的质量成正比，而与两个物体之间距离的二次方成反比。**”

这个公式中出现有一个“两个物体之间的距离 $r$”，这个距离是指哪里到哪里呢？我们可以把地球看成是由无数的“小颗粒”组成，这每一个小颗粒都是一个万有引力源（**4**）。求一个苹果受到地球的万有引力，严格说来，应该是先计算出组成地球的这每一个小颗粒的万有引力，然后再求出它们的合力。这肯定是非常麻烦的事情，且不说是否可能。

幸好，实际上并不需要进行这种麻烦的计算。从数学上可以证明※2，只须假定地球的全部质量都集中在它的中心，这样来计算位于地球中心的地球质量对苹果的万有引力，就能得到整个地球对苹果的万有引力。结论是，在计算地球的万有引力时，公式中的“距离 $r$”可以直接取“到地球中心的距离”。

※1：如果不是点光源，只要光源大小同距离相比可以忽略不计，平方反比定律也成立。

※2：牛顿完成了这个证明，才确信万有引力定律是正确的。

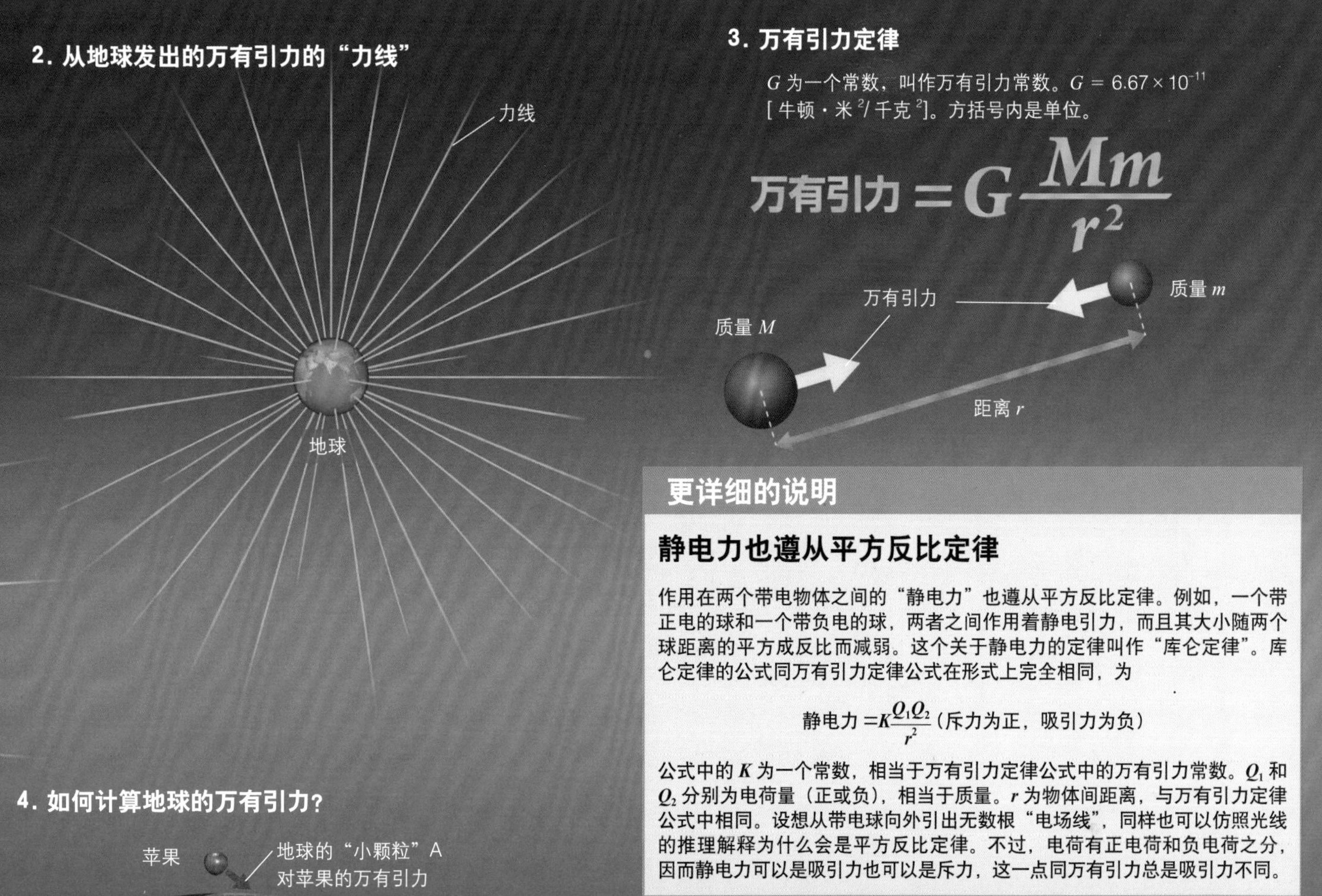


### 更详细的说明

#### 静电力也遵从平方反比定律

作用在两个带电物体之间的“静电力”也遵从平方反比定律。例如，一个带正电的球和一个带负电的球，两者之间作用着静电引力，而且其大小随两个球距离的平方成反比而减弱。这个关于静电力的定律叫作“库仑定律”。库仑定律的公式同万有引力定律公式在形式上完全相同，为

$$静电力 = K\frac{Q_1Q_2}{r^2}\text{（斥力为正，吸引力为负）}$$

公式中的 $K$ 为一个常数，相当于万有引力定律公式中的万有引力常数。$Q_1$ 和 $Q_2$ 分别为电荷量（正或负），相当于质量。$r$ 为物体间距离，与万有引力定律公式中相同。设想从带电球向外引出无数根“电场线”，同样也可以仿照光线的推理解释为什么会是平方反比定律。不过，电荷有正电荷和负电荷之分，因而静电力可以是吸引力也可以是斥力，这一点同万有引力总是吸引力不同。

# 怎样成为人造卫星?

我们先来分析从地面向斜上方抛掷球的例子(**1**)。这抛掷出去的球会划出一条叫作抛物线的轨迹，先上升，在到达顶点以后，再向地面落下。

假定没有万有引力（重力），根据惯性定律，抛出的球便应该径直向斜上方沿直线行进。由于实际存在着万有引力的影响，抛出的球的实际轨迹当然要低于上述直线。如果把万有引力引起的这部分高度降低看成是“下落”的话，那么，抛出的球在到达顶点以前就一直在“下落”。这就是说，**抛出的球在它被抛出的一瞬间就开始了“下落”**。

现在再来分析月球的圆周运动。假定没有地球的万有引力，根据惯性定律，月球便应该保持它先前运动的速率和行进方向沿直线继续行进（**2**）。然而实际情况是，**月球的运动在万有引力的影响下时时刻刻都在改变行进的方向。实际的轨迹时时刻刻都要低于没有万有引力时的直线路径，也就是说，月球总在“下落”**。但是，月球的不断“下落”只是维持了它到地球的距离不变，因此它不会坠落到地球上。

换句话说，月球的这种“下落”不会导致它同地球相撞。

在图 **1** 所示的抛掷球作抛物运动的例子中，球的运动轨迹与地面相交，最后会掉落到地面。那么，如果不断加大球的速率，结果会怎样？显然，球落下的地点会离抛掷地点越来越远。由于地球为球形，地面并不是真正的平面，而是弯曲的曲面。当球的速率很大时，它会飞行很远的距离，在这样大的距离，地面的弯曲便不可能忽略不计。这弯曲为球面的地面相对于作长距离飞行的抛掷球，就相当于地面在不断“下降”(**3**)。

当抛掷球的速率增大到一定值时，抛掷球向前行进时不断“下落”的幅度会恰好与地面不断“下降”的幅度一致，这时，抛掷球与地面的距离便不再减小。也就是说，抛掷球将与地面保持恒定距离围绕地球旋转。这就是“人造卫星”(忽略空气阻力和球形地面的凹凸不平)。抛掷球这时的速度叫作“第一宇宙速度”，为每秒 7.9 千米。

进一步提高速度，当速度达到每秒 11.2 千米左右时，就可以摆脱地球重力的束缚，把地球“甩”在后面。这一速度被称为“第二宇宙速度”或“脱离速度”。

尽管距离地球已经非常遥远了，但现在却进入了受太阳重力支配的世界里。要想进一步摆脱太阳重力的束缚，飞到太阳系之外的更远方，速度必须达到每秒 16.7 千米。这一速度被称为“第三宇宙速度”。

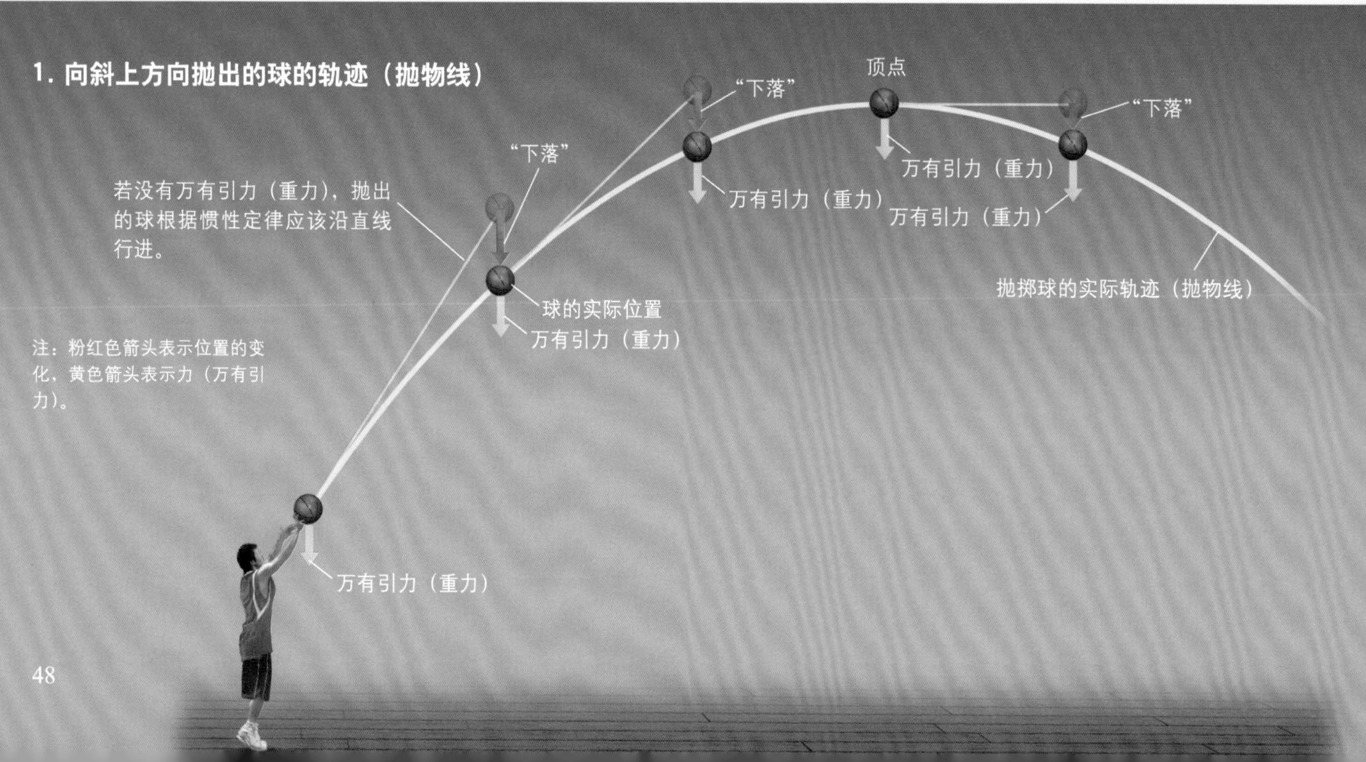

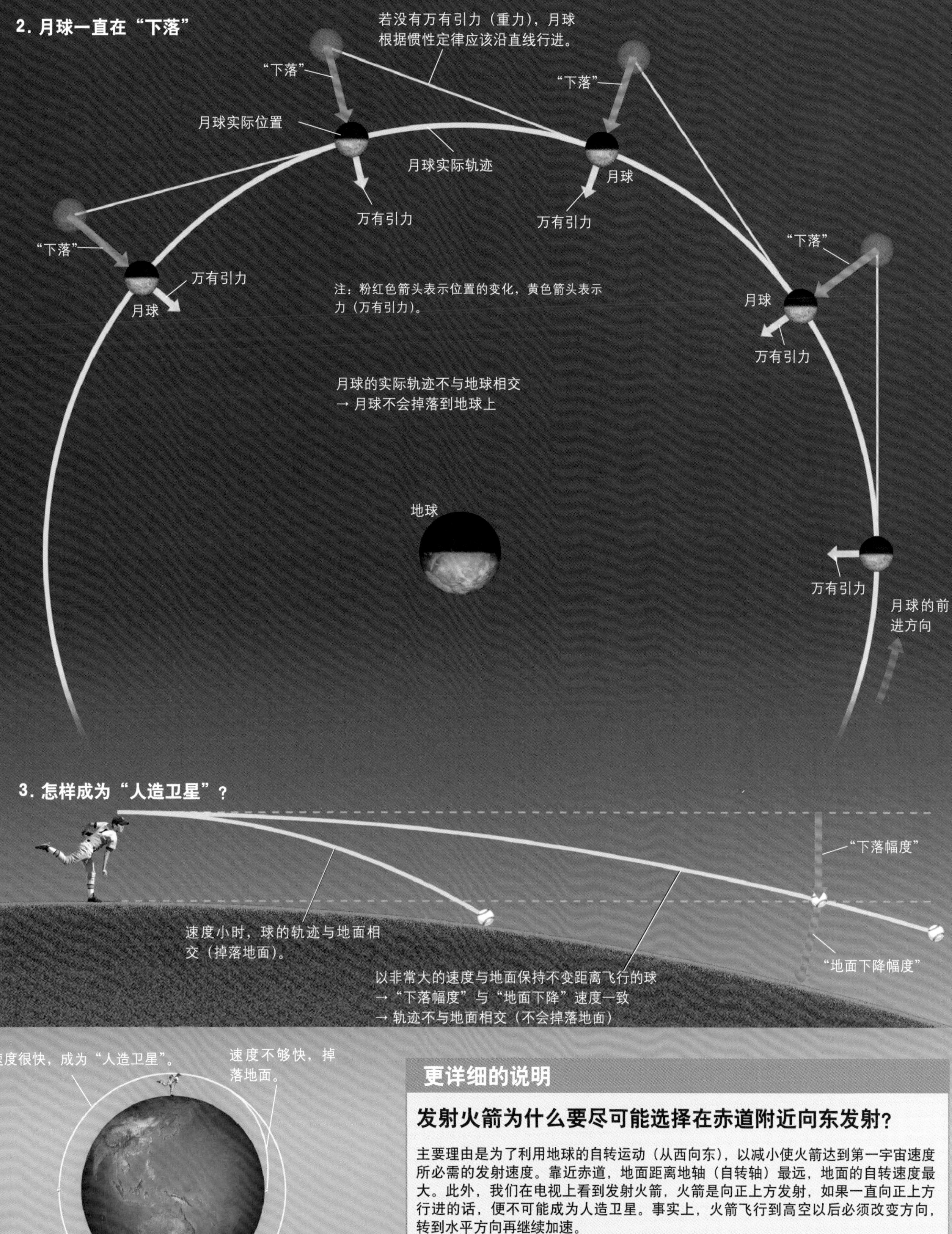
2. 月球一直在“下落”
若没有万有引力（重力），月球
根据惯性定律应该沿直线行进。
“下落”
“下落”
月球实际位置
月球实际轨迹
月球
万有引力
万有引力
“下落”
“下落”
万有引力
月球
注：粉红色箭头表示位置的变化，黄色箭头表示
力（万有引力）。
月球
万有引力
月球的实际轨迹不与地球相交
→ 月球不会掉落到地球上
地球
万有引力
月球的前
进方向
3. 怎样成为“人造卫星”？
“下落幅度”
速度小时，球的轨迹与地面相
交（掉落地面）。
“地面下降幅度”
以非常大的速度与地面保持不变距离飞行的球
→“下落幅度”与“地面下降”速度一致
→ 轨迹不与地面相交（不会掉落地面）
速度很快，成为“人造卫星”。
速度不够快，掉
落地面。

## 更详细的说明

### 发射火箭为什么要尽可能选择在赤道附近向东发射？

主要理由是为了利用地球的自转运动（从西向东），以减小使火箭达到第一宇宙速度所必需的发射速度。靠近赤道，地面距离地轴（自转轴）最远，地面的自转速度最大。此外，我们在电视上看到发射火箭，火箭是向正上方发射，如果一直向正上方行进的话，便不可能成为人造卫星。事实上，火箭飞行到高空以后必须改变方向，转到水平方向再继续加速。

# 在国际空间站内部并非没有万有引力

我们在电视上看见国际空间站（ISS）或航天飞机上宇航员的生活，他们悬浮在空中，飘来飘去，轻松自如。**这种情景就是所谓的“无重力状态”**。

国际空间站和航天飞机距离地表的高度不过数百千米，同地球约 6400 千米的半径比较起来也不能算很大的距离（**1**）。地球的万有引力是距离地球越远越弱，在不过数百千米的高度，那里的万有引力大小同地面相差不是太大，虽有减弱，也不会减弱太多[※1]。那么，为什么国际空间站和航天飞机内竟然会没有重力呢？

这种无重力状态并不是由于距离地球太远造成的。国际空间站同前面介绍的月球一样，在围绕地球运行的过程中总在不断地“下落”，于是国际空间站内就同在“自由下落的电梯”中一样，变成了无重力状态。

## 作圆周运动，存在着“离心力”

在自由下落（作加速运动）的电梯内是指向上方

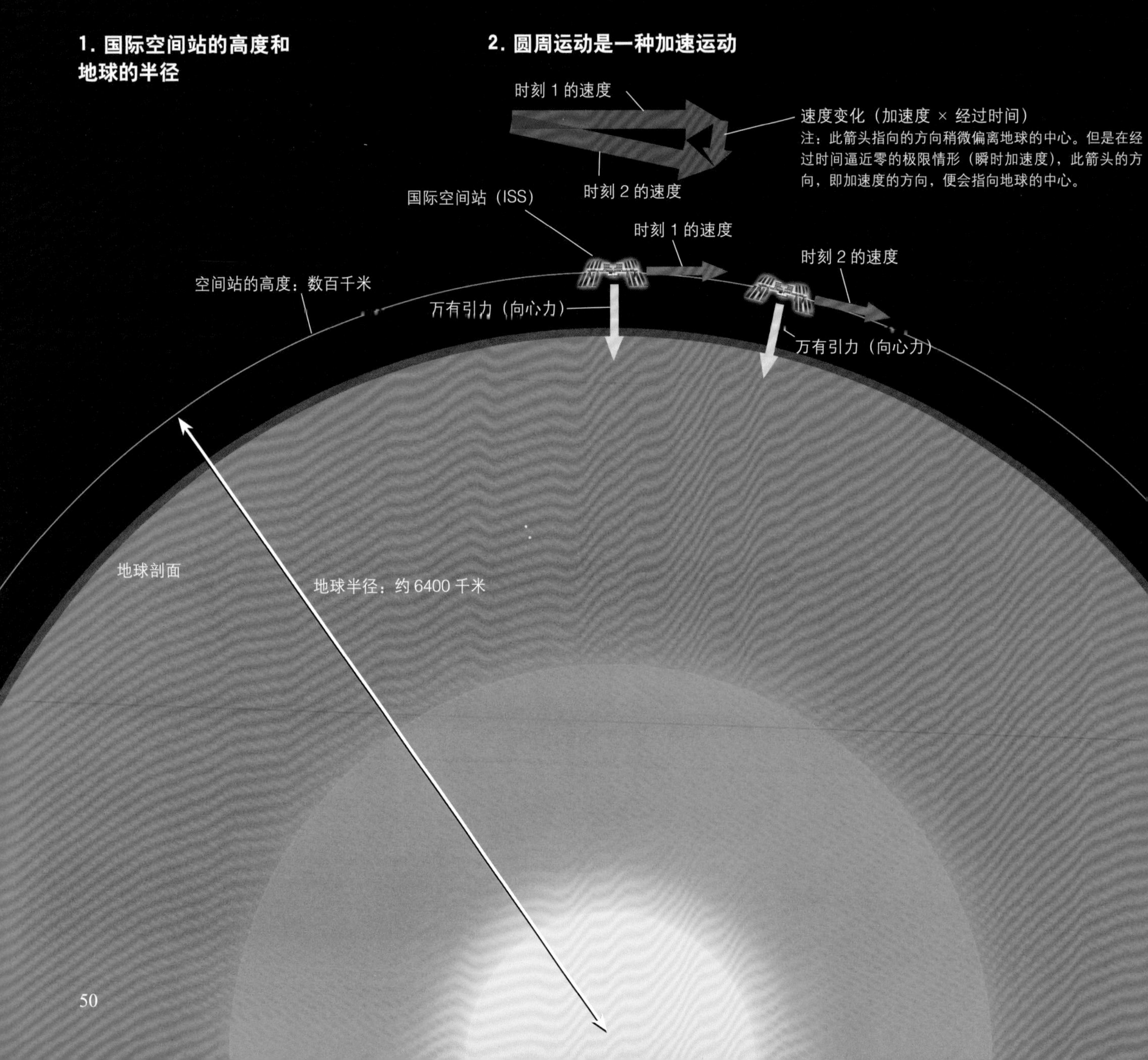

的惯性力（虚拟力）抵消了重力（万有引力）。在国际空间站内抵消重力的是什么力呢？

国际空间站围绕地球作圆周运动，这种情况同月球一样，也是指向地球中心方向的万有引力起到作圆周运动所必需的向心力的作用。根据运动方程（力＝质量 × 加速度），空间站受到一个指向地球中心方向的万有引力（方程左端）的作用，就必然有一个指向地球中心方向的“加速度”（方程右端第二个乘数）。**圆周运动也是一种加速运动**。按照运动方程，这个加速度的大小等于万有引力除以质量所得的值。

不过，圆周运动虽然是加速运动，却没有“速率的增减（速度大小变化），而只是“行进的方向发生变化（速度矢量的方向发生变化）”（**2**）。

**国际空间站在作加速运动，在它内部就会作用着个指向背离地球方向（加速度的相反方向）的惯性力**（**3**）。对于圆周运动，这种惯性力叫作“离心力”。汽车拐弯时作曲线运动，汽车上的人会感觉到一种把他向曲线外侧推动的力，那也是离心力（**4**）。

**在国际空间站内部，这种离心力恰好同地球的万有引力取得平衡，二者的影响互相抵消，因而处于一种无重力状态**※2。

※1 万有引力的公式为 $G\frac{Mm}{r^2}$，把此公式中的 $r$ 换成 6400 千米（地球半径）和换成“6400 千米＋数百千米”，求出的万有引力大小不会相差太大。

※2 国际空间站的环境叫作“无重力状态”，这种说法容易误解为空间站内“没有万有引力作用”。为了避免这种误解，也许叫作“无重量状态”更好一些。

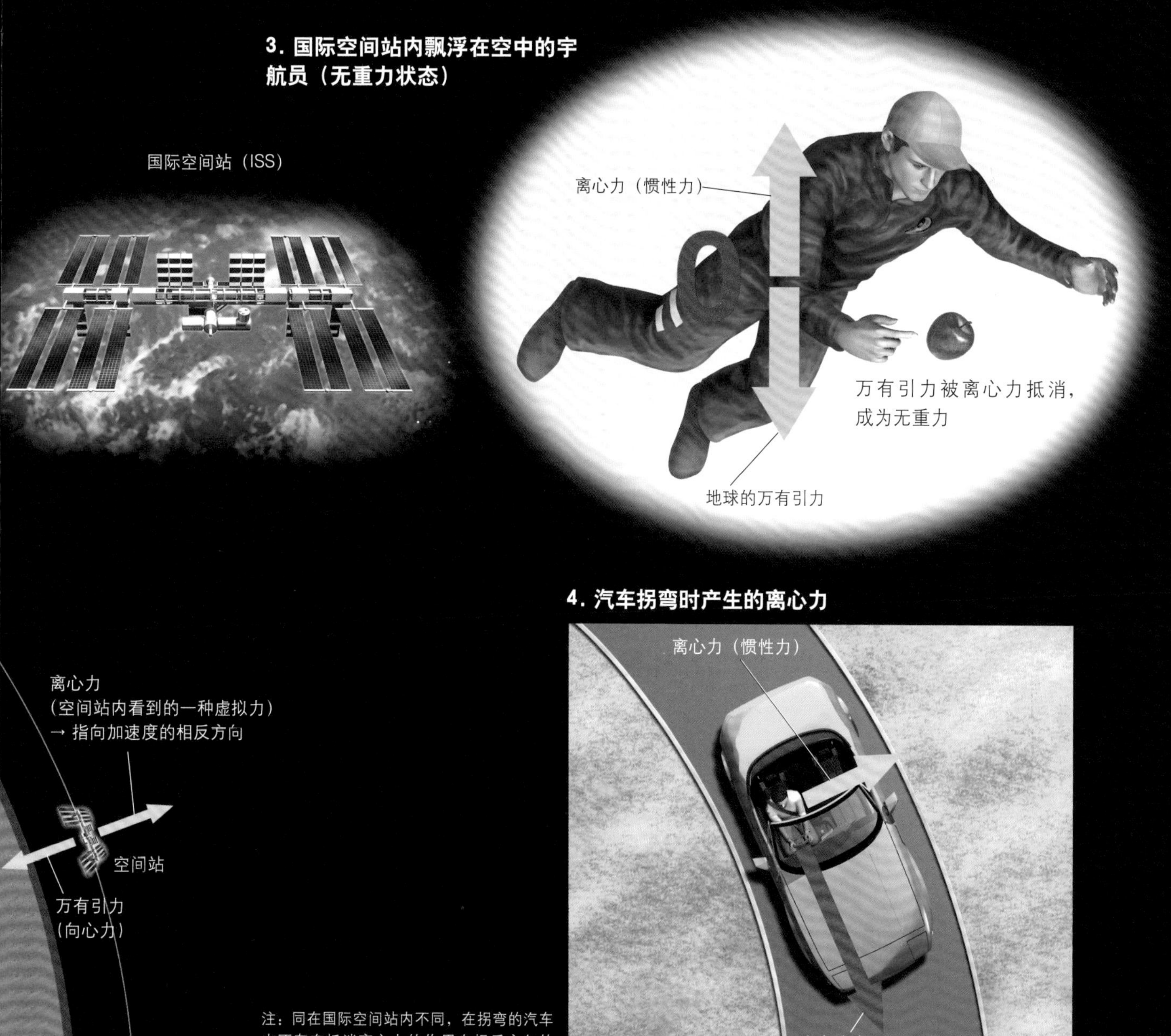

# 万有引力定律从理论上导出了行星运动的规律

牛顿认为“万有引力随距离的平方成反比而减弱”。牛顿是根据什么得出这个结论的呢?

在牛顿之前，丹麦的一位叫作第谷·布拉赫(1546～1601)的天文学家曾遗留下有关于行星运行的大量观测数据。他死后，其助手约翰·开普勒(1571～1630)认真分析这些观测数据，发现了关于行星运动的“开普勒三定律”。这三条定律的内容分别是:**“行星的轨道为椭圆”(第一定律)(1)；“太阳与行星的连线在相同时间内扫过的面积相等(面积速度不变)”(第二定律)(2)；“对于任何行星，公转周期的二次方与轨道长半径的三次方之比都相同”(第三定律)(3)**。

开普勒三定律是根据实际天文观测总结出来的经验规律。开普勒也思索过行星的运动为什么会遵从这些规律，但未能得到正确的结论。

牛顿在想到了“万有引力与距离的平方成反比”以后，立即就根据自己建立的力学对行星的运动进行了大量计算。结果，他成功地从理论上推导出了开普勒三定律。牛顿力学和万有引力定律正是由于取得了如此巨大的成果而立即得到了当时科学界的高度评价。

## 椭圆运动是比圆周运动更自然的天体运动

这里需要对开普勒第一定律作一点补充说明。前

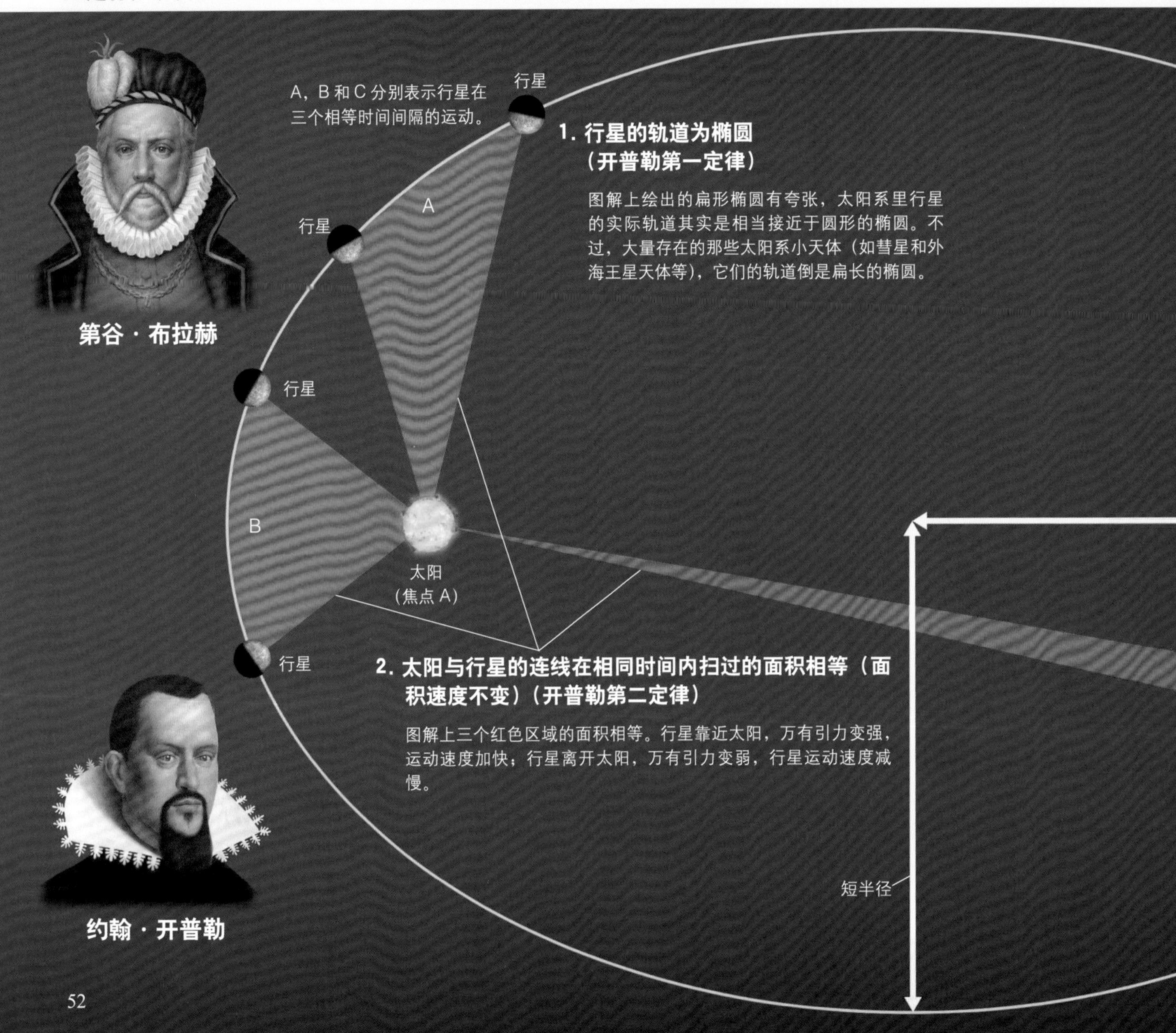


**1. 行星的轨道为椭圆(开普勒第一定律)**

图解上绘出的扁形椭圆有夸张，太阳系里行星的实际轨道其实是相当接近于圆形的椭圆。不过，大量存在的那些太阳系小天体(如彗星和外海王星天体等)，它们的轨道倒是扁长的椭圆。

**2. 太阳与行星的连线在相同时间内扫过的面积相等(面积速度不变)(开普勒第二定律)**

图解上三个红色区域的面积相等。行星靠近太阳，万有引力变强，运动速度加快；行星离开太阳，万有引力变弱，行星运动速度减慢。

面在谈到月球等天体的运动时，曾介绍它们在万有引力作用下的运动是“圆周运动”。然而严格说来，**在万有引力作用下作完美的圆周运动仅仅是一种理想情况，在通常情况下其实是作椭圆运动**。椭圆可以被看成是圆在某一个方向被拉长（或被压缩）变形的结果。在这种意义上，可以认为**圆是“没有变形的椭圆”，是椭圆的一个特例**。

前面曾经介绍过，在地表附近以很大的速度向水平方向抛出的物体会向下掉落，当物体下落的幅度与地面下降的幅度一致时，物体将作圆周运动。可是，使物体的下落幅度与地面的下降幅度保持一致，必须对物体的速度作非常精确的控制。物体的速度无论稍慢一点还是稍快一点，物体下落幅度和地面下降幅度保持一致的平衡都会被打破，结果，物体运动的轨道将变成椭圆※（**4**）。我们从这个例子也可以看出，圆轨道不过是一种例外，椭圆轨道才是自然的运动轨道。

太阳系里的行星，根据现有的理论推测，它们全都是原来沿椭圆轨道运动的许多小天体通过相互碰撞和融合而形成的。那些小天体的椭圆轨道在形成行星时已经被“平均化”，因而现在行星的轨道大多比较接近于圆形。事实上，今天仍然存在着大量的太阳系小天体（如彗星和外海王星天体等），它们的轨道非常明显地都是椭圆。

※ 若速度大到超过一定值，物体将飞离地球，其轨道为一条双曲线。

**3. 对于任何行星，公转周期的二次方与轨道长半径的三次方之比都相同（开普勒第三定律）**

| 行星 | 公转周期（年） | 长半径（亿千米） | （公转周期）$^2$÷（长半径）$^3$ |
|---|---|---|---|
| 水星 | 0.241 | 0.579 | 0.30 |
| 金星 | 0.615 | 1.08 | 0.30 |
| 地球 | 1.00 | 1.50 | 0.30 |
| 火星 | 1.88 | 2.28 | 0.30 |
| 木星 | 11.9 | 7.78 | 0.30 |
| 土星 | 29.5 | 14.3 | 0.30 |
| 天王星 | 84.0 | 28.8 | 0.30 |
| 海王星 | 165 | 45.0 | 0.30 |

注：“（公转周期）$^2$÷（长半径）$^3$”的数值与行星的质量无关，只取决于万有引力常数和太阳的质量。这可以从数学上加以证明。

长半径

焦点 B

C

行星

行星

## 更详细的说明

### 椭圆作图

椭圆的定义是“到两个‘焦点’的距离之和彼此相等的无数个点的集合”。在桌面的一张纸上相隔一定距离按上两颗图钉，然后套上一根前后端连接起来的圈状棉线（下图）。用铅笔绷紧棉线，与图钉 A 和 B 形成一个三角形。拿住铅笔保持绷紧状态画圈，就能画出一个椭圆。以这种方法作图，设 X 代表铅笔所在的位置（椭圆上的一点），显然满足“AX + BX ＝常数”的椭圆条件。这里 A 和 B 是椭圆的两个焦点。太阳就位于行星椭圆轨道的一个焦点上。圆可以看成是两个焦点重叠在一处的椭圆，两个焦点重叠的那一点就是圆的中心。

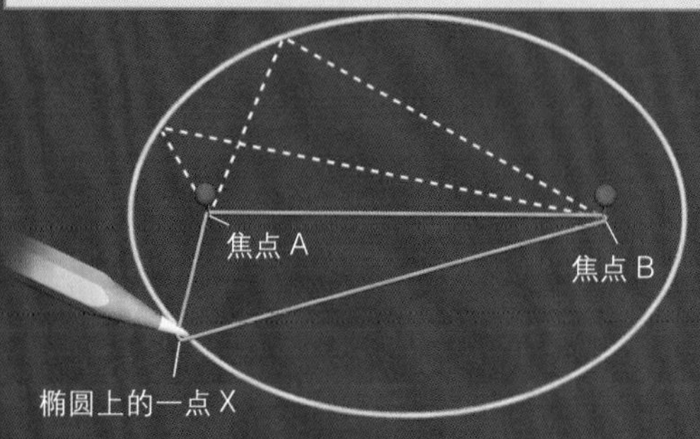


**4. 圆轨道是一种特殊情形**

成为椭圆轨道

下落幅度

地面下降幅度

成为圆轨道（下落幅度与地面下降幅度相等）

# 棒球运动的力学

在介绍“动量守恒定律”之前，我们先通过棒球运动的例子来说明什么是“动量（物体运动的动势）”。

在进行棒球比赛时，接球手接住飞来的棒球，他的手套会感觉受到来自球的一种“动势”的撞击。他知道，感觉到的动势越大，来球的速度就越大（**1**）。**棒球的“速度”决定了运动的动势**。此外还有另一个影响动势的因素，那就是质量。比如，在棒球内灌入很重的铅（这当然是违反比赛规则的），那么，这个重棒球即使以同样的速度飞来，它的动势也要比没有灌铅的轻棒球大。**“质量”也是决定运动的动势的一个重要因素**。

在物理学中，用来衡量运动动势大小的量叫作“动量”。从上面介绍的棒球例子已经可以猜想到，动量被表示为“**质量 × 速度**”。质量越大，速度越大，动量就越大。而且，动量具有方向，必须用矢量表示。同速度和力一样，动量的加法运算也要使用矢量加法。

## 怎样保证接球手接球时他的手不会被击痛？

对棒球施加力可以使棒球的动量发生变化。动量和力之间存在着如下关系：

**动量的改变量＝力※×（力的作用时间）** ☆

此式左端是动量的改变量，它等于“（力作用后的动量）－（力作用前的动量）”；右端的“力 ×（力的作用时间）”叫作“**冲量**”。此式的意思是，作用的力越大，力的作用时间越长，动量的变化就越大。

接球手在做接球动作时，他的手（手套）必须向棒球施加一个方向与其行进方向相反的力，来使棒球的动量变为零（速度变为零）（**2**）。

根据作用力与反作用力定律，接球手作用在球上的力的大小等于他的手（手套）所受到的力的大小。这就是说，公式☆中包含的那个“（球所受到的）力”同接球手的手所受到的力大小相等。在这个接球例子中，公式☆左端等于“－（棒球原来的动量）”，是个恒定量。于是我们知道，接球手的手所受到的“力”，若增加力的作用时间，就会减小。

这样我们就可以知道如何预防手被击痛了：在棒球手套内填塞大量的缓冲材料，而且接球手在接球时把戴着手套的手向后一缩。这样做延长了棒球和手套的撞击时间，从而也就减小了手所受到的力。这种情况同拳击手必须戴上拳击手套减轻击打力量和从高处跳下必须弯曲双膝着地避免受伤，其道理是一样的。

另一方面，击球手用球棒击打棒球也是为了改变棒球的动量（**3**）。击打棒球的动作，用力学的语言来描述，那就是“挥舞球棒赋予棒球以冲量，使棒球发生所需要的动量变化（飞向合适的方向）。

下面我们就来介绍“动量守恒定律”。

※ 严格说来，接球手的手套或击球手的球棒向棒球施加力的时间（力的作用时间）虽然十分短暂，但大小一直在变化。因此，公式☆右端冲量的正确写法应该是“（力的平均大小）×（力的作用时间）”。

### 更详细的说明

#### 动量守恒定律与作用反作用定律

可以说，“两个物体的总动量在物体间有相互作用力之前和之后保持不变”的动量守恒定律作为作用反作用定律的结果是成立的。假设物体 A 作用于物体 B 的力是 $F$，那么，根据作用反作用定律，物体 B 作用于物体 A 的力为 $-F$（与 $F$ 大小相同，方向相反的力）。这样一来，根据“物体 A 的动量变化量 $=F\times$（力的作用时间）”“物体 B 的动量变化量 $=-F\times$（力的作用时间）”，则“物体 A 的动量变化量 ＝ 物体 B 的动量变化量”这一关系成立。但是，如果使用动量守恒定律的话，即使不知道中间的细节，如多大的力作用了多长时间等，也能非常简单地计算出之后的物体运动状态。

**2. 接球使动量变为零**

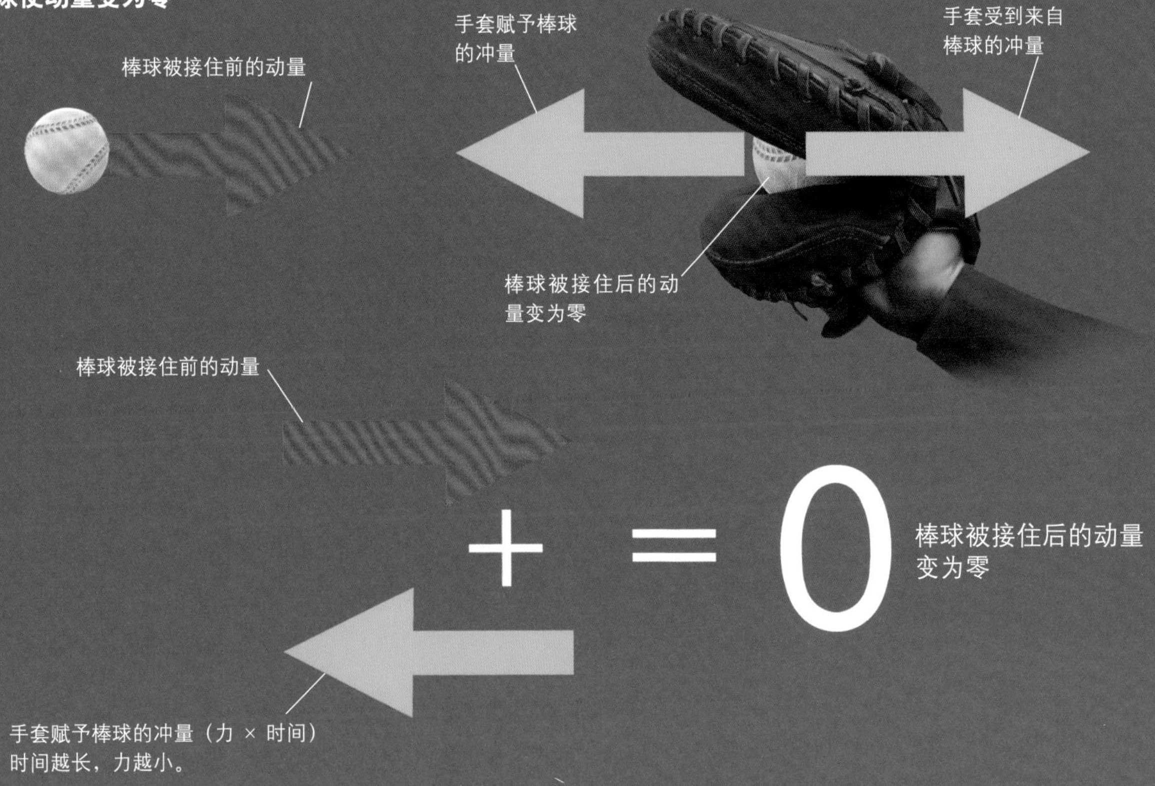

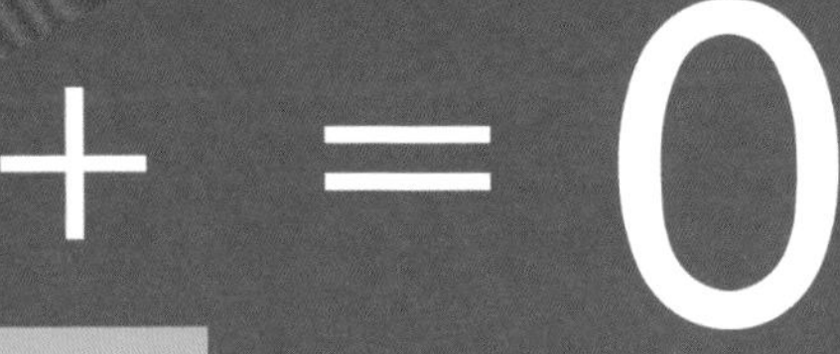


**3. 用球棒改变棒球的动量**

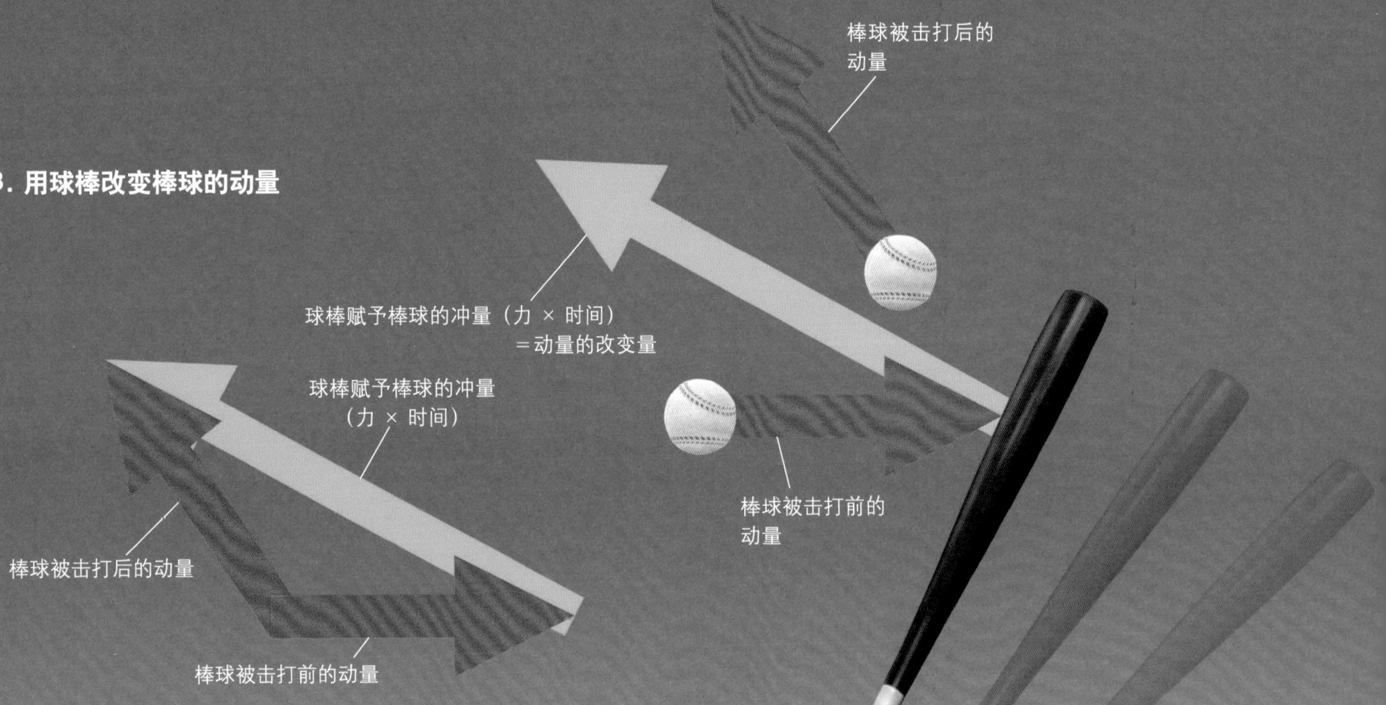

### ■ 动量矢量和冲量矢量的关系（上）

根据“动量的改变量”和“冲量”的定义，左页正文中公式☆可以改写为

(棒球被击打后的动量矢量)−(棒球被击打前的动量矢量)=(球棒赋予棒球的冲量矢量)

整理后得到下式：

(棒球被击打后的动量矢量)

=(棒球被击打前的动量矢量)+(球棒赋予棒球的冲量矢量)

# 能量是指“做‘功’的本领”

能量有各种各样的形态。例如，热能、光能、声能（空气振动的能量）、化学能（原子或分子中储藏的能量）、原子能（原子核中储藏的能量）、电能，以及牛顿力学中出现的“动能”和“势能”等。

能量可以相互转换。例如，太阳能发电是把光能转换为电能（**1**），扩音器则是利用电能来生成声能（**2**）。

用力学术语来说，**能量可以说是“能够产生力，使物体运动的潜在能力**”。例如，用锤子钉钉子就是利用动能使钉子运动。这时的“**力** ×（**施加力的距离**）[※1]”称为“**功**”。一般来说，**物体所拥有的能量会随着做功而增减**[※2]。不过，把施加了力的一方（钉钉子时，用作动力的电能）也考虑在内的话，总能量仍然保持不变。

也可以用能量来做功。例如，用锤子钉钉子，可以说是利用动能来让钉子做功（**3**）。**能量是“能够做功的潜在能力**”。

我们的身体也可以利用食物的能量（化学能）来获得身休活动所需的力量，或进行运动等。

文章开头所列举的各种能量经过若干步骤后也可以让物体运动。例如，光能也可以借助于太阳能电池

而转换成电能，让电梯运转。

## 自然界的基本定律——“能量守恒定律”

**能量的总量不会增加或减少，而是保持不变的，这称为“能量守恒定律”**。不仅限于力学，能量守恒定律也是能够适用于所有自然现象的自然界最普遍、最重要的基本定律。

也许很多人会认为，如果能量不减少的话，那就“没有必要节能了吧？”。实际上并非如此。例如，我们想一下利用电炉把电能转换成热能的情形。热能把房间加热后，就会释放到房间外面，不能再利用（**4**）。换而言之，虽说能量守恒，但它也是包括这样的能量“流失”在内的。如果把流失的那部分能量也考虑在内的话，无论任何现象，能量的总量都是保持不变的。

※1：这是力的方向和移动方向一致时。当两者的方向不同时，则“（移动方向上的力的成分）×（施加力的距离）”是功。

※2：把一个物体从地面缓慢提升到某一高度时，由于需要与重力相同大小的力，所以，这时所做的功的大小为“重力 × 高度”。物体因这个功而获得了势能，所以，如正文所示，“势能 = 重力 × 高度”。

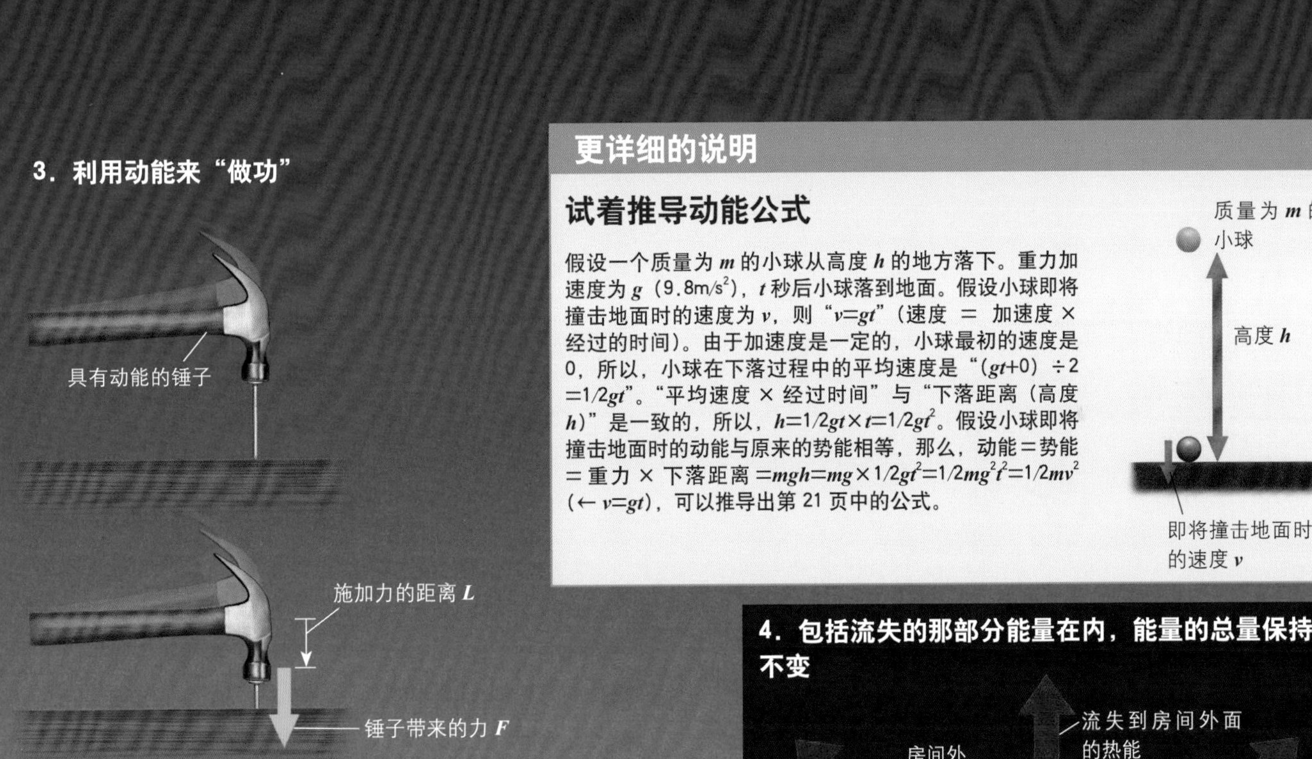


**更详细的说明**

### 试着推导动能公式

假设一个质量为 $m$ 的小球从高度 $h$ 的地方落下。重力加速度为 $g$（9.8m/s²），$t$ 秒后小球落到地面。假设小球即将撞击地面时的速度为 $v$，则“$v=gt$”（速度 = 加速度 × 经过的时间）。由于加速度是一定的，小球最初的速度是0，所以，小球在下落过程中的平均速度是“$(gt+0)\div 2=1/2gt$”。“平均速度 × 经过时间”与“下落距离（高度 $h$）”是一致的，所以，$h=1/2gt \times t=1/2gt^2$。假设小球即将撞击地面时的动能与原来的势能相等，那么，动能＝势能＝重力 × 下落距离 $=mgh=mg \times 1/2gt^2=1/2mg^2t^2=1/2mv^2$（$\leftarrow v=gt$），可以推导出第 21 页中的公式。

**更详细的说明**

### 动量与动能的区别

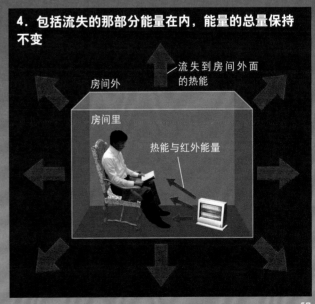

由于动能在某种意义上也表示运动的趋势，所以很容易与动量混淆。动量具有大小和方向，用箭头（矢量）表示。动能只有大小，这是两者的区别。此外，改变动量的是“力 ×（施加力的）时间（冲量）”，改变动能的则是“力 ×（施加力的）距离”（功），这也是两者的区别。

# 使用滑轮或杠杆能够获得额外能量吗？

人类很早就知道在搬动重物时使用滑车和杠杆之类的工具可以省力，也就是说可以使用这类工具来由较小的力产生较大的力。如此说来，使用滑轮和杠杆做功（力 × 力的作用距离）似乎可以获得更多的能量，用这种方法也许就能够解决能源短缺的问题呢。真的是这样吗？

为了说明这个问题，我们先来分析使用滑轮的情形。使用一个可以上下自由移动的动滑轮（**1**）来提升一个重 10 千克的重物，计算表明，在绳索末端只用相当于重 5 千克的力提拉就可以将这个重物提升（忽略滑轮本身的重量）。这是因为重物通过滑轮悬吊在两根绳子下，每根绳子只分担了 10 千克重的一半。

如果同时使用 5 个动滑轮（**2**），那么，重物悬吊在 10 根绳子下，在绳索末端只需使用相当于 10 千克重的 1/10 的力就可以将这个重物提升。起重机起吊重物就使用了这种动滑轮装置（**3**）。

使用杠杆，则必须分清杠杆上的三个重要位置，即支点（支撑点）、力点（用力点）和作用点（施力点）。比如，如果支点和力点之间的距离是支点和作用点之间距离的 5 倍（**4**），那么，对于重 10 千克的重物，只需 1/5 即相当于 2 千克重的力就可以把它抬起。剪刀、拔钉钳、开瓶器这些常见的小工具，以及儿童玩的翘翘板等，都利用了这种杠杆原理（**5**）。

## 能量的增加部分等于所做的功

使用滑轮或杠杆升高重物是要付出“代价”的。**提升重物所需要的力如果减小到重物重量的 1/2**（**X 分之 1**），**力持续作用的距离就必须增加到原来的 2 倍**（**X 倍**）。在图 **1** 的滑轮例子中，把重物提升 10 厘米，在绳索末端必须用力向上拉动绳子 20 厘米。在图 **2** 的滑轮例子中，把重物提升 10 厘米，在绳索末端必须用力向上拉动绳子 100 厘米。在图 **4** 的杠杆例子中，把重物抬高 10 厘米，必须在杠杆的力点端用力将杠杆向下压 50 厘米。

无论使用滑轮还是杠杆，关系式“力 × 距离 [ 所做的功 ] = 能量的增加部分”都必定成立。使物体获得同样的势能，力的大小减小了多少倍，力的作用距离就必须增加多少倍。**使用滑轮或杠杆只能在力的大小方面获利，绝不可能在能量方面获利**。结论是，使用滑轮或杠杆绝不可能得到比投入能量更多的额外势能。不仅是滑轮和杠杆，事实上，在任何情况下都绝不可能获得比投入能量更多的能量※。

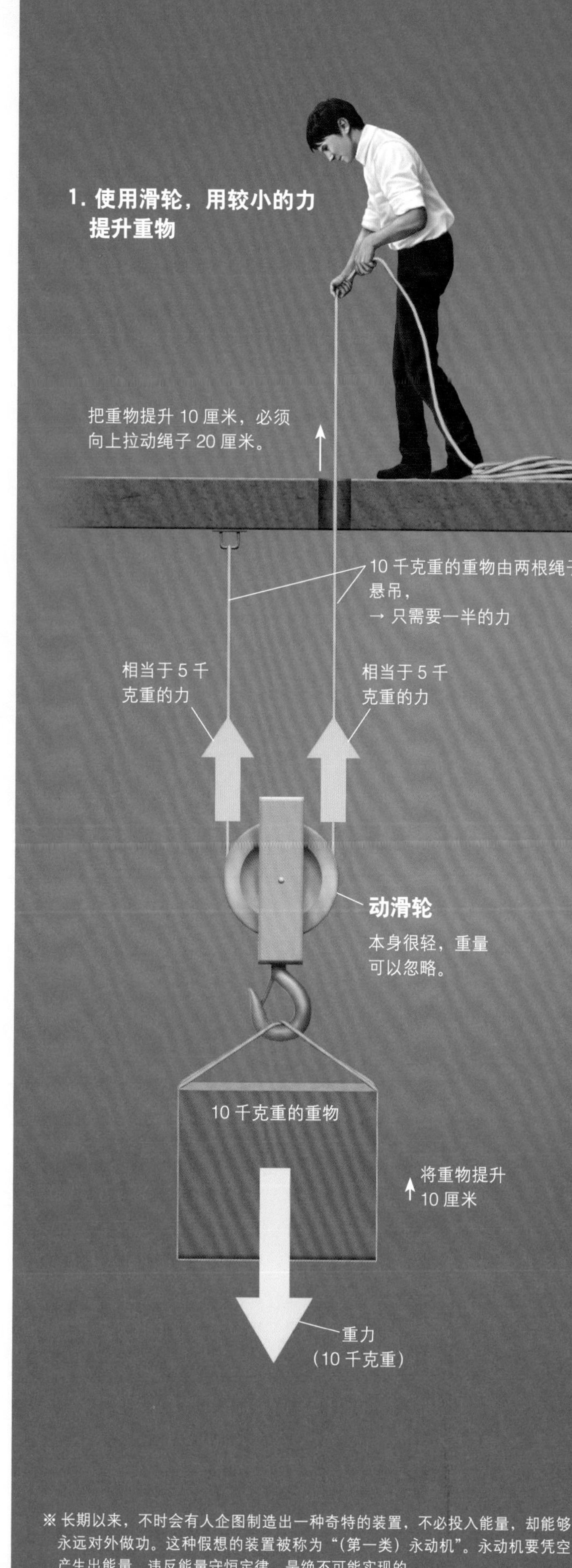


※ 长期以来，不时会有人企图制造出一种奇特的装置，不必投入能量，却能够永远对外做功。这种假想的装置被称为“（第一类）永动机”。永动机要凭空产生出能量，违反能量守恒定律，是绝不可能实现的。

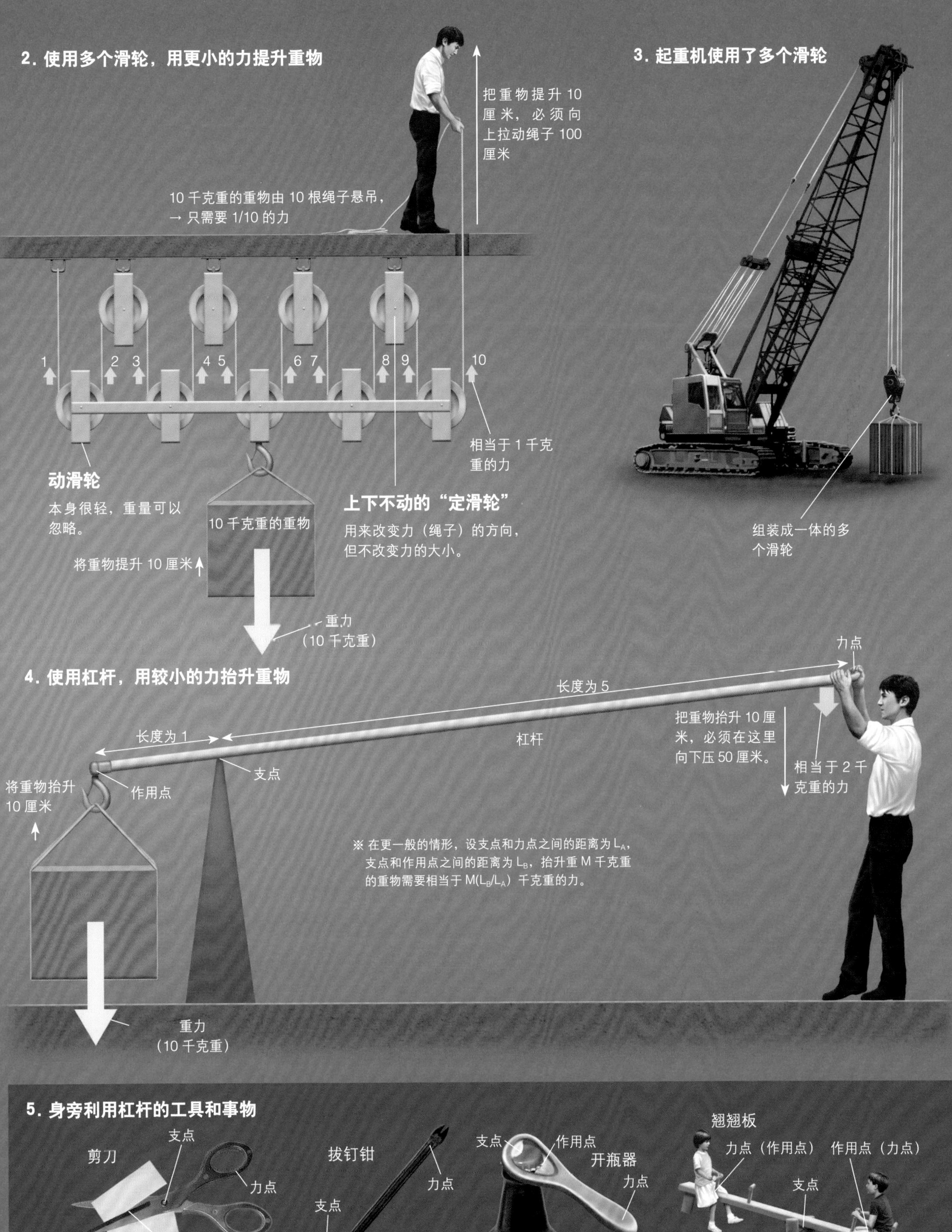
2. 使用多个滑轮，用更小的力提升重物
把重物提升 10 厘米，必须向上拉动绳子 100 厘米
10 千克重的重物由 10 根绳子悬吊，
→ 只需要 1/10 的力
1
2 3
4 5
6 7
8 9
10
相当于 1 千克重的力
动滑轮
本身很轻，重量可以忽略。
10 千克重的重物
将重物提升 10 厘米
上下不动的“定滑轮”
用来改变力（绳子）的方向，但不改变力的大小。
重力
（10 千克重）
3. 起重机使用了多个滑轮
组装成一体的多个滑轮
4. 使用杠杆，用较小的力抬升重物
力点
长度为 5
长度为 1
杠杆
把重物抬升 10 厘米，必须在这里向下压 50 厘米。
相当于 2 千克重的力
支点
作用点
将重物抬升 10 厘米
※ 在更一般的情形，设支点和力点之间的距离为 $L_A$，支点和作用点之间的距离为 $L_B$，抬升重 M 千克重的重物需要相当于 $M(L_B/L_A)$ 千克重的力。
重力
（10 千克重）
5. 身旁利用杠杆的工具和事物
剪刀
支点
力点
作用点
拔钉钳
力点
支点
作用点
支点
作用点
开瓶器
力点
※ 对于开瓶器，作用点在支点和力点之间。
翘翘板
力点（作用点）
作用点（力点）
支点

## 重要内容速览

### 开普勒三大定律

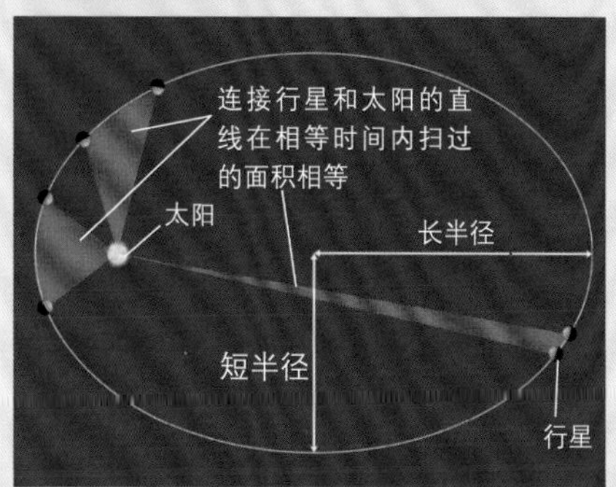


开普勒通过分析天文观测数据发现的关于行星运动的三个经验定律，包括“行星的轨道为椭圆”（第一定律）、“行星和太阳的连线在相等时间内扫过的面积相等”（第二定律）和“公转周期的2次方与长半径的3次方之比对于任何一个行星都相同”（第三定律）。牛顿从理论上成功导出了这三个定律。正是这种成功使得牛顿力学很快就得到了普遍承认。

可以由牛顿力学从理论上导出

### 自由落体定律

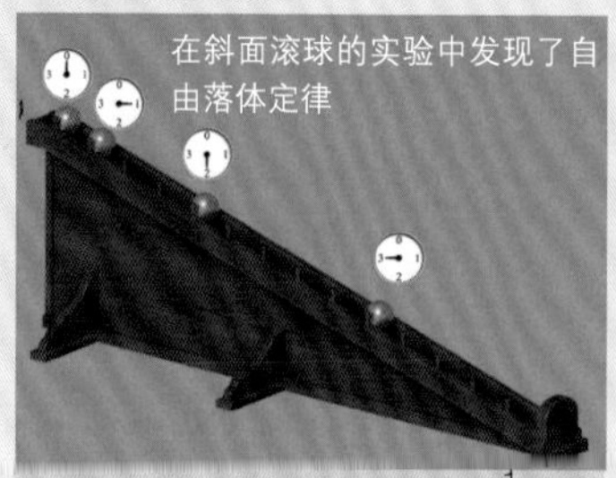


物体下落的距离（垂直下落时）$=\frac{1}{2}gt^2$
（$g$为重力加速度，等于9.8米/秒$^2$；$t$为时间）

伽利略用实验证明，重的（质量大的）物体和轻的（质量小的）物体以同样方式下落，并发现“物体的下落距离与所经过的时间的2次方成正比”的定律。

被纳入牛顿力学

## 运动三定律：牛顿以这三个定律为基础建立起他的力学

### 运动第一定律　惯性定律

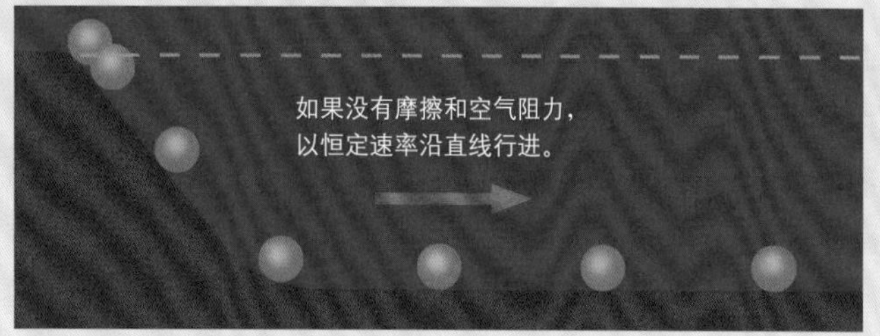

如果没有摩擦和空气阻力，以恒定速率沿直线行进。


伽利略发现的一个运动定律，此定律说，“运动的物体如果不受力的作用，将以恒定速率沿直线继续行进（匀速直线运动）”，而“静止的物体如果不受力的作用，将继续保持静止状态”。

### 运动第二定律　运动方程

“力＝质量×加速度”（运动方程）。意思是，“受到力作用的物体作加速运动，而且加速度的大小与力的大小成正比，与物体的质量成反比，加速度的方向与力的方向一致”。知道了施加在物体上的力的大小和方向及物体的质量，就可以根据此运动方程求出加速度，从而求出物体的运动轨迹。

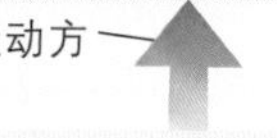

知道了物体的质量和作用在物体上的力，便可以利用运动方程求得加速度（进而求得速度和位置随时间的变化）

## 各种各样的力

此外还有张力（绳索的拉力）、浮力（物体在液体和气体中受到的使其上升的浮力）和空气的阻力等。

### 万有引力（重力）

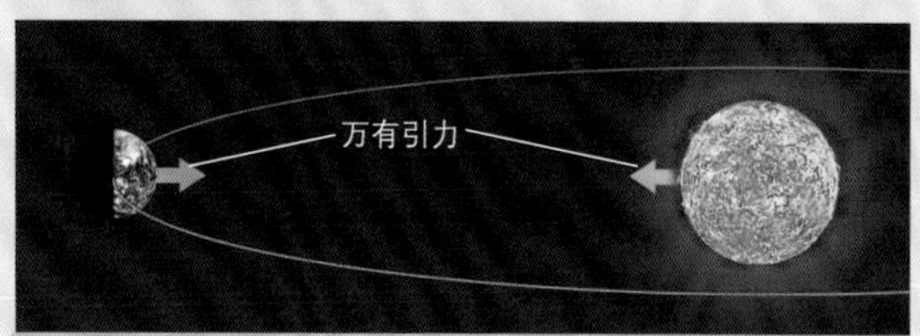


万有引力$=G\frac{Mm}{r^2}$，作用在地面物体的重力$=mg$。
（$G$为万有引力常数$6.67\times10^{-11}$牛顿·米$^2$/千克$^2$，$r$为两个物体之间的距离，$M$和$m$分别为两个物体的质量，$g$为重力加速度9.8米/秒$^2$）

万有引力定律说：“一切物体都由于具有质量而互相作用着一种吸引力（万有引力）”。地面附近物体下落和月球围绕地球旋转都是万有引力的结果。在日常生活中一般不必区分“万有引力”和“重力”这两个名词的不同意思。表示地上物体所受到的重力的公式“$mg$（$m\times9.8$）”可以在万有引力公式中把$M$换成地球的质量，把$r$换成地球的半径而得到。

### 正压力和摩擦力

最大静摩擦力＞滑动摩擦力
$R=\mu N$
（$R$为最大静摩擦力或滑动摩擦力，$N$为正压力，$\mu$为比例系数。其中比例系数对于最大静摩擦力和滑动摩擦力有不同的数值）

两个物体（上图中的书架和地板）有接触面时，垂直于接触面的反推力叫作正压力。接触面上产生的那种指向阻碍运动方向的力叫作摩擦力。作用在静止物体上的摩擦力叫作“静摩擦力”。静摩擦力的上限叫作“最大静摩擦力”。最大静摩擦力的大小因接触面性质不同而不同。作用在运动物体上的摩擦力叫作“滑动摩擦力”。通常，滑动摩擦力小于最大静摩擦力。最大静摩擦力和滑动摩擦力都与正压力成正比。

## 能量守恒定律

把对于所考虑的问题有影响的所有能量都考虑进来，能量的总量保持不变。这个结论并不仅限于力学现象，而是对于一切现象都成立。能量具有许多种形式，除了有力学的能量（又称机械能，指动能和势能二者之和）之外，还包括热能、声能、光能、化学能（原子和分子所具有的能量）和核能（原子核所具有的能量）等。

### 力学的能量守恒定律

“在没有外力做功（力 × 力的作用距离）的条件下，力学的能量（动能和势能之和）保持恒定不变”。在有外力作用时，所做的功等于力学能量的增减部分。

动能 $=\frac{1}{2}mv^2$，势能 $=mgh$，功 $=F\Delta x$

（$m$ 为质量，$v$ 为速率，$g$ 为重力加速度 9.8 米/秒$^2$，$h$ 为距离基准面的高度，$F$ 为力，$\Delta x$ 为力的作用距离）

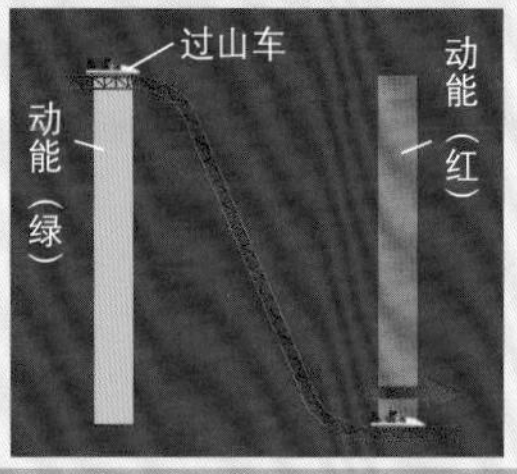


力学的能量守恒定律可以在数学上从运动方程导出（要用到微积分）。

## 动量守恒定律

“在无外力作用时，多个物体之间即使有力作用，所有物体的动量的总和保持恒定不变”。当有来自外部的力的作用时，外力的冲量（力 × 力的作用时间）将变成动量的增加或减小部分。

动量 $=mv$（或者 $m\vec{v}$），冲量 $=F\Delta t$（或者 $\vec{F}$）

（$m$ 为质量，$v$ 为速率[$\vec{v}$ 为速度]，$F$ 为力[$\vec{F}$ 为力的矢量]，$\Delta t$ 为力的作用时间）

机械能守恒定律可以在数学上从运动方程导出（要用到微积分）。

## 位置、速度与加速度的关系

假设物体的加速度为 $a$（固定值），在某一时刻 $t$ 的速度与位置（坐标）可以表示为右图。此外，$v_0$ 是在时刻 $t$=0 时的速度（初速度，常数），$x_0$ 是时刻 $t$=0 时的位置（常数）。

如果根据运动方程可以计算加速度的话，那么，利用右边的公式就可以计算物体的速度是如何变化的，以及物体的位置是如何变化的（轨迹）。

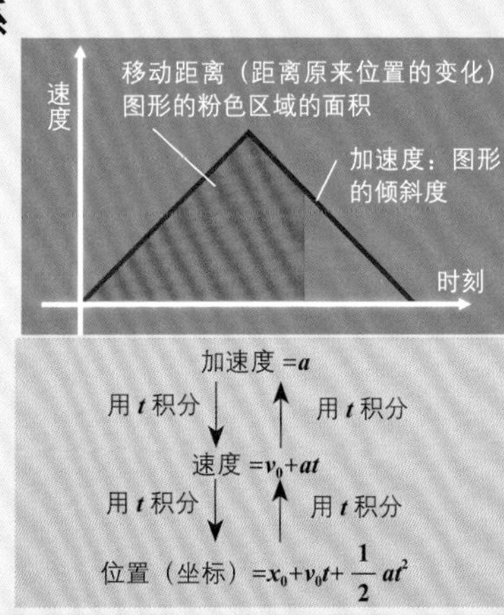


加速度 $=a$

用 $t$ 积分 ↓ ↑ 用 $t$ 积分

速度 $=v_0+at$

用 $t$ 积分 ↓ ↑ 用 $t$ 积分

位置（坐标）$=x_0+v_0t+\frac{1}{2}at^2$

## 运动第三定律　作用力与反作用力定律

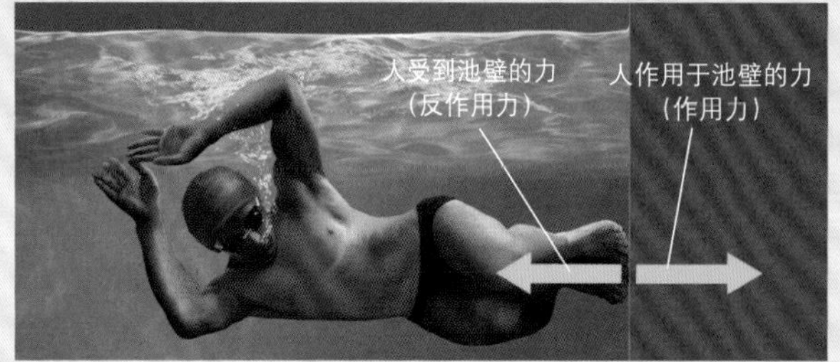


“物体 A 向物体 B 施加一个力（作用力），物体 B 同时便会向物体 A 施加一个大小相同而方向相反的力（反作用力）”。哪一个力是作用力和哪一个力是反作用力取决于考虑问题的角度。两个力总是同时作用，绝不要误解为“作用力”在“先”，“反作用力”在“后”。

## 弹性力

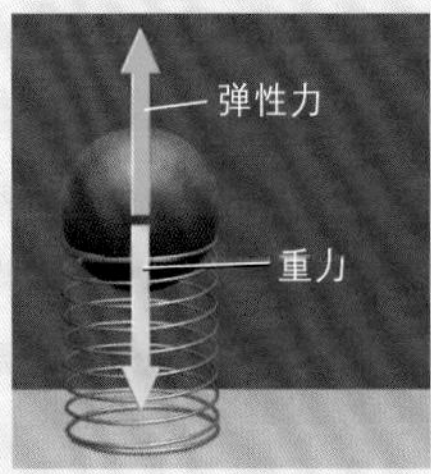


弹性力 $=kx$

（$k$ 为比例系数[弹性常数]，$x$ 为弹簧相对于原来长度的伸长量或缩短量）

向弹簧施加力的大小同弹簧相对于原来长度的伸长量或缩短量成正比（胡克定律）。

## 浮力

浮力的大小等于排开流体的重力（阿基米德定律）。

浮力 $=\rho Vg$

[$\rho$ 是流体的密度，$V$ 是排开的流体体积，$g$ 是重力加速度 9.8 (m/s$^2$)]

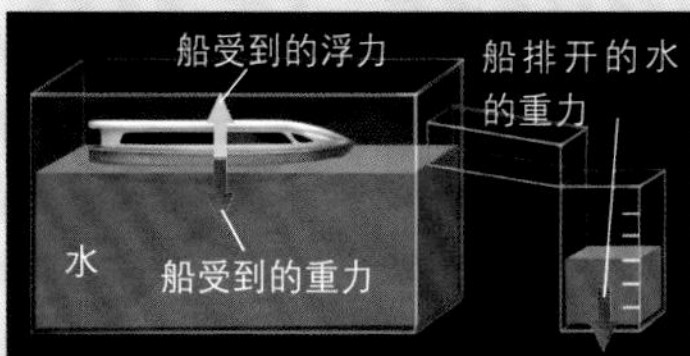


## 惯性力

惯性力 $=-ma$

（$m$ 为质量，$a$ 为观测场所的加速度）

在作加速运动的场所看到的一种像是力的作用，没有施力的物体，因而被说成是一种虚拟力或者表观力。作用在作加速运动场所的所有物体上。由于不是真实的力，因而没有反作用力。在静止的或作匀速直线运动的场所不会有惯性力。

## 离心力

离心力 $=m\frac{v^2}{r}$

（$m$ 为质量，$v$ 为观测场所的速率，$r$ 为圆的半径）

惯性力的一种。在作圆周运动的场所看到的一种像是力的作用（虚拟力），指向背离圆中心的方向。在快速拐弯的汽车上出现的那种虚拟力就是离心力。

# 牛顿力学的诞生标志着近代物理学的开始

在第 1 部分最后的附录中打算补充一些正文中没有介绍到的问题，并作一个小结。这里仿照牛顿力学的创始人之一伽利略在他的两部著作（《关于两大世界体系的对话》和《关于两种新科学的谈话》）中的做法，以对话形式来介绍这些内容。

## 理解“运动三定律”的关键

博士：牛顿力学是物理学的基础，但同许多人的“常识”存在着差异，因而也有难以理解之处。理解牛顿力学的关键是要真正懂得“运动三定律”，即“惯性定律”、“运动方程（力＝质量 × 加速度）”和“作用力与反作用力定律”。真正懂得这三个定律，对于物体的运动和力的本质也就不难掌握了。

学生：惯性定律就有点儿怪。

博士：惯性定律的确好似违背了我们的日常经验，好在我们已经不是生活在牛顿的时代，现在大家都有机会在电视上目睹宇航员处于无重力状态的情景。在无重力状态下，物体不会下落，推一下物体，物体就会作匀速直线运动。在今天，这已经是人人都可以看见的事实。

学生：知道了运动方程，才明白日常生活中对“力”这个名词的用法是很含糊的。

博士：“力”的正确意义是：“力是加速运动的原因”。知道了物体的质量，再知道施加在物体上的力，就可以根据运动方程求得物体的加速度。知道了加速度，于是便可以预测物体以后的运动（速度和位置随时间的变化）。

## “作用力与反作用力定律”没有例外情况

学生：关于作用力与反作用力定律也有想不明白的地方。

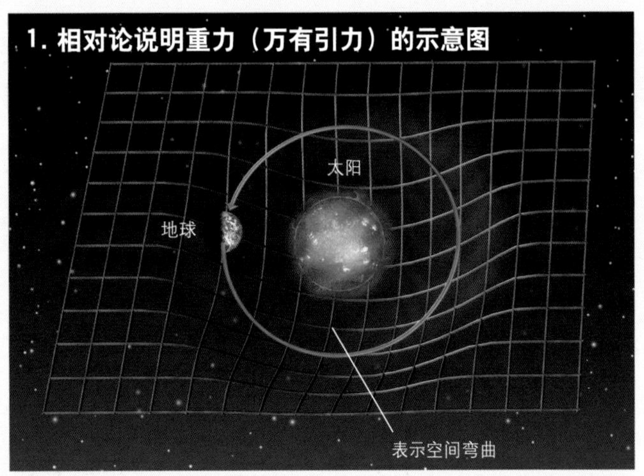


根据广义相对论，太阳周围的空间发生弯曲。地球受到这种空间弯曲才围绕着太阳公转。

难道不会有反作用力比作用力小的例外情况吗？

博士：基本上没有例外。只要有作用力，就一定有一个大小相等而方向相反的反作用力。“只有一方施加力，而施加力的一方不受影响”的事情是不会存在的。不过，惯性力是虚拟力，没有反作用力。

学生：的确，力的作用总是相互的。

## 大小不可忽视的物体的转动

博士：需要补充说明的是，“运动三定律”其实是关于“质点”的定律。质点是指一种假想的物体，即一种“具有质量却没有大小的点状物体”。

学生：然而牛顿力学处理的难道不是大小不可忽视的普通物体的运动吗？

博士：是这样。具有大小的物体可以被看成是大量质点的集合。如前文所介绍的，地球就可以被看成是无数“小颗粒”的集合，把这一个一个小颗粒的万有引力全部加起来，就等于假定地球的全部质量都集中在地球中心的万有引力。这里所说的“小颗粒”也就是质点。

学生：原来是这样。

博士：但与质点不同，具有大小的物体还可以有转动（相当于自转运动）。在牛顿逝世以后才建立的“刚体力学”，其研究对象就是具有大小的物体包括这种“转动”的运动。

学生：刚体？什么是刚体？

博士：刚体是指“具有大小而不会发生形变的物体”。刚体力学是著名数学家莱昂哈德·欧拉（1707～1783）建立的一门学科。例如，杠杆在作以“支点”为中心的转动，就属于刚体力学的问题。

学生：铁锤也可以看成是刚体吧。投出去的铁锤会不停地旋转，飞行轨迹不像是一条抛物线。如此看来，刚体的运动似乎同质点的运动不同。

博士：不是的。像铁锤这样的刚体，如果画出它的重心（质量的分布中心）的轨迹的话，也是一条抛物线。

## 牛顿的名言——“我不搞假说”

学生：牛顿是因为什么动机而创建了牛顿力学呢？

博士：作为牛顿自身的动机，好像是为了对抗当时非常有权威的勒内·笛卡儿等人的观点才写了《自然哲学的数学原理》。

学生：笛卡儿是怎么认为的？

博士：笛卡儿不承认像万有引力那样在远处也能作用的“远程力”，他认为宇宙中充满物质，形成了旋涡运动，因此，天体在做圆周运动。这一学说被称为“旋涡说”。

学生：远程力的确不可思议啊！

博士：尽管牛顿否定了旋涡说，但他不能解释为什么远处的物体之间有万有引力作用。因此，留下了“我不搞假说”这句名言。牛顿认为，如果承认万有引力这一远程力的话，就能非常精准地解释天体的运动，所以没有必要假定存在旋涡等。

学生：那到底为什么会有万有引力呢？

博士：这个问题是进入 20 世纪后在爱因斯坦提出的相对论中才得到了回答。在此不对这问题作详细介绍，简单的解释是，“具有质量的物体的周围空间（时空）发生了弯曲，其他物体受到重力（万有引力）作用使这种空间弯曲的结果”（**1**）。

## 追求“终极理论”，研究还在继续

学生：对于接近于光速（每秒约 30 万千米）的运动，牛顿力学不再成立，而必须使用“相对论”，请对这个问题讲得更具体些。

博士：例如，对于物体接近于光速的运动，简单的“速度加法运算“就不再成立。假定在宇宙空间飞行着一艘每秒为 20 万千米的大型宇宙飞船（母船）（**2**），从这艘母船向行进方向发射一艘相对于母船速度为 20 万千米的小型飞船（子船）。那么根据牛顿力学，从静止的外部观测者看来，子船的飞行速度就应该是每秒 40 万（= 20 万 + 20 万）千米。然而根据相对论，静止的外部观测者看到的子船的飞行速度只有每秒 27.7 万千米。

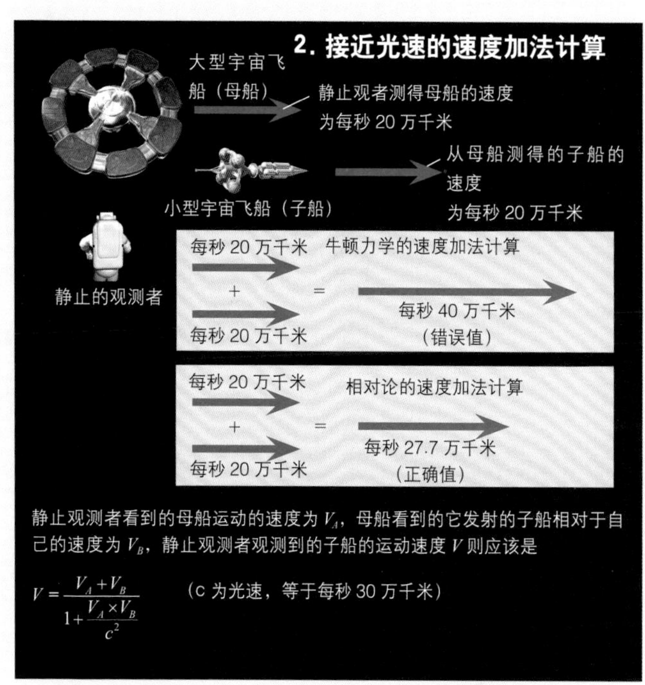


对于接近于光速的运动，牛顿力学简单的速度加法计算不成立。

学生：真不可思议……

博士：这个问题已经超出了本文的内容，无法在此作更详细的说明。总之，对于接近光速的运动，牛顿力学的这种知识已不再适用。

学生：这就是说，牛顿力学也不是绝对正确。

博士：牛顿力学的诞生可以说是近代物理学开始的一个标志。牛顿力学使我们相信，地上的世界和天上的世界全都受到相同的物理规律的支配。这样一种观念的建立在漫长的科学发展历史上是一场意义重大的革命。但是，自然界有无穷的奥秘，还存在着牛顿力学不能解释的大量现象。因此，在 20 世纪初，物理学家又掌握了超越牛顿力学的两大理论，即相对论和量子论。可是，即使这两个理论也并非完美无缺。物理学家正在为追求“终极理论”作不懈地努力，就在这一时刻，他们也正在为之努力。

# 气体与热

尽管我们用肉眼看不到空气（气体）和热，但用肌肤能感受到热空气与冷空气的差异。气体究竟是什么？从微观上来看，不同温度的气体有什么不同？第 2 部分将剖析与气体及热有关的“规律”。

7820

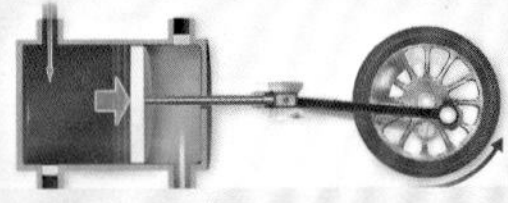



# 吸盘之所以能吸附在墙上，是因为被分子“摁着”的缘故

没有使用胶黏剂，吸盘却能紧紧地吸附在墙上，这是为什么呢？其关键在于我们身边飞来飞去的无数个分子。

空气是由人眼看不到的极小的气体分子大量聚集而成的。在常温下，1 立方厘米的大气中含有大约 $10^{19}$（1000 万亿的 1 万倍）个气体分子。这些气体分子在空气中自由自在地飞翔，相互碰撞或撞到墙上又弹回来。尽管我们感受不到，但有大量的气体分子在不断撞击我们的身体。

在气体分子撞到墙上的瞬间，有力作用于墙壁。尽管 1 个气体分子对墙壁的作用力非常小，但由于大量的气体分子连接不断地撞到墙上，因此，整体上的力非常大，根本无法忽略。这就是气体的“压力”。

把吸盘使劲按在墙上，吸盘与墙壁之间的空气被挤压出来，吸盘内的压力变小。这样一来，由于周围的空气压力较大，所以吸盘才会紧紧地吸在墙上。极小气体分子的运动产生了极大的力，使得吸盘紧紧地吸在墙上而不会移动。

## 大气压在使劲“摁着”所有物体

大气压是指作用在单位面积上的大气的压力。无论是我们的身体，还是墙壁、桌子，所有物体的表面都被大气压紧紧地“摁着”。

海平面附近的大气压约为 1013 百帕（1 个大气压），相当于 1 平方米的地面上放着 10 吨（大概 7 辆汽车）重物时的压力。例如，如果把大鼓中的空气放出去的话，大鼓一下子就会瘪下去。大气压带来的力非常大。

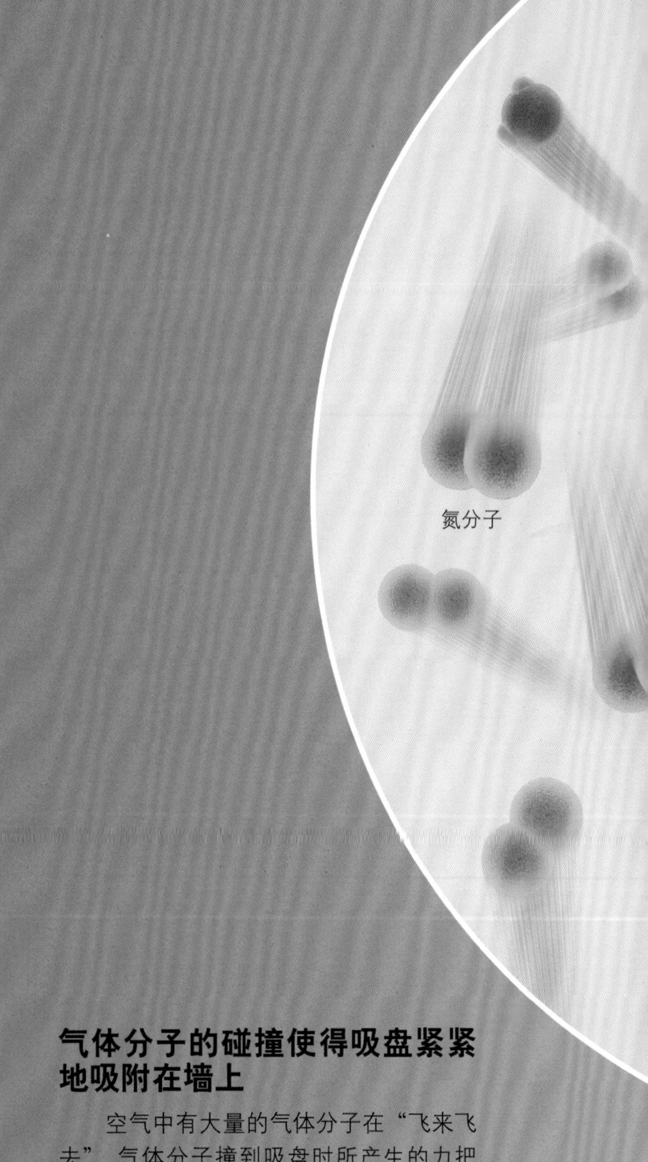


**气体分子的碰撞使得吸盘紧紧地吸附在墙上**

空气中有大量的气体分子在“飞来飞去”。气体分子撞到吸盘时所产生的力把吸盘紧紧地“摁”在墙上。

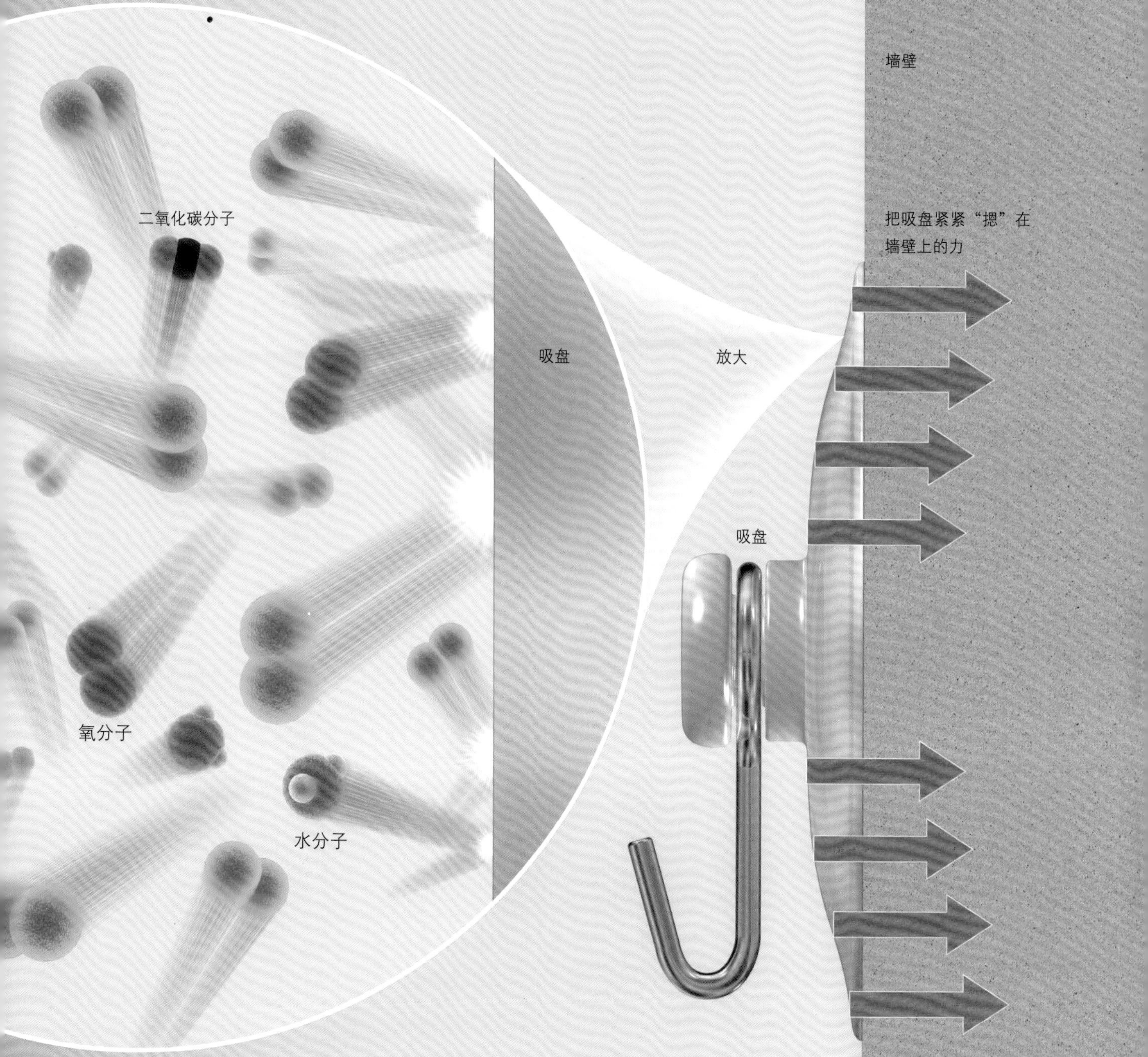

二氧化碳分子

氧分子

水分子

吸盘

放大

吸盘

墙壁

把吸盘紧紧“摁”在墙壁上的力

## 大气压力相当于 7 辆汽车

1013 百帕的大气压与 1 平方米的地面上放着 10 吨重物时的压力大致相同。10 吨相当于 7 辆汽车的总重量。尽管我们感觉不到，但我们的身体一直受到来自大气的作用力，它来自各个方向，无论是上面还是侧面。

# 绝对零度——温度的下限!

刺骨的寒风、炙烤的热浪——空气中存在大量四处纷飞的气体分子，它们的“运动强度”造就了如此巨大的温度差异。

温度高时，气体分子的运动速度较快；温度低时，气体分子的运动速度较慢。实际上，液体与固体也是同样的，原子与分子的运动（固体中是在质点所在位置附近的振动）强度决定了温度的高低。

也就是说，温度是原子与分子运动剧烈程度的“晴雨表”。此外，物质的热能是指构成该物质的原子或分子的总动能。

气温高时，我们会觉得热，这是因为气体分子通过剧烈碰撞人体而将其动能传递给人体，从而导致身体这一部位的温度升高的缘故。与此相反，遭遇冷空气后，构成人体的原子和分子的振动能量被传递给了

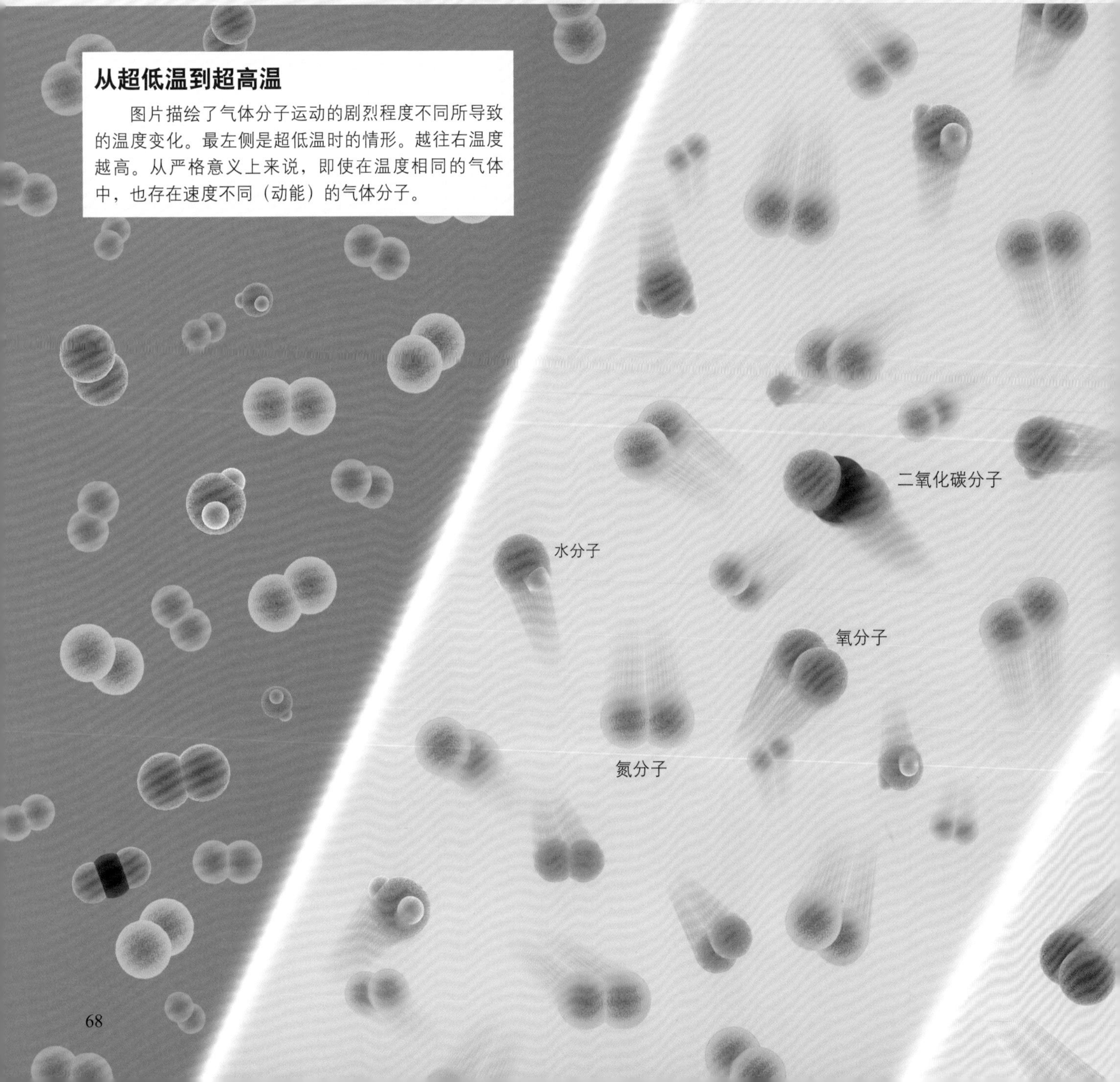

## 从超低温到超高温

图片描绘了气体分子运动的剧烈程度不同所导致的温度变化。最左侧是超低温时的情形。越往右温度越高。从严格意义上来说，即使在温度相同的气体中，也存在速度不同（动能）的气体分子。

气体分子，导致人体温度下降，从而感觉寒冷。

## 普朗克温度——温度的上限？

温度越低，原子和分子的运动越缓慢。因此，温度会逐渐降低，如果原子和分子在某一温度下完全停止运动※，这时的温度就应该是理论上的最低温度。研究发现，这一温度为 -273.15℃，并将其称为“绝对零度”。

然而，绝对零度是不可能实现的。尽管以绝对零度为零点所测量的温度称为“绝对温度”（单位开，K），但到目前为止，人类能达到的最低温度是芬兰阿尔托大学在 1999 年创下的纪录——0.0000000001K，仅比绝对零度略高一点点。

研究认为，宇宙诞生之初，即大爆炸时，宇宙的温度极高。不过，当温度超过普朗克温度（大约为 $1.4 \times 10^{32}$ K）时，我们已知的物理定律就会失效。这个普朗克温度就是温度的上限。

※ 从严格意义上来说，是“变成无法再降低能量的状态”。

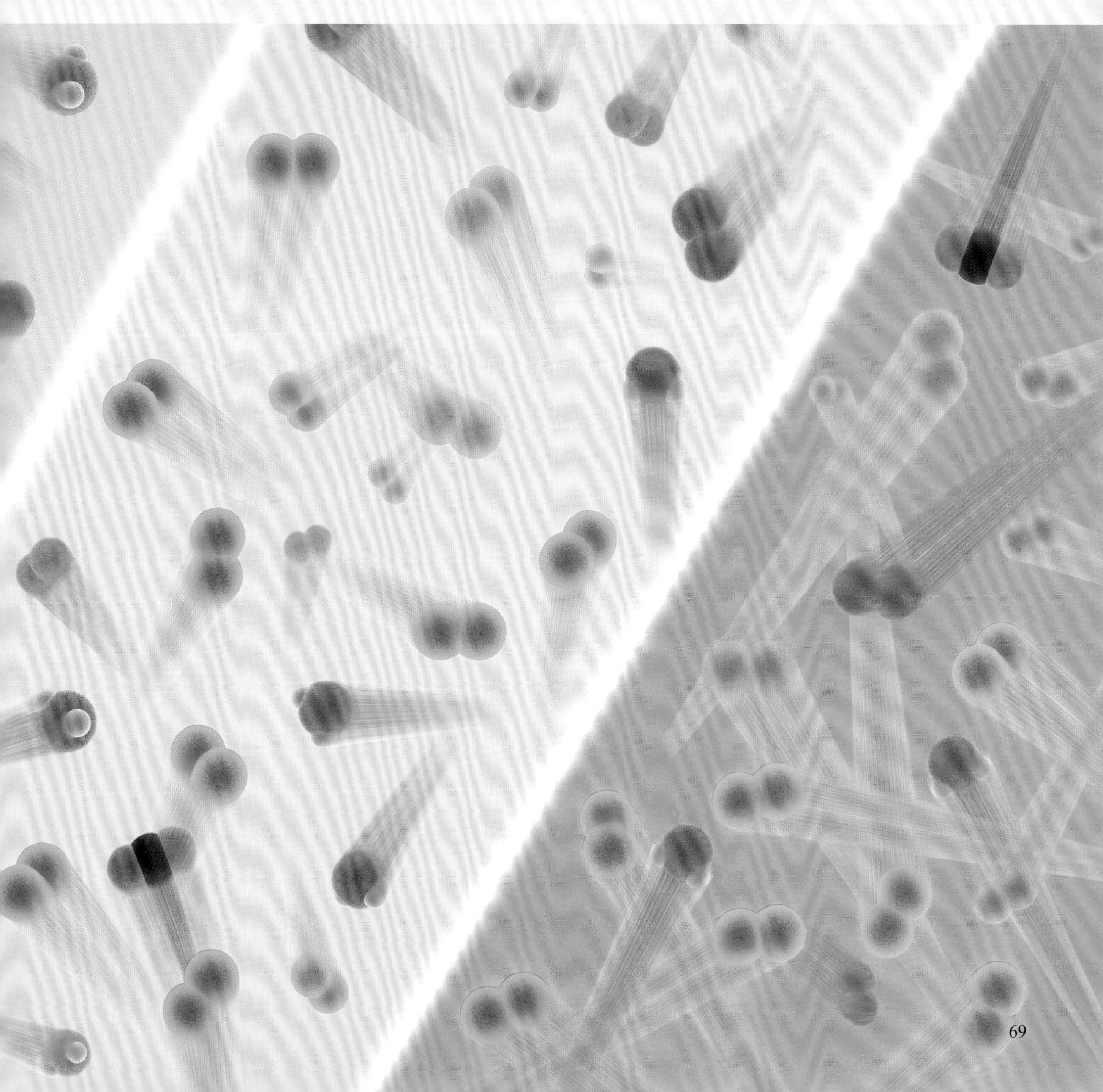

# 装零食的袋子在飞机机舱里为什么会鼓起来？

你是否有过这样的经历：在飞机机舱里或高山山顶，装零食的袋子会鼓起来。越往高空，空气越稀薄，气压越低。尽管飞机已经调节了机舱内的气压，但也只有地面气压的 70% 左右。作用于零食袋子的压力变小了，则意味着从外面“摁住”袋内气体的力变弱了。这样一来，袋内的气体向外“挤压”的力就会变强，袋子就会膨胀。

有一个方程可以描述当压力等条件改变时气体是如何变化的，这就是“状态方程：$PV=nRT$”。状态方程是描述气体压力（$P$）与体积（$V$）及温度（$T$）之间关系的方程（$n$ 是物质的量，$R$ 是气体常数），密闭气体适用于该方程※。

以装零食的袋子为例，假设起飞前的地面温度与飞机舱内的温度（$T$）相同，则方程的右侧是固定不变的。当飞机升空后，机舱内的气压变小，零食袋就会膨胀，体积（$V$）变大。这样的话，袋内的气体压力（$P$）会变小，从而满足状态方程。如上所述，一个数值改变，其他数值也会随之改变以满足状态方程。

## 用塑料瓶做一个简易温度计

正如右页图片所表示的那样，一个含有水滴的吸管插在塑料瓶内，用双手捂住瓶子。当体温使得瓶子变暖后，吸管内的水滴就会上升。这是因为温度升高（状态方程的右侧数值变大）后，塑料瓶内的空气体积也随之增大了（状态方程的左侧数值增大）。由于测试时的大气压是保持不变的，所以体积发生了变化。通过测量水滴的高度，就可将其当作一个简易温度计使用。

※ 从严格意义上来说，这个方程仅适用于可忽略分子的大小且分子之间没有作用力的“理想气体”。实际气体与该方程略有偏差。

### 飞机机舱内，装零食的袋子会鼓起来

如果我们把装零食的密封袋子拿到飞机机舱内的话，有时袋子在高空中会砰砰地鼓起来。这是因周围气压降低，袋中的空气膨胀导致的现象。

**状态方程**

描述气体的压力与体积及温度之间关系的方程。

$$PV = nRT$$

$P$：压力 [Pa]
$V$：体积 [m$^3$]
$n$：物质的量 [mol]
$R$：气体常数 [J/（K・mol）]
$T$：绝对温度 [K]

起飞前的零食袋

**袋内压力（$P$）：大**
**袋子体积（$V$）：小**

在高空中鼓起来的零食袋

**袋内压力（$P$）：小**
**袋子体积（$V$）：大**

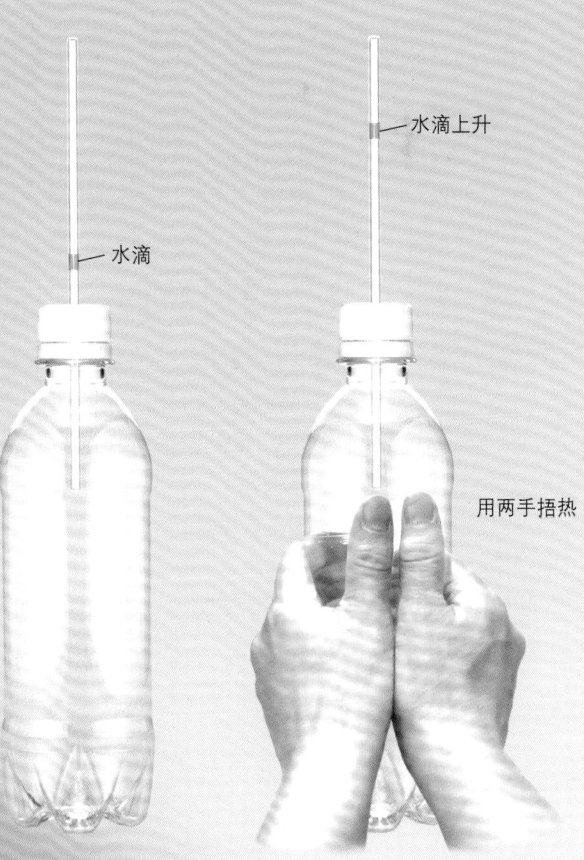


**塑料瓶温度升高后，水滴上升**

在空塑料瓶的瓶盖上钻一个小孔，插入吸管，用黏接剂把吸管四周的空隙密封好。之后，往吸管里倒水，在里面保留一颗水滴。用双手捂住塑料瓶，瓶内空气被体温加热后开始膨胀，水滴升到高处。测量水滴所在的高度，就可当作一个简易温度计使用。

# 用热推动机器运转的“蒸汽机”带来了工业革命！

工业革命始于 18 世纪初，使人类生活迅速变得富裕起来。以水蒸气为动力的蒸汽机是引发这场轰轰烈烈的工业革命的“契机”。

1712 年，英国技术人员托马斯·纽科门（1664～1729）首次研制成可供实用的蒸汽机，但他发明的蒸汽机运转缓慢，效率非常低。之后，英国技术人员詹姆斯·瓦特（1736～1819）于 1769 年成功制造出效率更高的蒸汽机，从而开启了蒸汽机时代。

瓦特开发的蒸汽机通过加热水来获得高温水蒸气，并用高温水蒸气的热能推动齿轮转动。齿轮的转动可以便捷地应用于各种机械，如从地下深处提起物体的滑轮、纺织机及蒸汽机车、蒸汽船的动力等。

**瓦特开发的蒸汽机**

水蒸气的压力推动左下方的活塞运动，之后，活塞的运动被传递给上方类似天平的杆，杆又带动连在其另一头的大型齿轮转动。

## 热能做功，推动车轮转动

在通常情况下，把水加热为水蒸气后，体积会增大 1700 多倍。不过，如果用密闭容器加热水的话，被密封在容器内的水蒸气就无法膨胀，取而代之的是，其压力会急剧升高。

如果容器内有一个可动式活塞，又会是怎样一副情形呢？活塞会被水蒸气的压力推着剧烈运动。如果把活塞通过一根杆连接到车轮上的话，车轮就会被杆带着转动（下图 **A**）。另外，如果从活塞的反方向一侧流入高温水蒸气的话，活塞则会反向运动，绑在活塞上的杆也会被带着一并运动，连在杆上的车轮也会转动（下图 **B**）。多次重复这一动作，车轮就能转动起来，这就是瓦特蒸汽机的工作机制。

水蒸气的热能转换为车轮的动能。类似这样，当能量使得某一物体运动时，则称为这个能量在“做功”。以蒸汽机为例，热能在做功，但做了功的那部分热能减少了。气体所拥有的热能（内能）只减少对外做功的那一部分（参照下面的热力学第一定律）。

### 水蒸气推动车轮转动的工作机制

通过向左右两侧的开口轮流输入高温水蒸气，可使活塞往返运动，从而带动车轮转动。当在一侧输入水蒸气时，另一侧的空气已经做功而冷却。这样一来，冷却侧的部分水蒸气就会重新凝结为水，打开排气口时，压力会一下子降低，冷却的气体作为废气排出。通过这样的机制可以更高效地使活塞运动。由水蒸气冷凝成的水可以再次加热成为水蒸气，输入气缸中。

**热力学第一定律**

气体热能（内能）的变化取决于提供给气体的热量及气体所做的功。对外做功的话，其能量将减少。

$$\Delta U = Q - W$$

$\Delta U$：热能的变化（内能的变化）[J]
$Q$：提供给气体的热量 [J]
$W$：气体做的功 [J]

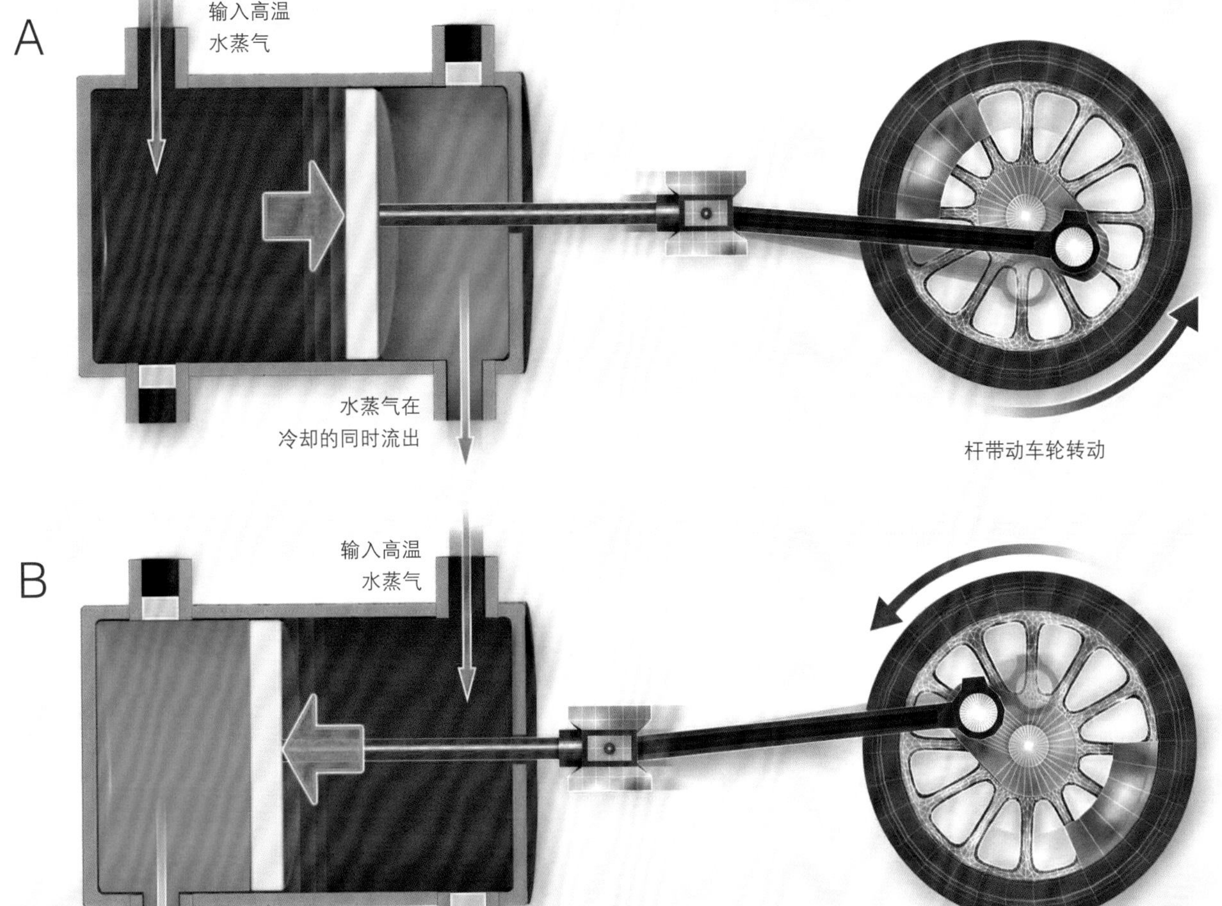

# 为什么永动机不可能实现？

## 追求“梦想装置”所揭示的物理学重要定律

永动机是一种不需要燃料就可以永远运转的梦想装置。人类制作永动机的所有挑战都无一例外地失败了。猛一看貌似可以一直运转的永动机为什么不能像我们期待的那样运动呢？通过探求其中的原理，科学家揭示了“热”和“能量”的性质。下面，让我们一起探寻人类为了实现永动机这一梦想而奋斗的历史，以及在这一过程中发现的自然界的重要定律吧！

协助：中岛秀人　东京工业大学社会理工学研究科　教授
清水明　东京大学综合文化研究科　教授

**以往设想的永动机的例子**

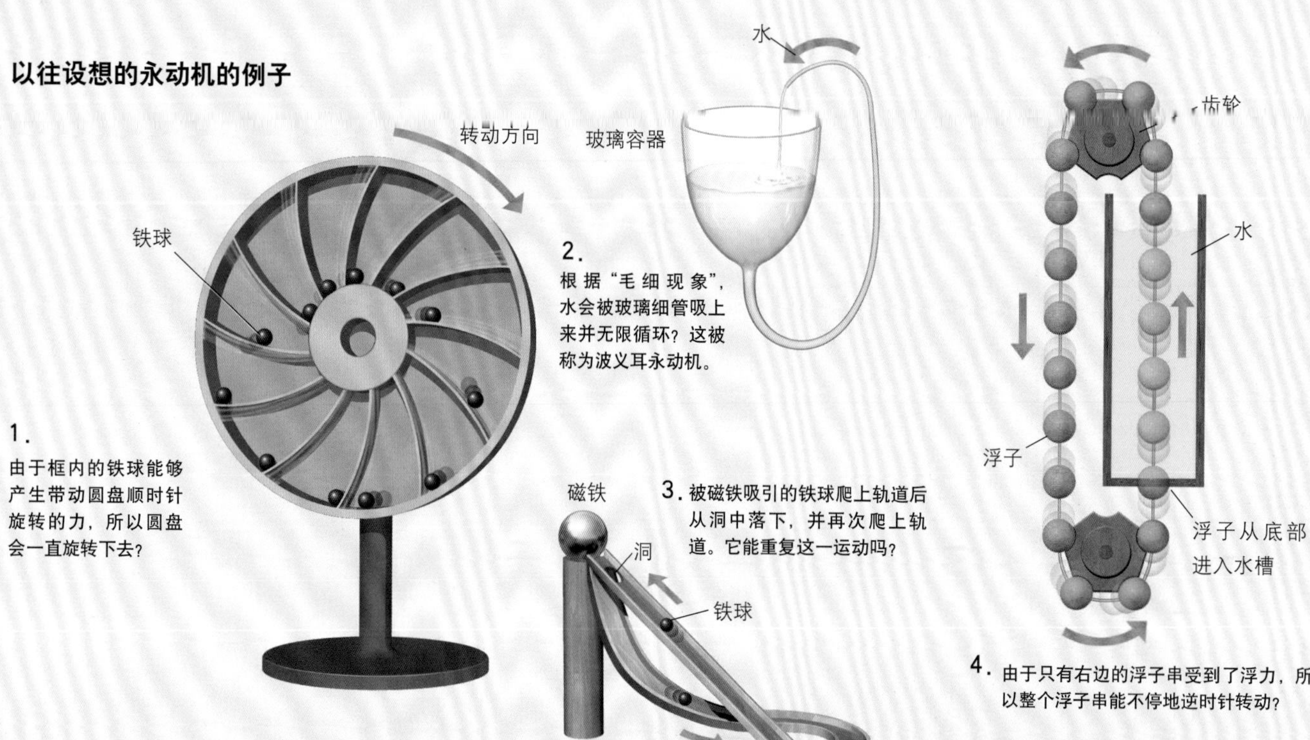

转动方向
铁球
1.
由于框内的铁球能够产生带动圆盘顺时针旋转的力，所以圆盘会一直旋转下去？
水
玻璃容器
2.
根据“毛细现象”，水会被玻璃细管吸上来并无限循环？这被称为波义耳永动机。
磁铁
3. 被磁铁吸引的铁球爬上轨道后从洞中落下，并再次爬上轨道。它能重复这一运动吗？
洞
铁球
齿轮
水
浮子
浮子从底部进入水槽
4. 由于只有右边的浮子串受到了浮力，所以整个浮子串能不停地逆时针转动？


图片是人们过去设想的永动机的例子。例如，如果用1的装置取代风力发电的风车，就能制造出即使没有风也能独自不停运转和持续发电的梦幻般的发电装置。尽管人们设计了以重力、毛细现象、磁力和浮力等为动力源的各种永动机，但无一例外地都失败了。图片是参考《永动之梦》（Ord-Hume, Arthur W. J. G. 著，筑摩书房出版）绘制的（译者备注：原书的英文名是*Perpetual Motion*，*History of an Obsession*）。

自古以来，人类利用安装在河流中的水车旋转所产生的力，把水从低处提升到高处，或推动石磨磨粉。有人设想：“如果利用水车旋转的力把水提升到高处，再用这些水推动水车转动的话，那么，即使不依靠河水，水车也能永远转动下去（右图）”。如果这一设想能够实现的话，就可以制造出自己提供动力源（水）独自不停运转的梦想设备（水车）。

就像设想的水车那样，不需要施加外力或供给燃料，就能自发运转下去的装置称为“永动机”。16 世纪之后，主要以欧洲为中心，人们提出了大量永动机的设想（左页图片）。然而，现实是残酷的，所有设想无一例外地都失败了。

历史上也有一些知名科学家曾致力于永动机的研究。例如，因“波义耳定律”（揭示了气体体积与压力的关系）而闻名于世的英国化学家罗伯特·波义耳（1627～1691）就是其中之一。他设计了一款利用毛细现象的“波义耳永动机”（左页图 2）。文艺复兴时期的画家、在科学研究领域也有很深造诣的列昂纳多·达·芬奇（1452～1519）也留下了永动机的设计手稿。不过，达芬奇最后得出结论：“这种装置是不可能实现的”。

## 尽管所有装置看上去好像都能永远运转下去，但是……

就像文章开头所介绍的水车那样，听到永动机的运转机制后，大家可能会觉得它好像能一直运转下去，但实际上，永动机并不能一直运转。这是因为有关永动机运转机制的说明有“陷阱”，换言之，永动机违背了自然界的定律。

在左页所示的永动机中，我们来看看装置 1。这个装置就像风扇那样，有一个圆盘在旋转，圆盘内部分隔成几格并放有铁球。在圆盘右侧，铁球沿着格子框从中央向外缘滚动。在圆盘左侧，铁球则从外缘向中央滚动。众所周知，当两个人玩跷跷板游戏时，如果一个人坐在跷跷板的最外端，另一个人坐在对面靠近中间的位置，即使两个人的体重相同，跷跷板也会向坐在外端的那个人倾斜。由此可知，铁球离圆盘的中心越远，其带动圆盘转动的旋转力（在物理学上称为“力矩”）越大。因此，圆盘右侧的旋转力总是大于左侧，圆盘应该沿着顺时针方向永无休止地转动下去。

制造这个装置，用手推动圆盘沿着顺时针方向转动，借助于圆盘里面的小球所产生的旋转力，圆盘就会不停息地转动下去……哪曾想，当最初的旋转势头消失后，圆盘便停下来不动了。这是因为右侧的铁球带动圆盘顺时针转动的旋转力大小与左侧的小球带动

**用自己吸上来的水独自运转的“永动水车”**

图片是 17 世纪设想的一款永动机的例子。一位名叫贝克勒尔的德国技师在他的书中介绍了这款永动水车。水车（图像中的 H）在通过齿轮推动右侧的磨（M）碾谷的同时，带动左侧的装置（Q）旋转，从而把水送到高处。吸上来的水可用来再次推动水车转动。这样的话，水车就能自发地不停转动。但这一机制未能像人们期待的那样永远运转下去。

圆盘逆时针转动的旋转力大小实际上是相同的（参照本页下图）。由于作用于圆盘的旋转力左右均衡，所以圆盘无法独自持续转动下去。

第 74 页所示的其他永动机也因为重力与磁力、浮力等在某一状态下整体上是均衡的，因此装置不能运转（参照本页下图）。

## 总能量不会增加或减少！

圆盘转动方式的永动机在圆盘最初的旋转势头消失后，就会停下来。那么，就算圆盘没有独自持续转动下去的能力，可是“让圆盘转起来的势头”究竟是在哪里消失的呢？

英国物理学家詹姆斯·焦耳（1818～1889）揭开了这一疑问。他通过实验发现，不断搅动水槽中的水时，结果只有被搅动的那部分水的温度升高了。也就是说，搅动这一动作变成了热，把水加热了。在物理学上可表述为：搅动水的“功”与加热水的“热”是等价（可转换）的。简单地说，功是指施加一个作用力让物体运动。

在圆盘转动的永动机例子中，对圆盘所做的功由于圆盘转动时的摩擦等而转化成了热，并不是凭空消失了。如果能严格测量的话，装置及其周围的空气温度都应该略微升高了。

两位德国物理学家尤利乌斯·罗伯特·迈尔（1814～1878）与赫尔曼·冯·亥姆霍兹（1821～1894）仔细研究了功与热的关系，并提出了被称作“能量守恒定律”或“热力学第一定理”的物理学定律。即“当空间或物体完全独立于周围时，其内部的能量可以从一种形式转化为另一种形式，但总量保持不变（守恒）”。而且，热力学是研究热和能量性质的一个物理学分支[※1]。

完全独立于周围的空间或物体是指，比如用隔热材料等完全覆盖四周，与外部没有热和气体交换的密闭房间之类的。在房间里，无论是物体燃烧还是做什

### 永动机不能运转的原因

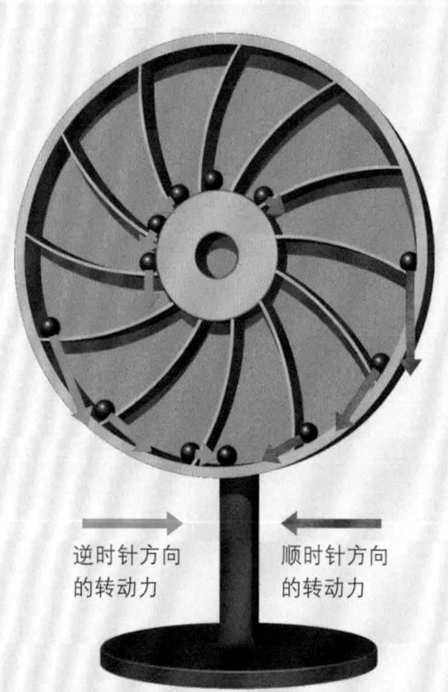


框内小球所产生的顺时针方向的转动力与逆时针方向的转动力在整体上是均衡的。

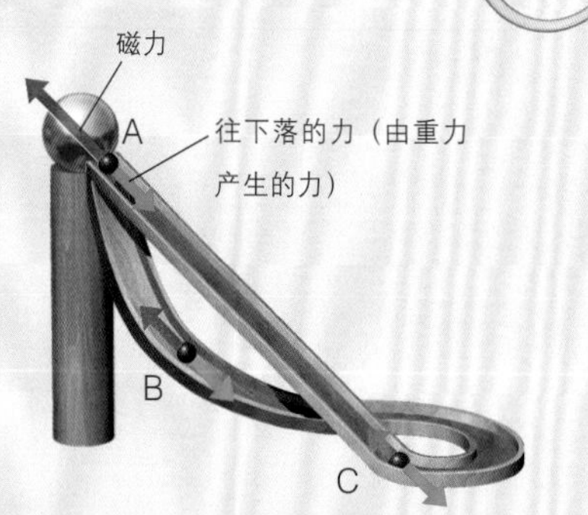


距离越短磁力越强，因此铁球越靠近磁铁，受到的吸引力越强。如果磁铁的磁性很强的话，铁球就不会掉入洞中而被吸到磁铁上（A），或即使掉入洞中后也会在轨道上磁力与下滑力相平衡的某个位置停下来（B）。如果磁铁的磁性较弱的话，铁球大概爬不上轨道（C）。

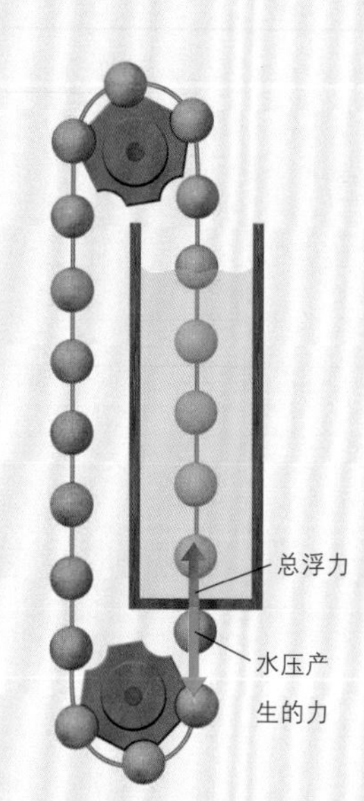


要想把浮子从水槽底部送入水槽内，必须有比它在底部受到的水压更大的力（不考虑水槽底部会漏水）。水槽中的浮子受到的浮力（逆时针旋转的力）不会超过它受到的水压。

么，内部的总能量在燃烧前后是不变的。如果这个房间不是完全独立于周围，热和物质泄漏到外部（或从外部进入）的话，房间内的总能量则会随之减少（或增加）。

反过来也可以说，能量守恒定律把虽然形式改变了，但既不会凭空增加也不会凭空减少的那个“东西”称作“能量”。进入 19 世纪后，现在广为人知的“能量”概念才得以最终确定下来。东京工业大学的中岛秀人教授对科学史有着详细研究，他认为“无论让物体运动的能力还是热，它们都是能量之一的想法是物理学历史上的分水岭”。

## 能量产生于“无”的“第一类永动机”

下面，从能量这一观点出发，我们来重新审视一下刚才介绍的永动机。永动机对外做功（如第 75 页右上方的水车通过旋转来磨粉）必定是把装置所具有的能量传递给外部。换而言之，永动机是自发产生能量并源源不断地向外输送能量的装置，它明显违反了总能量既不会凭空增加也不会凭空减少的能量守恒定律。中岛教授介绍说：“在明确能量的概念之前，就像河水推动水车转动那样，认为自然是自发保持运动的观点占据了主流。自然应该产生某种力量这一想法的产物就是永动机。”

由于能量守恒定律的创立，人们以前设想的自发产生能量这一类型的永动机全都被否定了。违反能量守恒定律（热力学第一定律）的永动机被称为“第一类永动机”。第 74 页介绍的永动机都是第一类永动机。

## 一直围绕太阳运转的地球是永动机吗 ？

虽说永动机全都被否定了，但世界上现在依然存在自发持续运动的物体。例如，地球就是其中之一。自 46 亿年前诞生以来，地球就一直在围绕太阳运转。难道这不是永动机吗？

实际上，尽管地球在“永远运转”，但并不能称作“永动机”。这是因为从原则上来说，永动机是能独自运转并源源不断地对外做功的设备（装置）。虽然地球在太阳重力的作用下一直围绕着宇宙空间运转，但地球并没有施加某种力让物体运转（做功）。

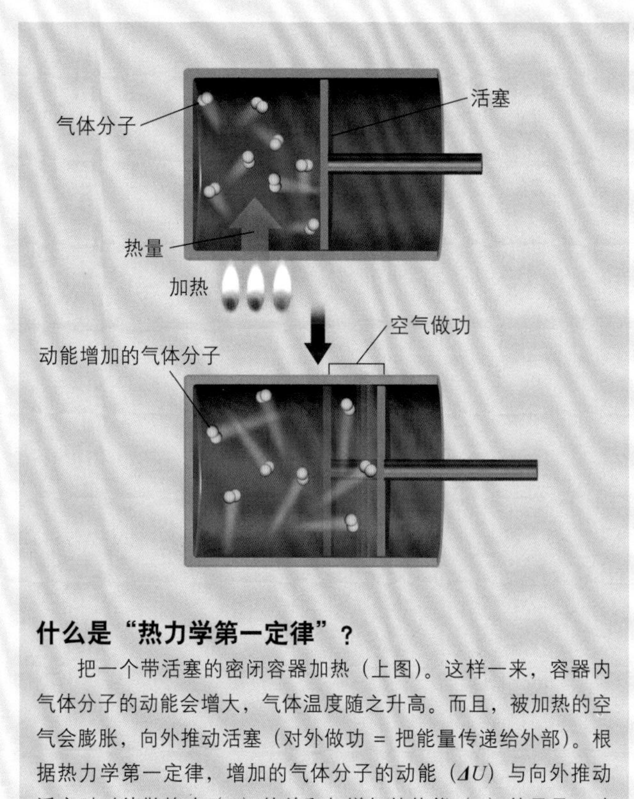


**什么是“热力学第一定律”？**

把一个带活塞的密闭容器加热（上图）。这样一来，容器内气体分子的动能会增大，气体温度随之升高。而且，被加热的空气会膨胀，向外推动活塞（对外做功 = 把能量传递给外部）。根据热力学第一定律，增加的气体分子的动能（$\Delta U$）与向外推动活塞时对外做的功（$W$）的总和与增加的热能（$Q$）的量是一致的。这就是热力学第一定律（$Q = \Delta U + W$）。

## 不违反能量守恒定律的永动机的面世

根据能量守恒定律，尽管以前的永动机都被否定了，但试图制造出永动机的人们一点儿都没有气馁。他们设计了一种不破坏能量守恒定律的新型永动机，如下页的汽车。

这款汽车配有可把液体加热到沸腾变成蒸汽，并把蒸汽转换成旋转力的发动机（蒸汽机）。汽车使用的液体在 15℃就会沸腾变成蒸汽（沸点 15℃）。如果利用周围温度为 20℃的空气来加热液体的话，就能让液体沸腾。加热液体是指热量（能量）从空气转移到液体。被液体夺走热量的空气随着温度降低变冷（如变成 19℃），并排放到车外（参照下页图）。

※1 更准确地说，热力学是研究热或能量宏观性质的学问。宏观性不是指一个一个的原子或分子（微观），而是指其群体的整体状态。

蒸汽机转动从而带动汽车行驶的话（对外做功），蒸汽机所具有的能量就会随之减少。如果不补充任何燃料，蒸汽机就能不停息地运转的话，就会变成能自发产生能量的第一类永动机，但由于这款汽车能从周围的空气中补充减少的那部分能量，所以并不违反能量守恒定律。

如果这一机制可行的话，就能实质性地制造出不用燃料就能行驶的汽车。然而，现实并非想象的那么美好，基于下面的理由，这样的汽车是永远不可能实现的。

## 因为没有散热的地方，所以汽车不能持续行驶

利用热对外做功的装置称为“热机”。通过燃料燃烧等把水等液体加热到沸腾，用蒸汽推动活塞运动从而旋转的蒸汽机是最具代表性的例子。为了让蒸汽机反复把热转换成功，从理论上来说，对外做功后，蒸汽机必须恢复到最初的状态。换而言之，蒸汽必须恢复到液体状态，推上去的活塞也必须降回原来的位置。不这么做的话，就不能再次利用蒸汽把活塞推上去（做功）。

前文介绍的汽车蒸汽机使用了沸点为 15℃的液体，因此，用汽车周围温度为 20℃的空气加热液体的话，就能把液体加热到沸腾产生蒸汽，从而把活塞推上去。要想让蒸汽机再次做功，必须把蒸汽冷却为液体。因此，就需要温度低于液体沸点（15℃）的空气，但汽车周围并没有温度这么低的空气。也就是说，这款汽车没有地方可以散热。

也许会有人提出，可以用冰箱那样的装置来冷却，但如果这样的话，就需要使用电等能量，所以就不再是不使用任何燃料（能量）就能行驶的汽车了。归根到底，刚才介绍的汽车蒸汽机不能恢复到最初的状态而反复做功。

**从空气吸收热而行进的汽车**

图片是不违背热力学第一定律（能量守恒定律）的永动汽车的例子。这款汽车借助从空气中吸收的热为动力源的引擎（蒸汽机）行进。因引擎运转（对外做功）而损失的那部分能量（向外部传递）可以通过空气补充回来。也就是说，引擎并不是自发地产生能量，并没有违背能量守恒定律。尽管如此，依然不可能制造出这样的汽车（理由请参照正文）。

## 玻璃杯中的水不可能自然沸腾

如果利用 20℃的空气，能够把蒸汽冷却到 15℃的话，这不外乎是热从低温物体转移到高温物体上。就像把装有 60℃热水的玻璃杯放在室温 20℃的房间里，热量根本不可能从空气自动转移到水从而使水沸腾那样，两者是同样不可能实现的。要想让刚才介绍的汽车行驶，只能使用这种违反自然现象的机制。

德国物理学家鲁道夫・克劳修斯（1822～1888）等人用“热力学第二定律”来表述有关热移动的自然界定律。即“热量可以从高温物体转移到低温物体，但不能自发地反向移动 ※2”。由于热力学第二定律的面世，巧妙回避了热力学第一定律（能量守恒定律）的永动机研发家都黔驴技穷，再也无计可施了。遵守热力学第一定律，但违反了热力学第二定律的永动机称为“第二类永动机”。

此外，热力学第二定律有时也表述为“热量不可能全部（100%）用来做功 ※2”。本文开头介绍的定义和不同表述的内容是相同的，它们都表明第二类永动机是不可能实现的。

## 撬动热力学第二定律的“恶魔”

实际上，我们身边也存在热量从低温物体向高温

## 表明永动机不可能实现的物理定律

| 热力学第一定律（能量守恒定律） | 热力学第二定律 |
| --- | --- |
| 即使能量的形式发生了改变，但其总量是保持不变的 | 热量只能从高温物体向低温物体转移，而不能反向转移 |

上面汇总了表明永动机不可能实现的重要物理定律。此外，热力学定律还有“第零定律”和“第三定律”，在这里不做详细说明。第零定律是指“在 A、B、C 三个热力学系统中，如果 A 与 B 之间、B 与 C 之间处于热平衡状态的话，则 A 与 C 之间也必定处于热平衡状态”。第三定律描述的是“在绝对零度（大约 −273℃）时，熵值（无序程度）等于零”。

## 所有物体都会变“混乱”也是热力学第二定律的“过错”

如下图左侧所示，假设高温气体与低温气体之间有一个隔板。根据热力学第二定律，随着时间的推移，热量会从温度高的地方向温度低的地方转移，最后两边的气体温度会相同。换言之，存在温差的状态（有序状态）必定会变成无温差的状态（杂乱状态）。像这样，热力学第二定律也可以描述为“混乱程度（熵）必定会增大”，也称为“熵增定律”。

例如，倒入红茶中的牛奶放置一段时间后会慢慢扩散（变得混乱），这也可以说是遵循熵增定律的现象（下图右侧）。

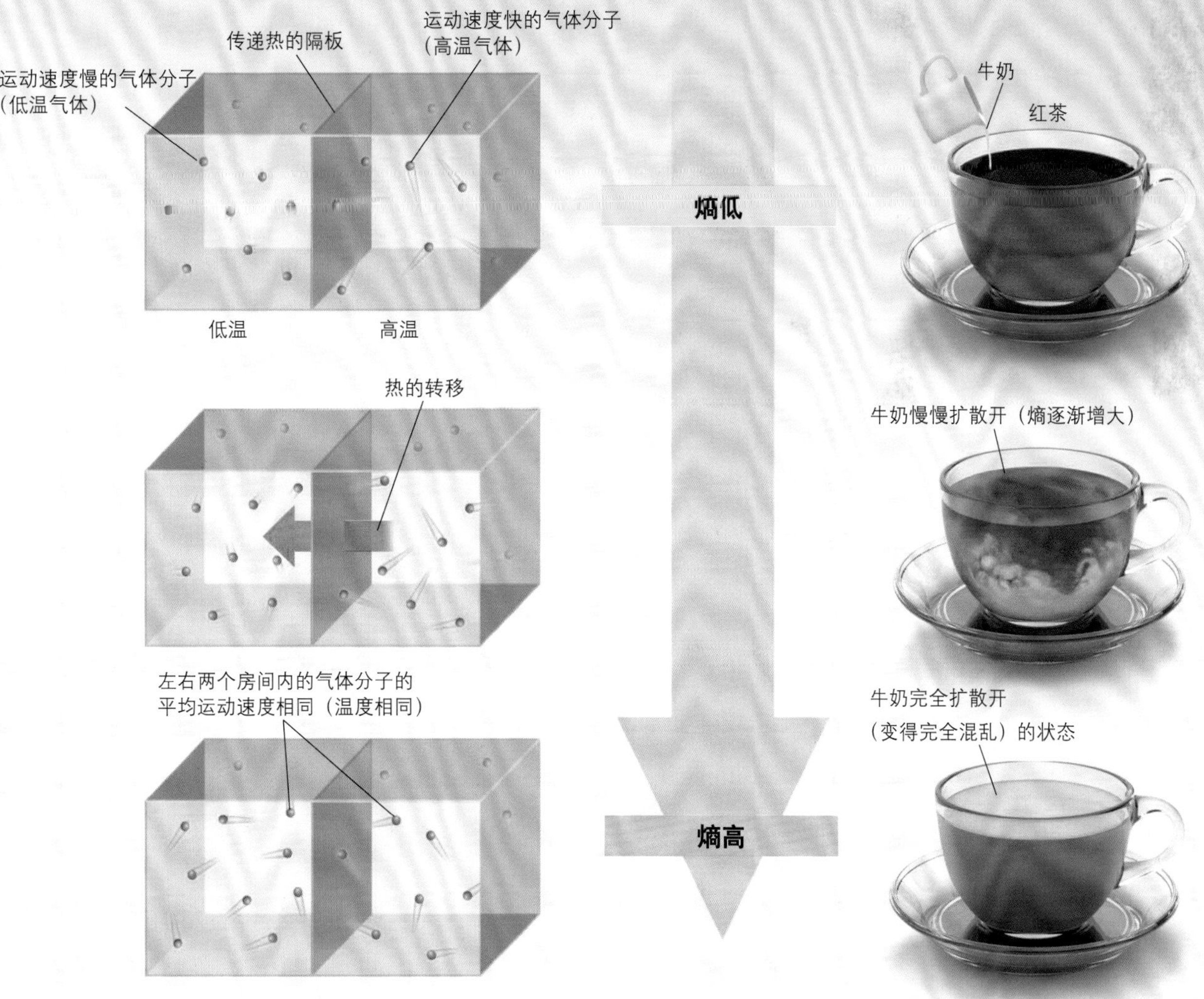


※2 准确地说，附有“不存在其他任何变化时”这一条件。例如，如果从外部获得能量的话（周围存在变化），热也可以从低温物体向高温物体转移，或全都用来做功。

物体转移的例子，如空调（制冷）和冰箱。不过，这些设备都是借助电能来转移热量的（下图）。尽管不是自发的，但使用能量的话，是可以从低温物体向高温物体转移热量的。

然而，在 19 世纪，有人却提出了一个不使用电等能量也可以把热量从低温物体转移到高温物体的设想。这就是英国物理学家詹姆斯·麦克斯韦（1831～1879）提出的“麦克斯韦的恶魔”。如右页所示，这个“恶魔”撬动了热力学第二定律。

中间被隔断的两个房间里充满了温度相同的空气（右页图）。温度与该房间中的气体分子的运动快慢成比例。不过，房间中气体分子的运动速度并不完全相同，既有比平均速度跑得快的分子，也有跑得慢的分子。“恶魔”把守在两个房间的分界上，并仔细观察着房间中四处纷飞的气体分子。顺便说一下，两个房间之间的隔板可以打开或关闭。

只有当运动速度快的气体分子从左边的房间靠近中央隔板时，“恶魔”才会打开隔板，让气体分子进入右边的房间。另一方面，当运动速度慢的气体分子从右边的房间抵达中央的隔板时，“恶魔”才会打开隔板，让气体分子进入左边的房间。“恶魔”不断地筛选着气体分子，最后运动速度慢的分子都被分到了左边的房间，运动速度快的气体分子都被分到了右边的房间里。也就是说，最初温度相同的左右两个房间形成了温度差。“恶魔”只是单纯地打开或关闭隔板，并没有直接驱赶气体分子（并没有给予能量），而是巧妙地利用气体分子的运动形成了两个房间的温度差。

如果能够制作出可以像“麦克斯韦的恶魔”那样

**热机示意图**

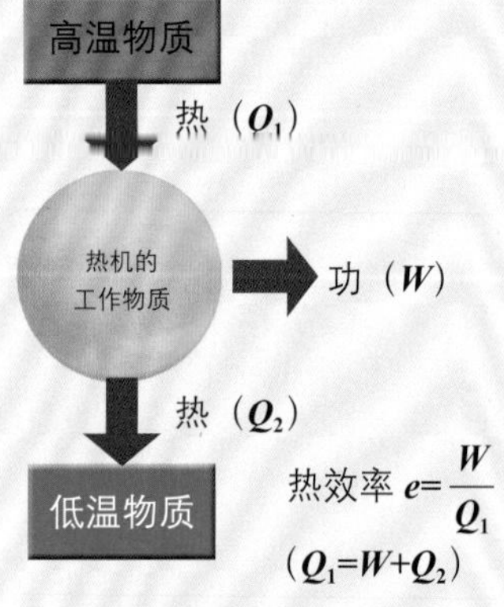


**热泵（制冷时的空调、冰箱等）示意图**

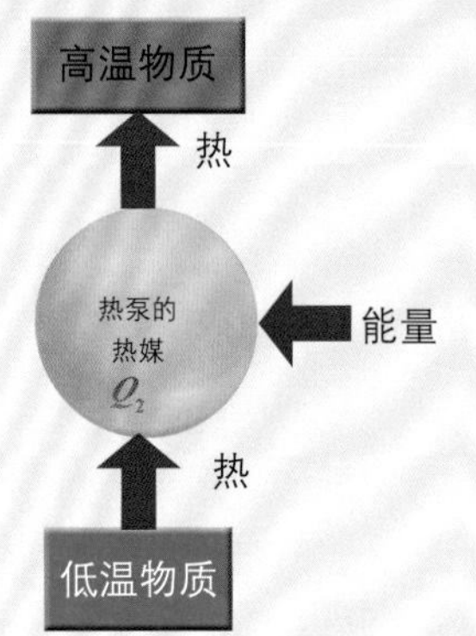


**空调制冷的机制**

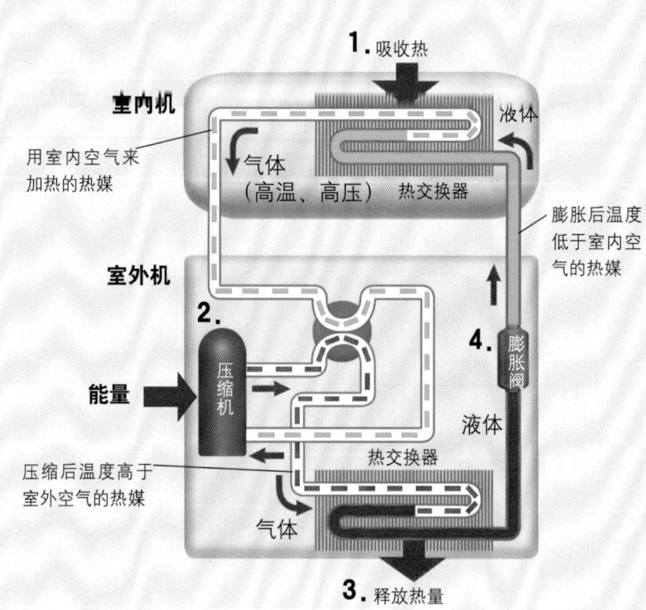


空调制冷时，温度低于室内空气的热媒被室内空气加热（1）。这时，热媒会吸收大量的热而变成气体。之后，处于气体状态的热媒被压缩机压缩成高温高压的气体（2）。高温高压的热媒在室外机的热交换器中接触到外部空气，并被夺走大量的热而变成液体（3）。之后，热媒通过膨胀阀，压力下降，温度降低（4）。空调通过这样不断地循环而降低室内温度。

操作的装置，应该就能制造出梦想的永动机（第二类永动机）。然而，进入21世纪后，科学家发现“麦克斯韦的恶魔”也不能打破热力学第二定律，并阐明了要想观测气体分子的运动速度，像“恶魔”那样操作的话，归根到底也是需要能量的。

## 从失败的经验中发现了新的物理理论

目前，热力学第二定律没有被“打破”的迹象。东京大学的清水明教授长期从事热力学研究，他认为，“在众多物理学理论中，热力学是最强大的理论”。制造永动机几乎是不可能的。

不过，清水教授也说“尽管不能破坏热力学定律，但可以巧妙地回避”。例如，火力发电是利用煤炭或天然气燃烧所产生的热量来驱动发电机运转从而发电的。由于发电过程中热量转换为功，根据热力学第二定律，从燃料获得的热量不可能全都转换成电能。另一方面，就像氢和氧发生反应生成水那样，把两种元素发生化学反应生成的能量直接转换成电能的“燃料电池”是不经过热的发电方法，因此不受热力学第二定律的限制，可以获得更高的效率。热力学并不禁止把化学能全部转换成电能。

很遗憾，试图制造出永动机的尝试都失败了。不过，这些失败的经验最终孕育了热力学这一强大的物理学理论，并将我们对世界的认识提高了一个层次。

**麦克斯韦的恶魔**

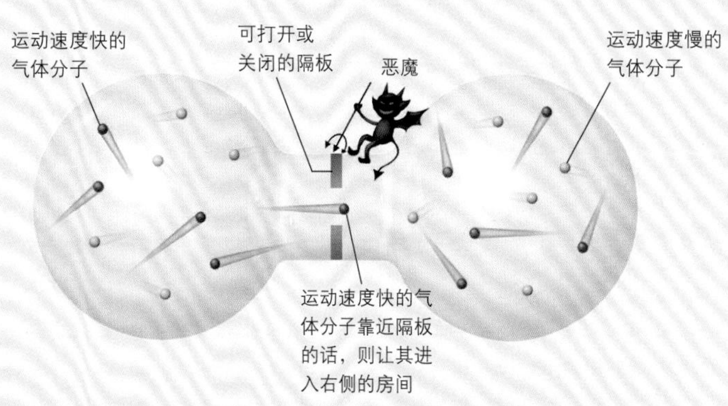


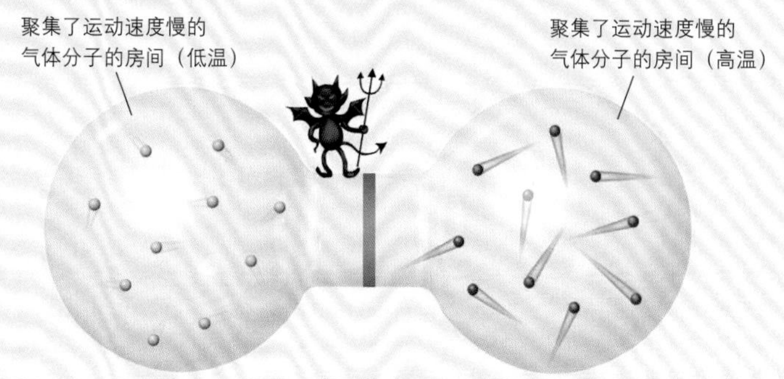


如果有能够准确观察每个气体分子运动速度的超自然的存在的话，通过巧妙地打开或关闭两个房间中央的隔板，不从外部输入能量，就能让被隔开的两个房间产生温差。这种超自然的存在就是“麦克斯韦的恶魔”。

# 波

这里所说的波并不是大海中看到的波浪。其实，我们身边到处都充满了波，其中最具代表性的是声音与光。大海的波浪与声音及光看上去是完全不同的现象，而它们作为波却具有相同的性质。

第 3 部分将以我们身边常见的有关声音与光的现象为例，深入介绍与各种现象相关的波的性质。

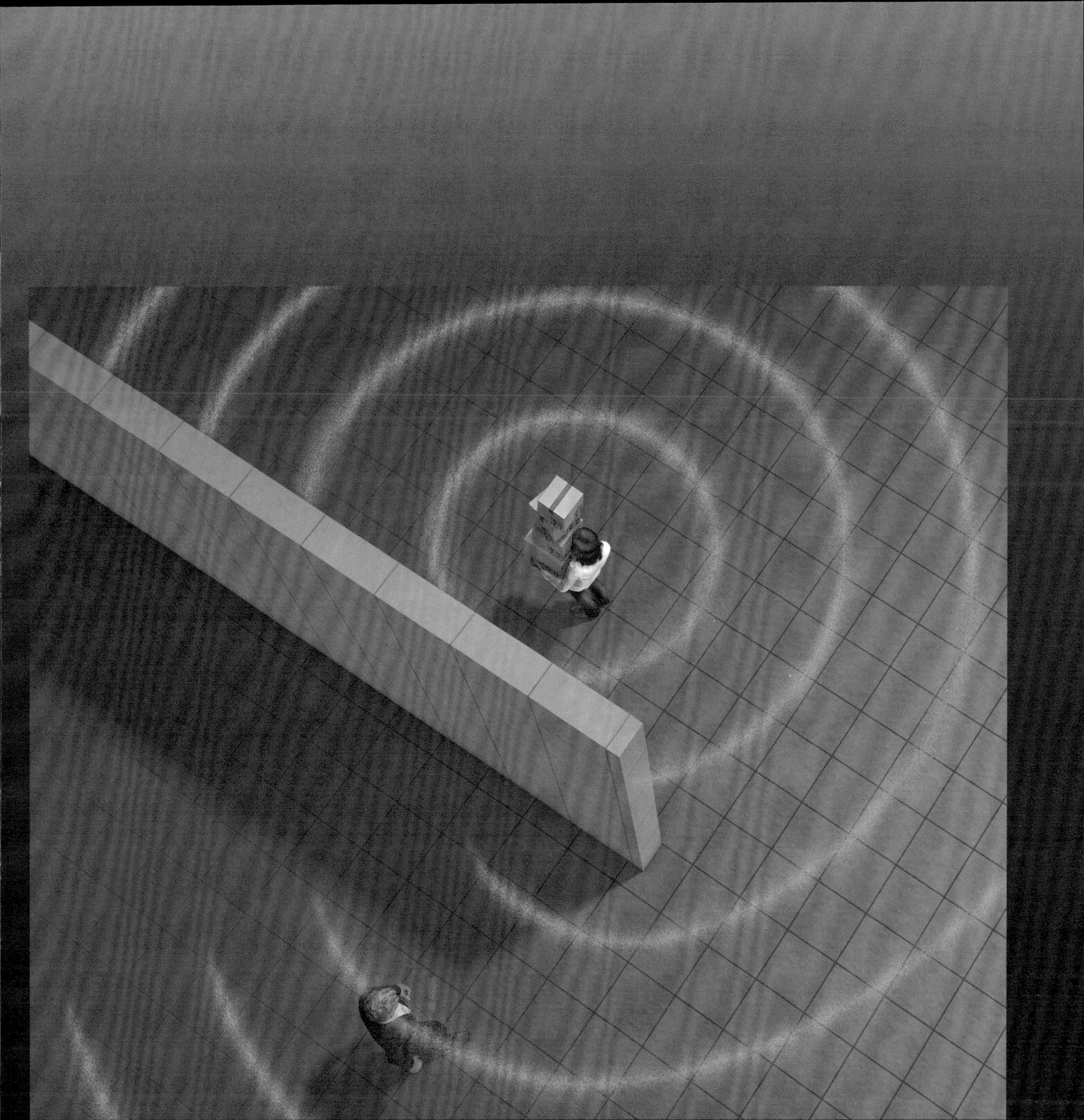

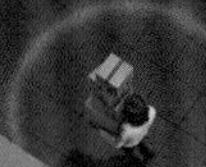



# 光是横波，声音是纵波——两者的区别是什么？

众所周知，向平静的湖面扔下一块石头，以石头落水处为中心会形成同心圆形的波，并向外不断扩散。从这个现象来看，我们很容易理解水面上扩散的波纹是“波”，但实际上，我们生活的世界里到处都充满了“波”。其中，最具代表性的是声音与光。

波是指某种“振动”向四周传播的现象。以声音为例，扬声器引发的空气振动逐渐振动周围的空气，并向四周传播扩散。声音在空气中的传播速度是每秒大约 340 米。严格地说，声音只是传播空气的振动，并非空气本身以每秒 340 米的速度移动。

光是传播空间自身所具有的电场与磁场振动（电场与磁场的大小及方向的变化）的波。光在空气中以每秒大约 30 万千米的速度传播。

## 地震时，纵波先到达，之后才是横波

波分为横波与纵波两种，振动方向与行进方向垂直的波称为横波，振动方向与行进方向相同的波称为纵波（右图）。

光是横波，声音是纵波。地震时产生的地震波既包含横波，也包含纵波。最先抵达的（在地下快速传播）P 波是纵波，稍后抵达的（传播速度慢）S 波是横波。震源位于正下方时，由于最先抵达的 P 波是纵波，所以会感觉好像从正下方往上顶那样，突然开始摇晃。

### 横波与纵波的区别

图片用人排成的队列来表现横波与纵波的区别。后面的人把手放在前面的人的肩上排成一列，队伍最后面的人（相当于波的发生源）左右摇晃的话，则产生横波；前后摇晃则产生纵波，并向前传播。

### 横波——振动方向与行进方向垂直

光（可见光及无线电波等）是最具代表性的横波。太阳光（白光）是由向上下左右各个方向振动的不同波长的光混合而成的。

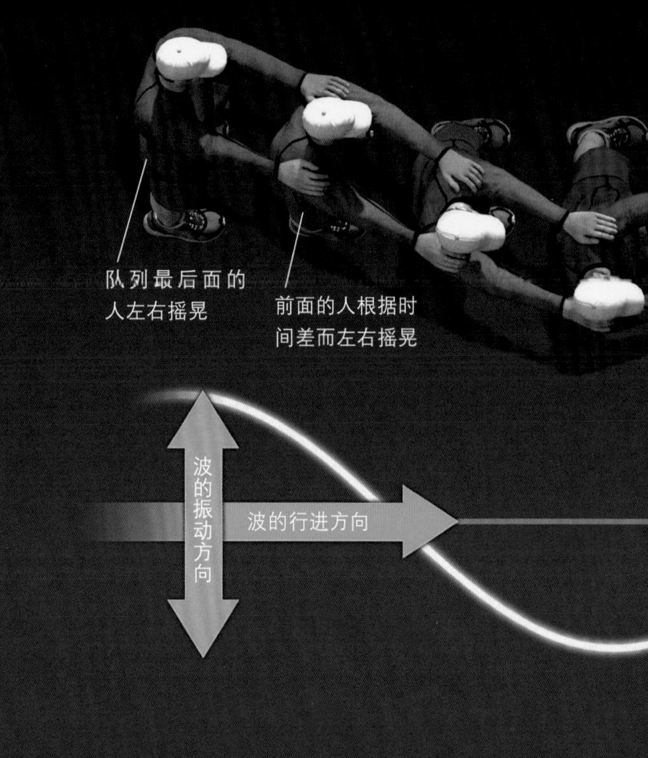


### 纵波——振动方向与行进方向相同

声音是最具代表性的纵波。传播时，纵波的载体（介质，如声音是通过空气传播的）的密度发生了变化，所以纵波亦称为“疏密波”。

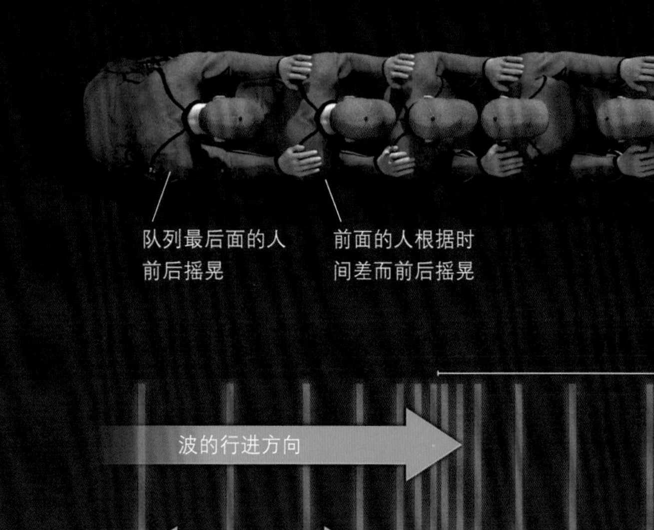

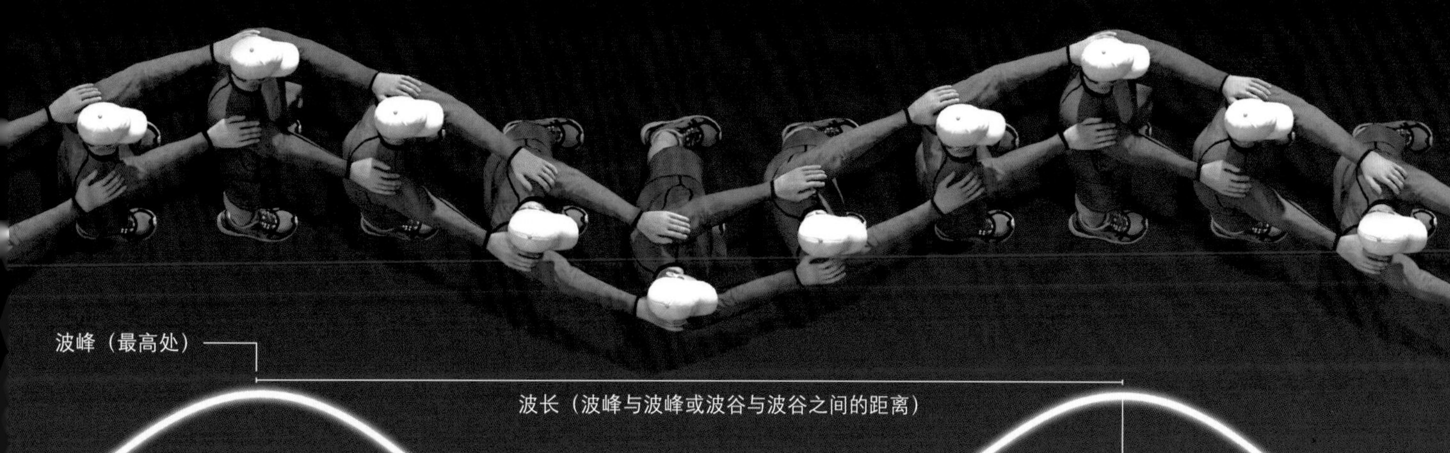


如果把密度的高低或相对于振动前的位置的偏差（位移）为纵轴用图形表示，也可以像横波那样（上图）表示纵波。

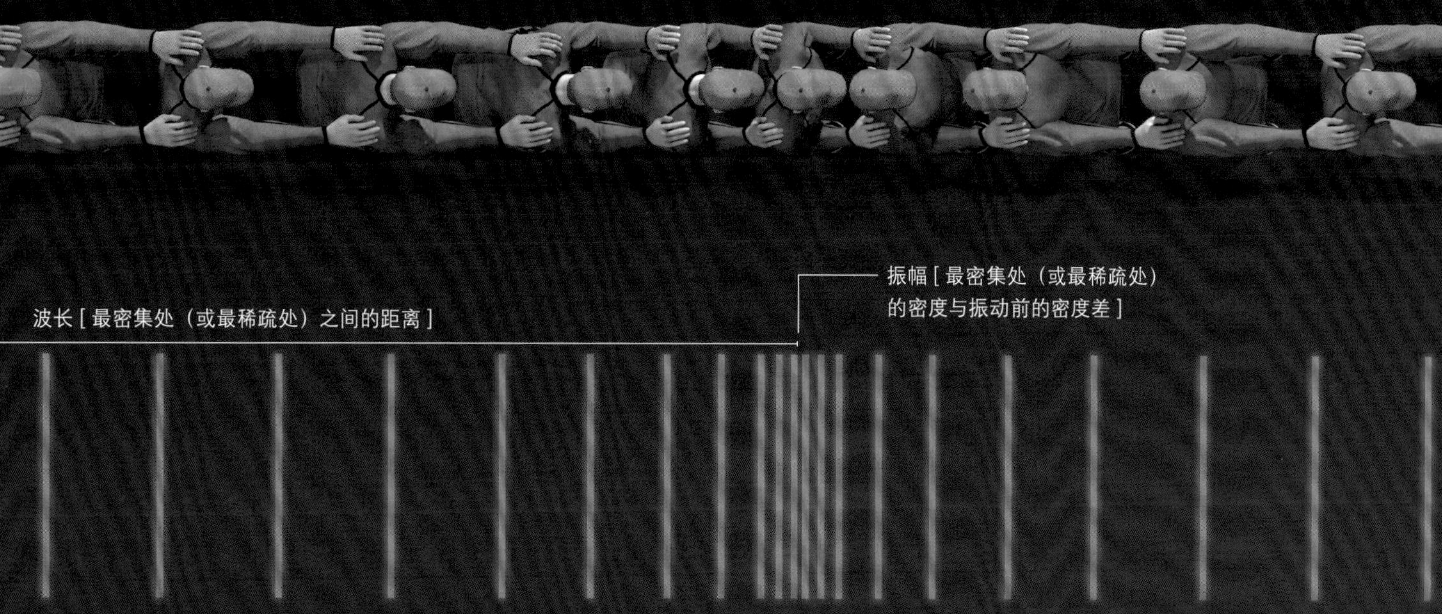

# “救护车的警笛”与“宇宙膨胀”之间令人意外的共同点

“嘀—嘟，嘀—嘟，嘀—嘟”，救护车鸣着警笛迎面驶来，但在它从我们眼前飞驰而过的瞬间，警笛声比刚才低了一些。这种现象是基于多普勒效应而产生的，即在声音的发生源（声源）与听到声音的人（观测者）接近或远离时会出现。

声音的高低取决于声波的振动次数。振动次数是波在 1 秒钟内振动的次数，单位是 Hz（赫兹），有时也称为“频率”。以声音为例，空气的振动频率越快，音调越高。顺便说一下，救护车警笛（嘀—嘟）的振动频率吧。“嘀”是 960Hz；“嘟”是 770Hz，比“嘀”略微低一些。

如下图所示，当一辆救护车鸣着警笛行驶时，在其前方，声波的波长缩短（变短）。由于声波一个接一个地传过来，所以声波的波长短也意味着振动频率

## 声源移动时，波长也将改变

下图描绘了救护车的警笛声（声波）扩散的情景。尽管实际声波以 0.1 秒大约 34 米的速度向前传播，但为了简明易懂地表示波长变化，图片描绘的声波传播速度要比实际慢。对于分别站在正在行驶的救护车前方与后方的人（声音的观测者）来说，声波是如何变化的呢？观察者边上的文字对此进行了说明。声波原本是纵波，但空气的疏密可以以上下高度不断变化的横波来表示。

## 迎面驶来时，听上去声调高

对于站在救护车前方的观察者来说，如下所示，警笛声的波长变短（声调变高）而传入耳中。当观测者站在斜前方时，波长缩短（振动次数增加）的幅度比站在救护车正前方时要小一些。

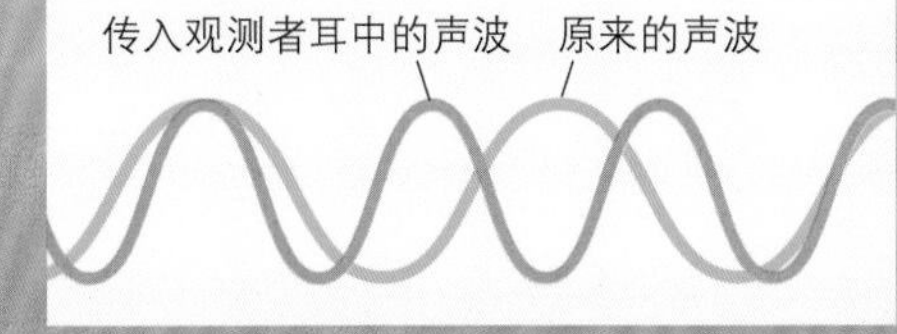

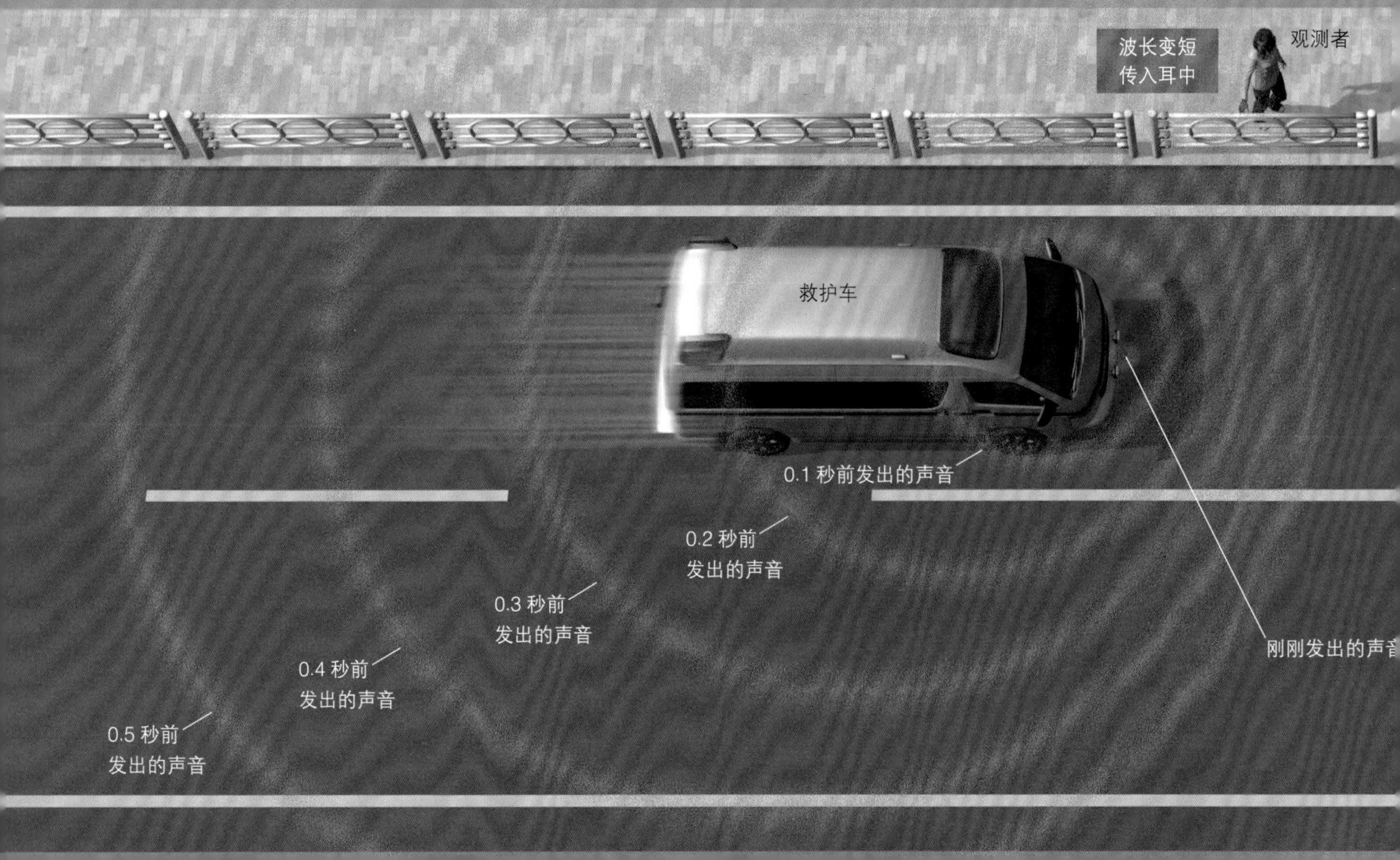

快。当声源靠近时，振动频率会比原来的声音快，听到的声调也高。这就是多普勒效应的机制。

当救护车离去时，则会出现相反的现象。声波波长拉长（变长），振动频率变慢，听到的声调也比本来的声调低。

## 利用多普勒效应来测量星系的移动速度

光也会出现多普勒效应。在天文学上，可以利用光的多普勒效应来测量星系的移动速度。根据多普勒效应，星系在靠近地球时，所发的光的波长会变短；在远离地球而去时，所发的光的波长会变长。

美国天文学家埃德温·哈勃（1889～1953）通过测量从星系抵达地球的光的波长变化※，最终发现离地球越远的星系，其远离地球的速度越快。这一发现成为宇宙正在膨胀的证据。

※ 严格地说，利用星系快速远离地球而去所导致的多普勒效应来解释从遥远星系抵达地球的光的波长变长，这只是一个近似的说明。更准确地说，这是光的波长因宇宙空间膨胀而被拉长所导致的。

**远离而去时，听上去声调低**

对于站在救护车后面的观测者来说，如下所示，警笛声的波长变长（声调变低）而传入耳中。当观测者位于救护车斜后方时，波长拉长的幅度比站在救护车正后方时要小一些。

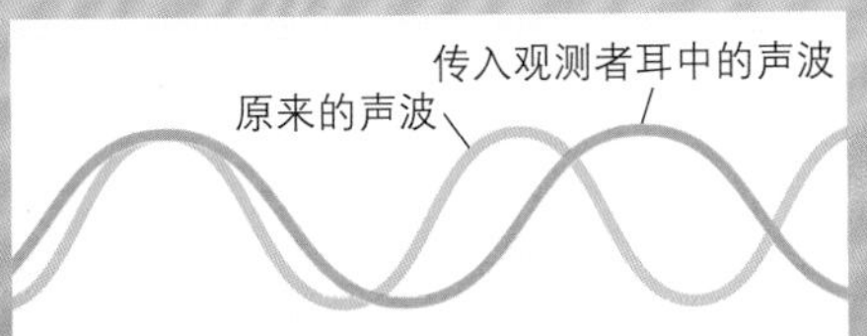


**静止不动时的声波**

如右图所示，救护车静止不动时，无论站在救护车四周任何地方，听到的声音波长（振动频率）都相同。

**波的速度 ＝ 振动频率 × 波长**

波的速度与振动频率、波长之间的关系如上所示。也就是说，如果波的速度不变的话，则可以说“振动频率大 = 波长短”“振动频率小 = 波长长”。而且，波的速度通常取决于其传播介质（媒质）的性质，振动频率则取决于波源的运动方式。

# 光在水中发生折射是因为光速变慢的缘故

众所周知，不同波长的光会呈现不同的颜色。波长长的光呈现红色，波长短的光呈现紫色或蓝色。而且，可见光、无线电波、红外线、紫外线与 X 射线等虽然波长各不相同，但它们都是“电磁波”（下图）。

太阳光（白光）是由不同波长（颜色）的光混合而成的，穿过玻璃三棱镜后，可分解（色散）为彩虹般灿烂的七色光（右侧照片）。

光射入玻璃后，传播速度变慢，大约为每秒 20 万千米（为空气中传播速度的 65% 左右）。而且，不同波长的光在玻璃中的传播速度略有不同，波长越短，速度越慢。结果，因不同波长（颜色）的光入射玻璃时被折射的角度不同，所以原来的白光就会分解成彩虹般的七色光。

## 折射使得水中的物体看上去好像更浅

光从空气中进入玻璃或水等透明物质中时，或者从物质中进入空气中时，传播速度会改变，所以，其行进方向也会发生变化，这种现象称为折射（右图）。

水中的物体之所以看上去比实际位置稍微浅一些，这正是光的折射所造成的。由于光的行进方向发生了改变，因此我们才会有一种错觉，觉得光是从比实际位置浅的地方发出的。

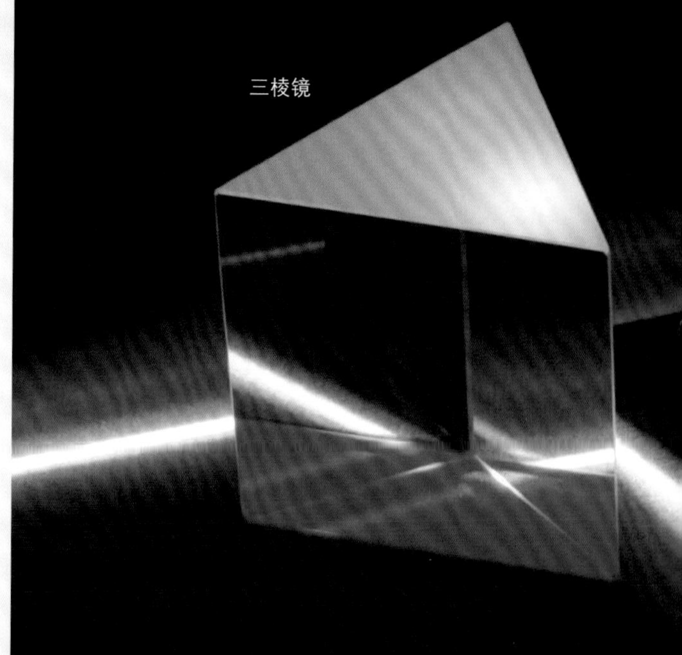


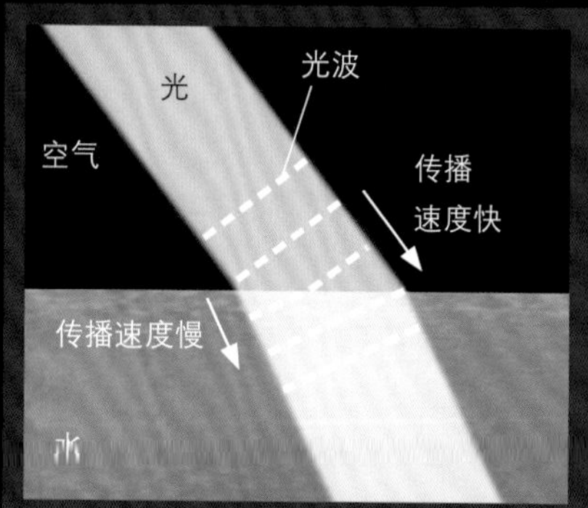


### 传播速度改变时，则发生折射现象

如上图所示，当一束光从空气中进入水中时，最先进入水中的那一部分光的传播速度变慢，开始“踏步不前”。这样一来，光束的左右两侧就会产生速度差，光的行进方向就会改变。

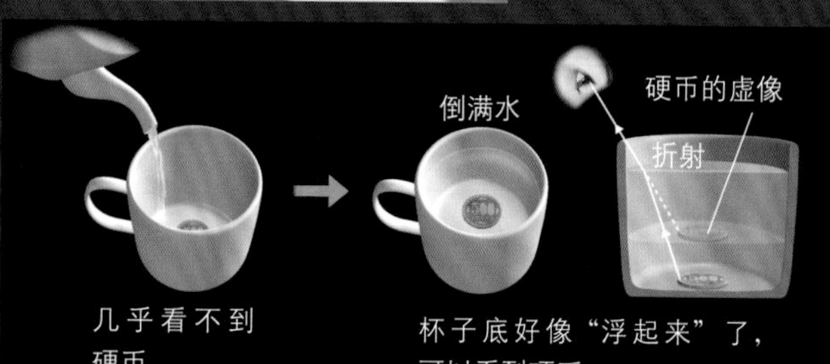


### 折射“欺骗”了视觉

由于我们的视觉认为“光应该是直线传播的”，所以放在水中的硬币看上去好像位于上图中“硬币虚像”的方向上。

### 电磁波的波长

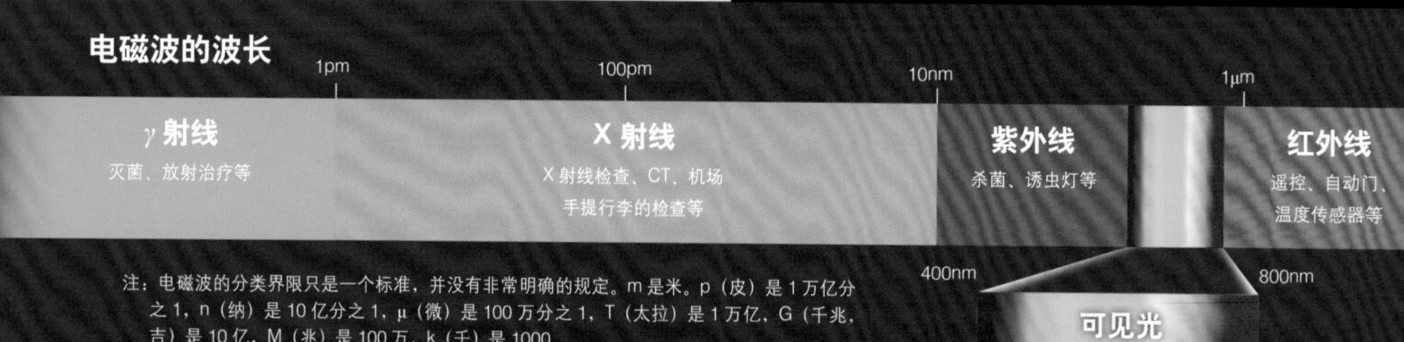


注：电磁波的分类界限只是一个标准，并没有非常明确的规定。m 是米。p（皮）是 1 万亿分之 1，n（纳）是 10 亿分之 1，μ（微）是 100 万分之 1，T（太拉）是 1 万亿，G（千兆，吉）是 10 亿，M（兆）是 100 万，k（千）是 1000。

## 把光分解为七色光的三棱镜

光进入传播速度不同的物质后，会发生折射，行进方向发生改变。折射角度取决于光在不同物质间的速度差，速度差越大，光越弯曲。

如右图所示，不同波长（颜色）的光在玻璃中的行进速度，即折射角度不同。因此，射入三棱镜中的太阳光分解为不同波长（颜色）的光。在右侧的两个图片中，速度及折射角度差有所夸张，以便更加简洁易懂。

雨过天晴后，天空中出现的彩虹也是同样的现象，只不过阳光不是通过三棱镜，而是被飘浮在空气中的无数个水滴分解为七色光了。

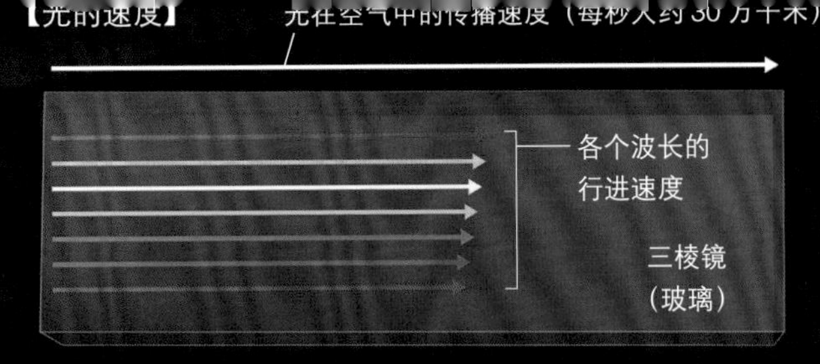


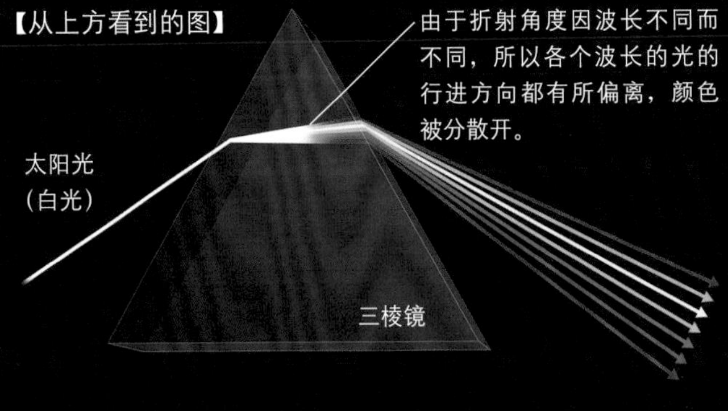


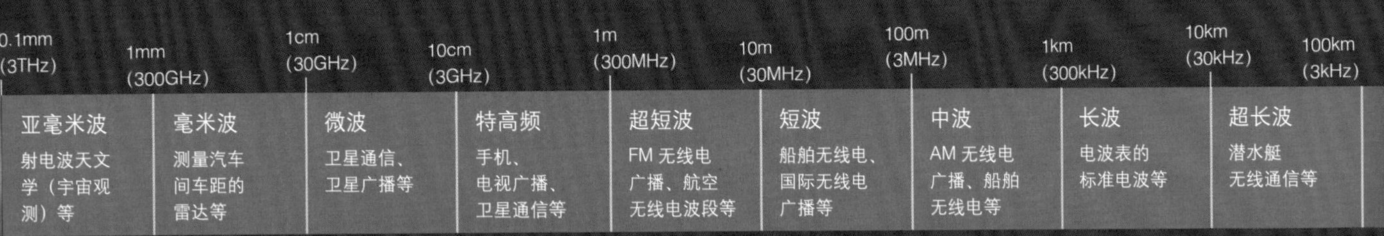

# 原本透明的肥皂泡看上去七彩斑斓

溶解了肥皂或洗洁剂的水吹出的肥皂泡原本是无色透明的，而飘浮在空中的肥皂泡看上去却像彩虹般七彩斑斓。这种现象也与“光是波”密切相关。

光照到肥皂泡上后，一部分被肥皂泡的薄膜表面反射回来，但另一部分光则进入薄膜内。进入肥皂泡膜内的光被薄膜底面反射，再次返回薄膜表面，并从表面射出（右页右上图）。也就是说，肥皂泡的“在薄膜表面反射回来的光”与“进入薄膜内，被薄膜底面反射回来的光”在薄膜表面合并到一起后，射入我们眼睛中。

在薄膜表面合并到一起的两个光原本是同一束光(太阳光)。不过，被薄膜底面反射回来的光由于在肥皂泡内有一次往返，因此其行进距离略长一点。结果，两者之间就出现了“波峰与波谷的位置”( 相位)差。这样一来，合并到一起的两个光波在波峰重叠之处会增强，在波峰与波谷重叠之处会减弱，这种现象称为干涉。

位置不同，因干涉而增强或减弱的波长（颜色）也不同，所以无色透明的肥皂泡表面才会像彩虹那样呈现出七彩色。

## 光盘表面呈现的七彩色与肥皂泡的原理相同

CD 与 DVD 光盘等表面也会出现七彩虹光。这是光盘表面上的微小凹凸所反射的光发生干涉而呈现出的颜色。

所有频率的波都会出现干涉现象，声音也不例外。例如，在室外举办音乐会时，放置在舞台左右两侧的两个扬声器会播放同样的音乐，但由于声波发生干涉，会场的某些地方因波相互增强而听到的音乐声大，另一些地方则由于波相互减弱而听到的音乐声较小。

**表面因发生干涉而呈现色彩**

如照片所示，原本无色透明的肥皂泡看上去七彩斑斓，这是光在肥皂泡薄膜表面发生干涉的缘故(右页右上图)。

一般来说，受重力影响，肥皂泡的薄膜下侧会比较厚。薄膜厚度因位置而异，再加上观察角度不同，所以，薄膜颜色看上去才会变化多端。

## 相长干涉和相消干涉

波 A 与波 B 发生干涉时，波峰与波峰（或者波谷与波谷）重叠时（上图），两者相互增强，称为相长干涉。波峰与波谷重叠时（下图），则两者相互减弱，称为相消干涉。

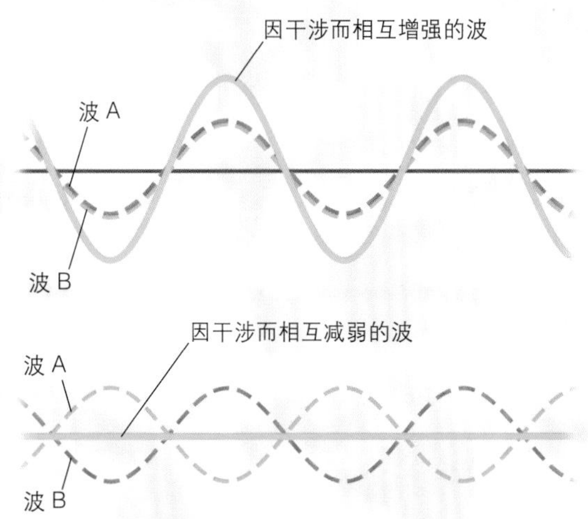


## 光在肥皂泡的薄膜上发生干涉

行进路径不同的两束光在肥皂泡的薄膜表面发生干涉，特定波长（颜色）的光相互增强或减弱，之后射入观察者的眼中。

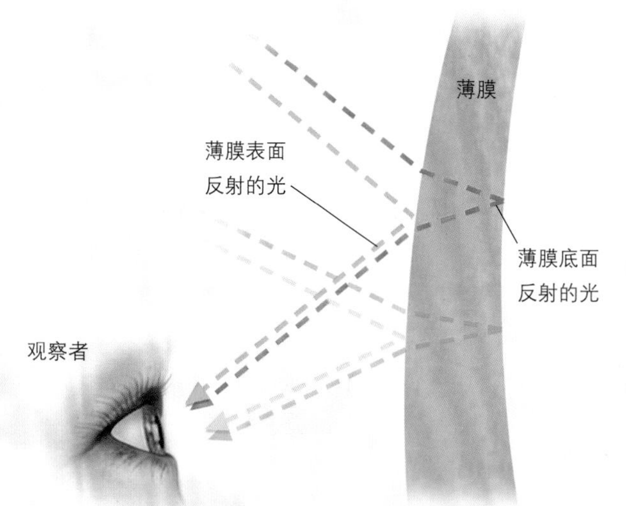

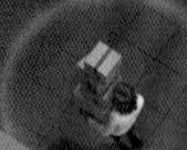

# 因为波能“绕进来”，所以在墙壁后面也能听到声音

虽然看不到墙后面的身影，但我们能听到墙后的声音。下图描绘的现象也是因为“声音是波”才发生的现象。

波有一个非常有趣的特点，那就是遇到障碍物后，可以“绕进来”，这称为衍射。从原则上来说，波长越长，越容易出现衍射现象。人的说话声的波长较长，大约为1米，因此，很容易绕过墙壁或建筑物。

在街上行走时，我们能很方便地接通手机，其背后也有衍射的功劳。手机使用的无线电波波长为几十厘米到接近1米，很容易绕过墙壁或建筑物而被接收到。因此，无线电波也能抵达建筑物的后面——即便从中继基站不能直接看到那里。

请帮帮我！
一位女性发出的声音（声波）
声音绕过墙壁扩散

## 声音容易“绕路”传播

图片是声音（声波）绕到墙壁后面让人听到的示意图。人的说话声的振动频率通常为300～700Hz左右，换算为波长的话，大约为0.5～1米。实际的说话声是立体（三维）扩散的，不但会沿着墙壁扩散，还能从墙壁上方绕过去。此外，在室内讲话时，除了衍射以外，声音还会被屋顶及墙壁反射而扩散。

## 光的波长较短，几乎不发生衍射

由于波长较短，在日常生活中几乎不发生衍射——光（可见光）是最具代表性的例子。可见光的波长在400～800 纳米之间（0.0004～0.0008 毫米），比声波和无线电波的波长短很多。

光不太容易“拐弯”，而是沿直线传播——看看阴影是如何形成的，我们就能很好地理解这一点。如果光容易“拐弯”，太阳光就会绕到建筑物后面，很难形成阴影了。

虽然上文提到了“波长越长，越容易发生衍射”，但更准确地说，是否容易发生衍射在很大程度上取决于缝隙宽度，以及障碍物与波长的比例（下图）。当波长与缝隙宽度相同或波长比缝隙大（缝隙宽度小于波长）时，容易发生衍射。波长较短的光穿过与其波长相应的极小的缝隙时，也会大幅度地衍射。

① 波长较长，缝隙较宽

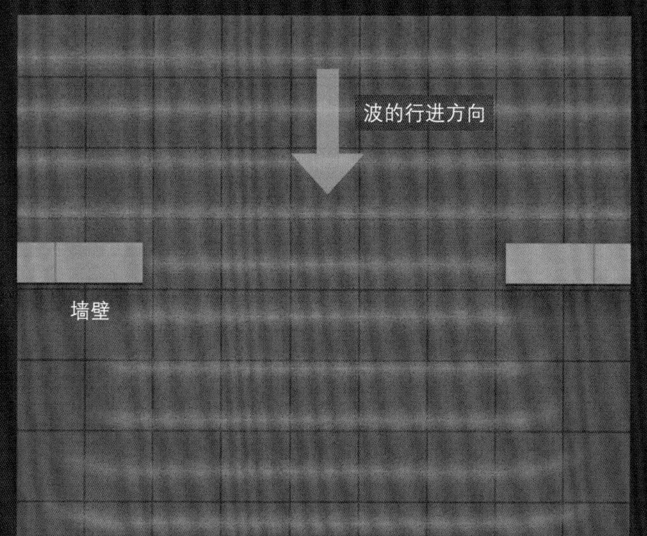


② 波长与缝隙宽度大致相同

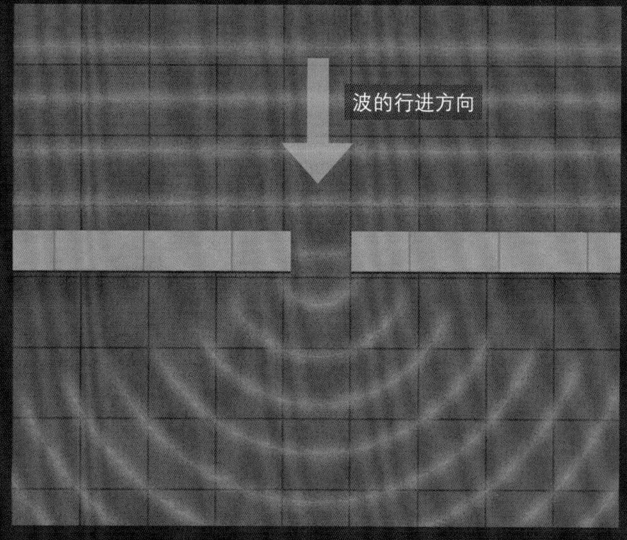


### 是否容易发生衍射，取决于波长与缝隙

图片描绘了发生衍射的难易程度是如何因波长与缝隙大小而变化的。

如①所示，当缝隙宽度大于波长时，穿过缝隙的光基本上沿直线传播，而且在穿过后不太扩散（没有发生大幅度的衍射）。如②所示，波长不变，缝隙变小后，波发生大幅度衍射，也绕到了墙壁后面。如③所示，缝隙宽度不变（与②相同），波长变短后，相对于波长来说，缝隙变大了（与①相同），因此也很难发生衍射。

③ 缝隙较宽，波长较短

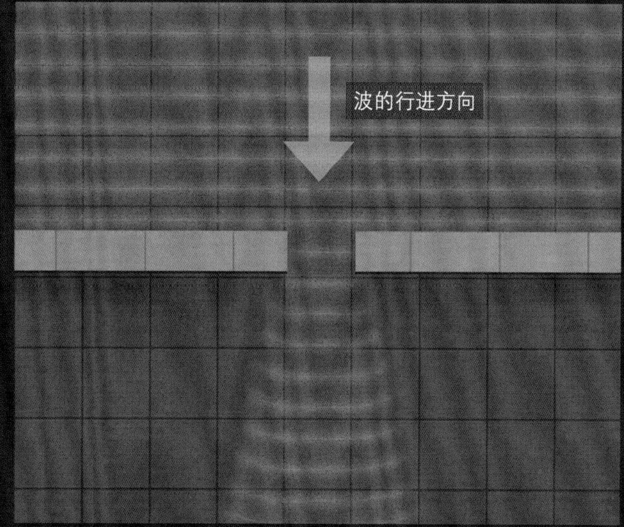


### 惠更斯原理

荷兰物理学家克里斯蒂安 · 惠更斯（1629~1695）提出的以下原理被称为“惠更斯原理”。

“从波的前端的各点产生无数球状的波（如果是水面波则是圆形的），由于无数球状波重叠在一起，不断产生下一个瞬间的波源。”

衍射可以用惠更斯原理来理解。波的前进方向在有间隙的情况下，各点产生的次级波源会使波扩大。

# 声音是如何产生的？

听到声音时，是什么东西进入我们的耳朵？

是空气的“振动”。例如，用锤敲击大鼓，使鼓皮产生振动。这种振动传递给周围的空气，再传播到我们的耳朵里，我们就听到“咚，咚”的鼓声。

那么，空气又是如何产生振动的呢？敲击大鼓，鼓皮急速下陷，紧贴鼓皮的空气填补空位，使附近的空气变稀薄，密度减小。这里的空气变稀疏，成为“疏”的部分。

在紧接着的下一瞬间，具有弹性的鼓皮急速回弹，向外隆起，压缩附近的空气，密度增大。这里的空气变浓密，成为“密”的部分。

大鼓的鼓皮每次下陷和隆起都会使附近的空气变“疏”和变“密”。这就是空气的振动。这种“疏”部分和“密”部分在空气中向周围传播，便是声音。这时候，**空气本身并没有移动，只是在原来位置重复作前后振动**（参见右下侧的弹簧图）。

**这种“疏”和“密”交替变化的状态依次向周围传播的现象叫作“波”**。因此，声音也被称为“疏密波”或“声波”。我们听到大鼓的“咚，咚”声，就是耳朵感觉到了空气的这种“疏密波的振动”。

## 空气像弹簧一样具有弹性

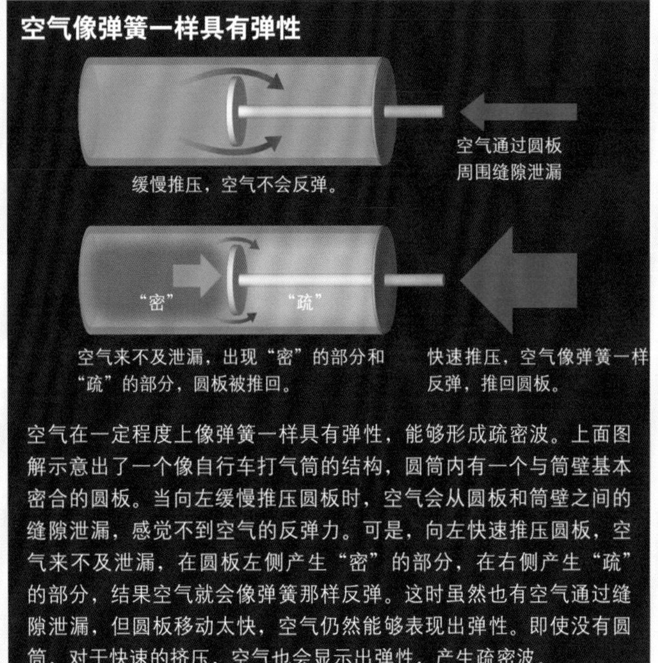

空气通过圆板
周围缝隙泄漏
缓慢推压，空气不会反弹。
“密”
“疏”
空气来不及泄漏，出现“密”的部分和“疏”的部分，圆板被推回。
快速推压，空气像弹簧一样反弹，推回圆板。


空气在一定程度上像弹簧一样具有弹性，能够形成疏密波。上面图解示意出了一个像自行车打气筒的结构，圆筒内有一个与筒壁基本密合的圆板。当向左缓慢推压圆板时，空气会从圆板和筒壁之间的缝隙泄漏，感觉不到空气的反弹力。可是，向左快速推压圆板，空气来不及泄漏，在圆板左侧产生“密”的部分，在右侧产生“疏”的部分，结果空气就会像弹簧那样反弹。这时虽然也有空气通过缝隙泄漏，但圆板移动太快，空气仍然能够表现出弹性。即使没有圆筒，对于快速的挤压，空气也会显示出弹性，产生疏密波。

## 听到声音时，空气有持续的细微振动

此处图解示意出了振动在空气中传播的样子。图中用大量的小颗粒表示空气。敲击大鼓，产生激烈振动，使鼓皮附近的空气交替出现密度小的“疏”的部分和密度大的“密”的部分。声音就是这种“疏”和“密”的状态向周围传播的“疏密波”。

敲击大鼓使之振动

手前推后收，使弹簧伸缩。

## 像横波那样表示疏密波

密 疏 密 疏
密 山 山
谷 谷
疏

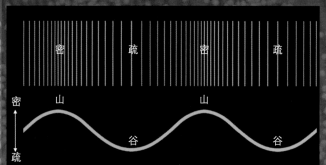

如果用横波那样的曲线来描绘声音的疏密波的话，则很容易看出声音的高低（振动频率的快慢）和响度（疏密差的大小）等特征。波峰越高，波越“密”；波谷越深，波越“疏”。波峰与波峰的间隔是“波长”。波长越短，振动频率越快，即“音调越高”。而且，波峰与波谷的高低差是“振幅”，振幅越大，则声音越响。

疏 密 疏

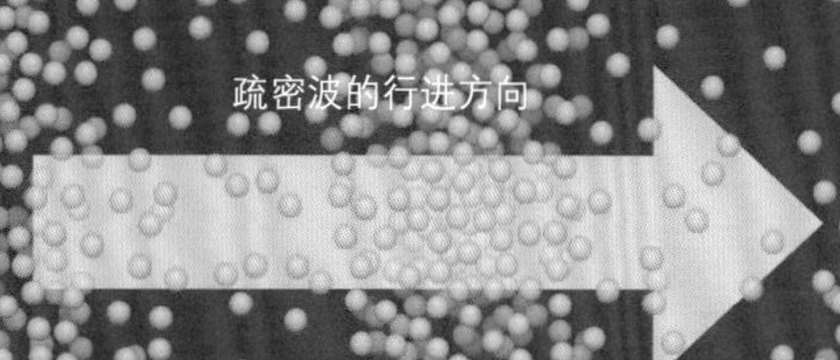

## 弹簧也能产生疏密波

在一根长弹簧中也能够产生疏密波。将一根长弹簧伸直放在桌面上，固定住一端，用手在另一端反复地前推和后收，便接连不断地在弹簧中产生出“密”的部分和“疏”的部分。这种“疏”和“密”沿弹簧传播，也形成一种“疏密波”。这时若只观察弹簧的某一部分（橙色圆点），会发现它并没有向右方移动，只是在原来位置反复作周期性的前后“振动”。我们听到的声音是在空气中传播的一种疏密波，空气本身也没有移动，空气的各个部分都只在原位置作前后振动。

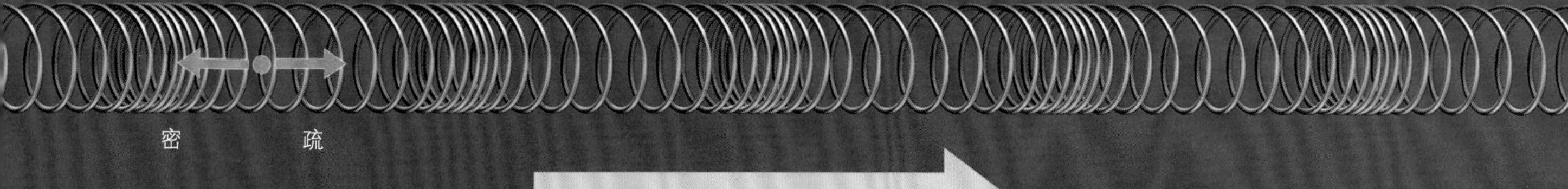


疏密波的行进方向

# 在坚硬的钢铁和水中传播的声音

不是空气，也能够传播声音吗？事实上，声音在固体和液体中也能够像在空气中那样传播。空气中的声音是空气的“疏”和“密”的部分向前传播的“疏密波”。在固体和液体中，也会有这种“疏”和“密”的部分向前传播的“疏密波”。

在液体中传播声音，如海洋中的海豚就是在水中发出声音来彼此交流信息。

在固体中传播声音，这可以举出我们周围的例子。例如，在公园里，你把耳朵紧贴在秋千钢架一侧的一根钢柱上，让朋友轻敲对面一侧的一根钢柱。这时，朋友哪怕敲击得非常轻，你的耳朵也能从紧贴的钢柱听到很大的声音（这是钢柱中的声音，与空气无关）。

这时你听到的就是沿钢架传播的声音。钢铁是一种非常坚硬的物质，似乎其中不可能有疏密变化。事实上，在钢铁的内部也出现了有微小密度差别的“疏”部分和“密”部分的传播。不过，这时候在钢铁中传播的声波除疏密波之外，还有其他几种波※，它们也都是声音。

这就是说，声波可以在各种不同材质的物质中传播，而所谓声音就是这种“在物质中传播的振动”。

我们人类只能听到振动频率在20～2万赫兹的声波，换算成波长的话，则是17～0.017米（在空气中传播时）。振动频率高于这一频率的波（波长短的波）称为“超声波”，振动频率低于这一频率的波（波长长的波）称为“超低频声”，地震波、高速公路上发出的嗡嗡声等都是超低频声。

※ 声音还包含有不是疏密波的振动，如在钢柱中就还能够传播另一种叫作“S波”的声波。关于S波，请见第102页详细介绍。

## 声音还能在空气之外的水和铁等物质中传播

这里跨页图解显示了声音在空气之外的液体和固体物质中传播的例子。

海豚通过在水中发出超声波来交流信息。耳朵贴住秋千架一侧的钢铁柱，对面一人轻敲他旁边的钢铁柱，你会意外地听到很大的声音。这是沿着秋千的钢铁支架传来的声音。

轻敲钢柱

## 声音不能在什么都没有的“真空”中传播

声音也有不能传播的地方，那就是在“什么都没有的空间即“真空”中。在宇宙空间，即使有物体与物体碰撞，在空间走的宇航员与碰撞地点之间相隔着没有振动物的真空，他是听到碰撞声的。在某部科幻电影中有这样的场面，其中的宇航员到了远处宇宙空间发生的爆炸声，那其实是不可能的。

## 声音的波长（空气中）

0.01mm

1nm ($10^{-9}$m) 0.01μm ($10^{-8}$m) 0.1μm ($10^{-7}$m) 1μm ($10^{-6}$m)

### 超声回波

通过人体的超声波，一部分会被内脏等反射。超声回波是一种通过接听超声波的反射音进行探测的技术。

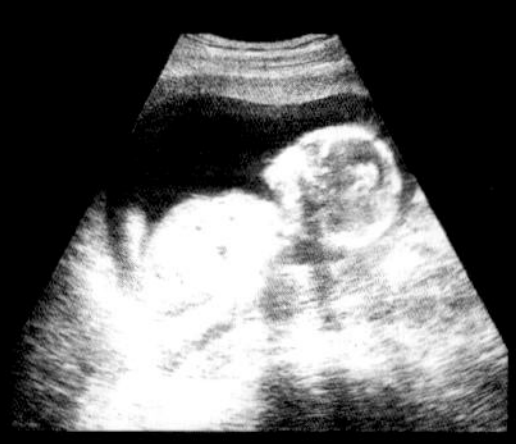

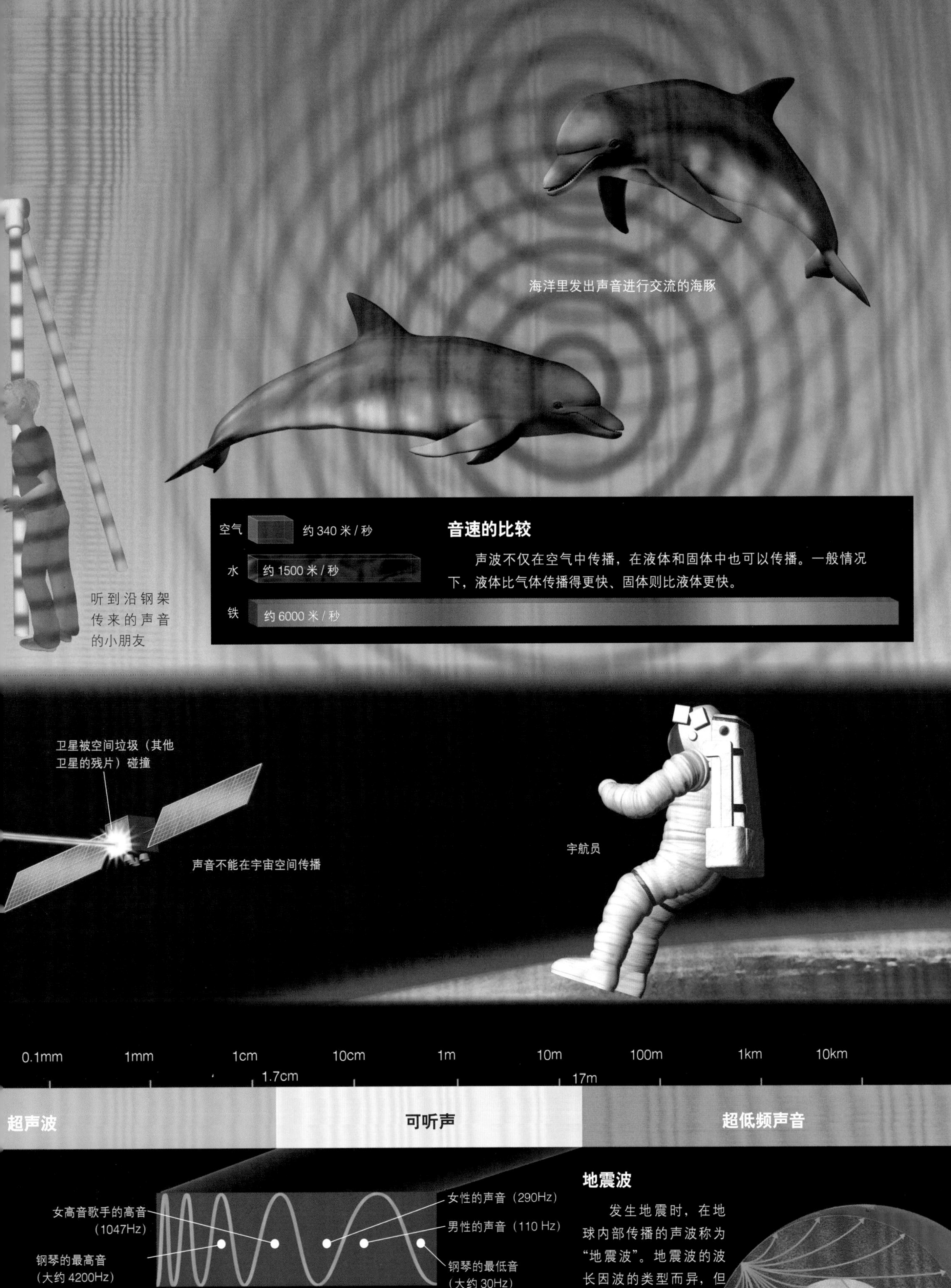


## 音速的比较

声波不仅在空气中传播，在液体和固体中也可以传播。一般情况下，液体比气体传播得更快、固体则比液体更快。

## 地震波

发生地震时，在地球内部传播的声波称为“地震波”。地震波的波长因波的类型而异，但都超过了数百米。

# 电磁波是能够“激发电子振动的波”

光和无线电波都是电磁波。但是，电磁波并非如前面所介绍的那样是由什么“物质振动”所产生的波。正是因为光和无线电波不是由于物质振动所产生的波，所以与声波不同，它们可以在没有任何物质的真空中传播。电磁波是一种不需要介质传播的特殊波。

电磁波是“电场”和“磁场”的振动组合在空间传播的一种横波（关于电场和磁场，可参看本页的“更详细的说明”）。电场和磁场会对电子一类带有电荷（带电量）的粒子施加作用力。因此也可以说，电磁波是一种能够“激发电子振动的波”。

无线电波进入天线，激发天线中的电子，引起许多电子振动。电子的运动就是电流。天线把无线电波变成电流，这就是电波信息的接收。

光也是如此。光进入眼睛，作用在眼底视网膜细胞所包含的类似于“光敏器件”的特殊分子上。这种分子内的电子被光激发，移动位置，导致分子结构发生变化。外界光刺激引起的这种分子结构变化作为“接收到光”的信号，从视神经传递到大脑，从而形成我们的视觉。

红外线、紫外线、X 射线和 γ 射线的这些具有不同名称的其他电磁波，同样也都是能够“激发电子振动的波”。

## 电子被激发，产生电磁波

那么，电磁波又是怎样产生出来的呢？

### 电磁波（无线电波）

电磁波是电场和磁场的振动（方向垂直，大小同时变化）向前传播的一种波。如果只关注空间中的某一点，那么，表示该点电场的箭头和磁场的箭头，两者的大小和方向时时刻刻都在变化。电场和磁场都是在相对于电磁波行进方向的正交（垂直）方向振动，因此电磁波是横波。电磁波在真空中的速度是约每秒 30 万千米。

**天线（发送方）**

流过交流电流，产生电波。

交流电流

点 A

点 A 处的电场

点 A 处的磁场

波的行进方向

### 更详细的说明

**什么是电场？**

一根带正电的玻璃棒，一根带负电的聚氯乙烯棒，在它们之间存在着一种电力使二者相互吸引。这是因为在两根棒之间形成有如右图所示的“电场”的缘故。带正电（或者带负电）的物体会受到一个同表示电场的箭头方向相同（或者同电场箭头方向相反），而大小取决于电场箭头长度的作用力。反之，我们也可以说，表示空间的这种性质的箭头就是电场。

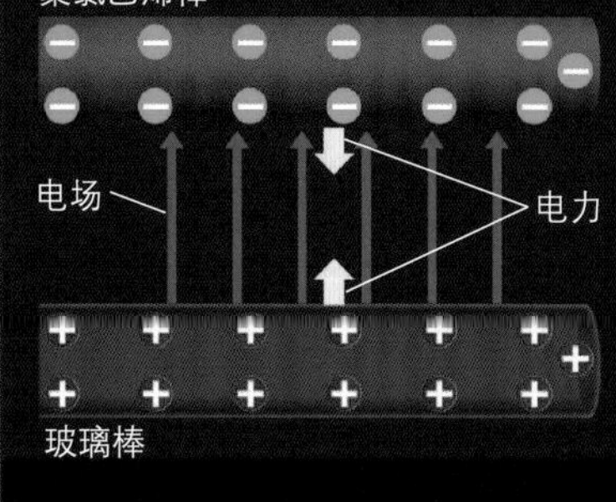


### 更详细的说明

**什么是磁场？**

磁铁的 N 极和 S 极相互吸引。这是因为在 N 极和 S 极之间形成有如右图所示的“磁场”。N 极（或者 S 极）会受到一个同表示磁场的箭头方向相同（或者同箭头方向相反），而大小取决于箭头长度的作用力。反之，我们也可以说，表示空间的这种性质的箭头就是磁场。磁场还会对带电的运动粒子施加作用力。

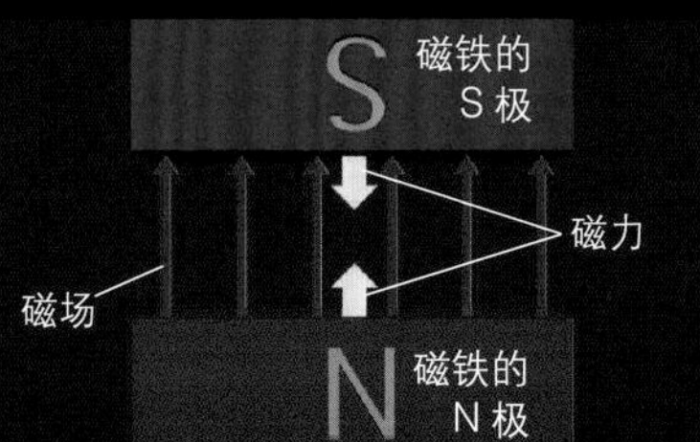

用手指上下戳动浮在水面上的一只小球，这将产生出同心圆水面波。这时，如果在另一处也浮着一只小球，那么，水面波传到那里便会“激发”那只小球作上下振动。“振动的电子和电磁波之间的关系”就与这个例子中“振动的小球与水面波之间的关系”相类似。电磁波是由电子（电荷）的振动产生出来的。

实际上，只要天线内有“交流电流”流动，就会产生无线电波。所谓交流电流，是一种大小和方向都在不停变化的电流。这其实就是电子的振动。

光源（如白炽灯或荧光灯）发出可见光，则是在光源所包含的原子的内部电子变换轨道的结果。这是另一种产生电磁波的机制，其实也同某种形式的“电子（电荷）运动”有关。

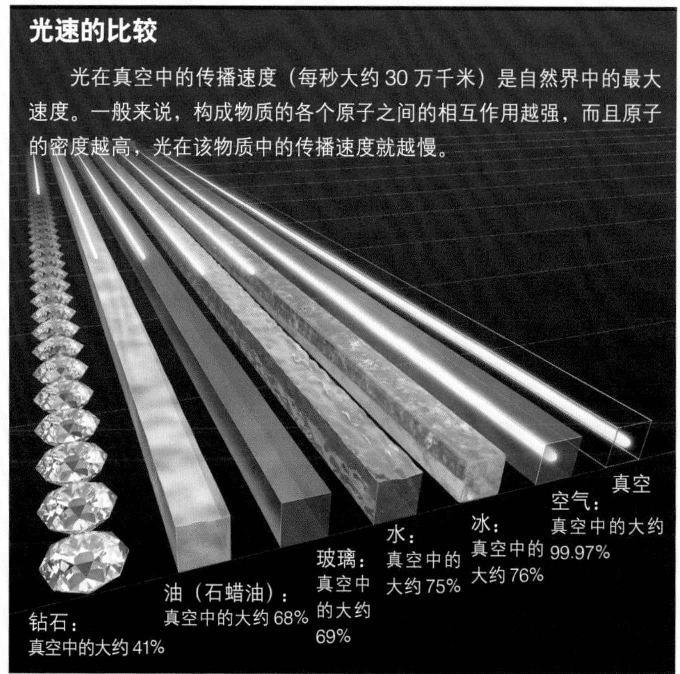


**光速的比较**

光在真空中的传播速度（每秒大约30万千米）是自然界中的最大速度。一般来说，构成物质的各个原子之间的相互作用越强，而且原子的密度越高，光在该物质中的传播速度就越慢。

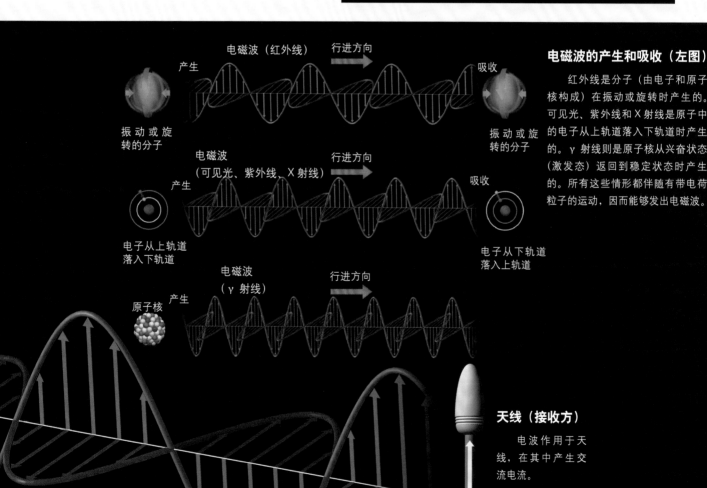

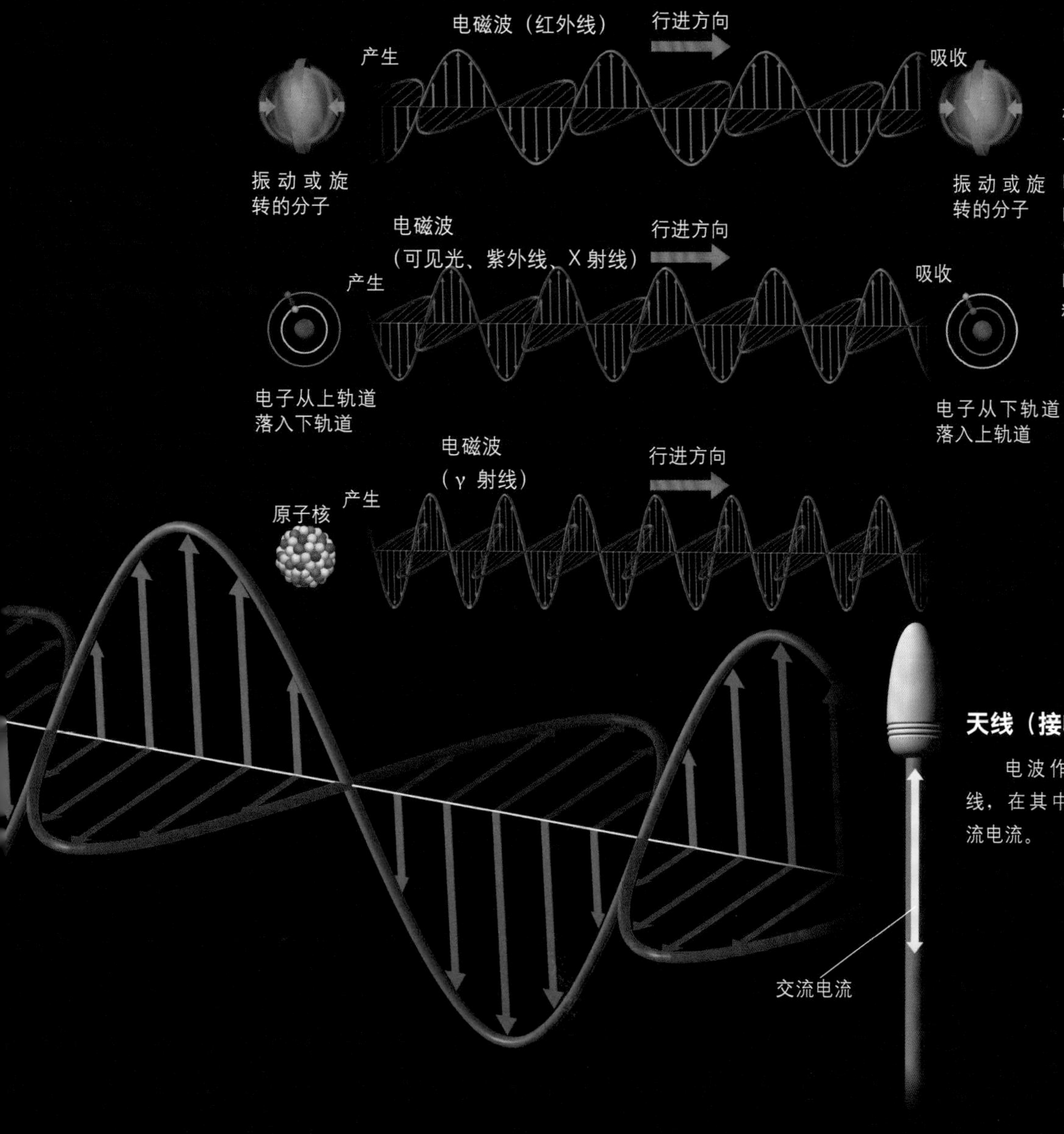

**电磁波的产生和吸收（左图）**

红外线是分子（由电子和原子核构成）在振动或旋转时产生的。可见光、紫外线和X射线是原子中的电子从上轨道落入下轨道时产生的。γ射线则是原子核从兴奋状态（激发态）返回到稳定状态时产生的。所有这些情形都伴随有带电荷粒子的运动，因而能够发出电磁波。

**天线（接收方）**

电波作用于天线，在其中产生交流电流。

# 光有振荡方向

钓鱼或滑雪时佩戴的“偏光太阳镜”不仅能阻挡水面或雪面的反射光，同时还能透过来自其他景色的光，也能清晰地看到水面下的鱼。这与光的振动方向密切相关。图**1**绘出的是沿$Z$轴方向行进的电磁波的示意图，图中表示的电磁波的电场仅在$X$轴方向振荡，磁场仅在$Y$轴方向振荡。像图**1**中这种仅在一个方向振荡的电磁波叫作“偏振光”（按照约定，电磁波的“振荡方向”是指电场的振荡方向）。然而平常所见到的自然光，如太阳光和荧光灯发出的光，都是在各个方向作同等振荡的光（**2**）。

让自然光通过一枚“偏光片”（又称“偏光镜”）就能够得到偏振光。偏光片是一种利用只能够让在某一个方向（偏振方向）振荡的光通过的光学材料所制成的薄片。利用偏振方向彼此垂直的两枚偏振片就可以遮挡住任何一种光（**3**）。

## 不可思议的偏光太阳镜

光在非金属物体表面上反射所产生的反射光大部分是振荡方向平行于反射表面（物体表面）的偏振光（**4**）※1。由于偏光太阳镜相当于阻挡横向振动的光的偏光板，所以能有效地只阻隔掉反射光。在钓鱼或滑雪时，从水面或雪面直接反射到我们眼睛的反射光会使我们目眩，看不清东西，利用偏光片则可以有效地滤除掉这种反射光。戴上一种利用偏振方向在纵向（垂直方向）的偏振片制成的太阳镜，可以阻挡从水面或雪面直接反射的眩光（横向偏振光）进入眼睛，而只让纵向（垂直方向）偏振的偏振光进入眼睛。戴上这种偏光太阳镜，甚至可以清楚地看见水面下的鱼。

反射光为什么会是偏振光？水面的反射光，从某种意义上说已经不是原来的入射光。水分子“吸收”了入射光之后，在瞬间又“再发光”※2。反射光其实是无数水分子重新“再发出”的光。水分子中的电子在“吸收”了入射光之后，发生振荡，振荡电子“再发出”的是与其振荡方向相一致的偏振光。

如图**5**所示，振荡的电子发出的光总是沿着垂直于振荡方向的横方向行进的最多，而没有沿着纵方向行进的光。这是因为，电场和磁场总是交替地产生，这就意味着，振荡电流所发出的电磁波，总是沿着垂直于电流振荡的横方向行进的最多。

如图**6–a**所示，沿着入射光的反射方向（满足反射定律的方向），基本上只有在横向（水面方向）振荡的电子所发出的光。在纵向振荡的电子，则如图**6–b**所示，在反射方向则没有光。这就是在反射方向行进的主要是在水面方向振荡的偏振光的原因。

※1 偏振光所占的比例同入射角有关。当折射光与反射光之间恰好为90°时，反射光为100%的偏振光（完全偏振光）。满足此条件的入射角叫作“布儒斯特角”。

※2 这里的“吸收”和“再发光”加有引号，也是特指非完全吸收（光能转变为物体的热能），所吸收的光瞬间又被“再发出”。

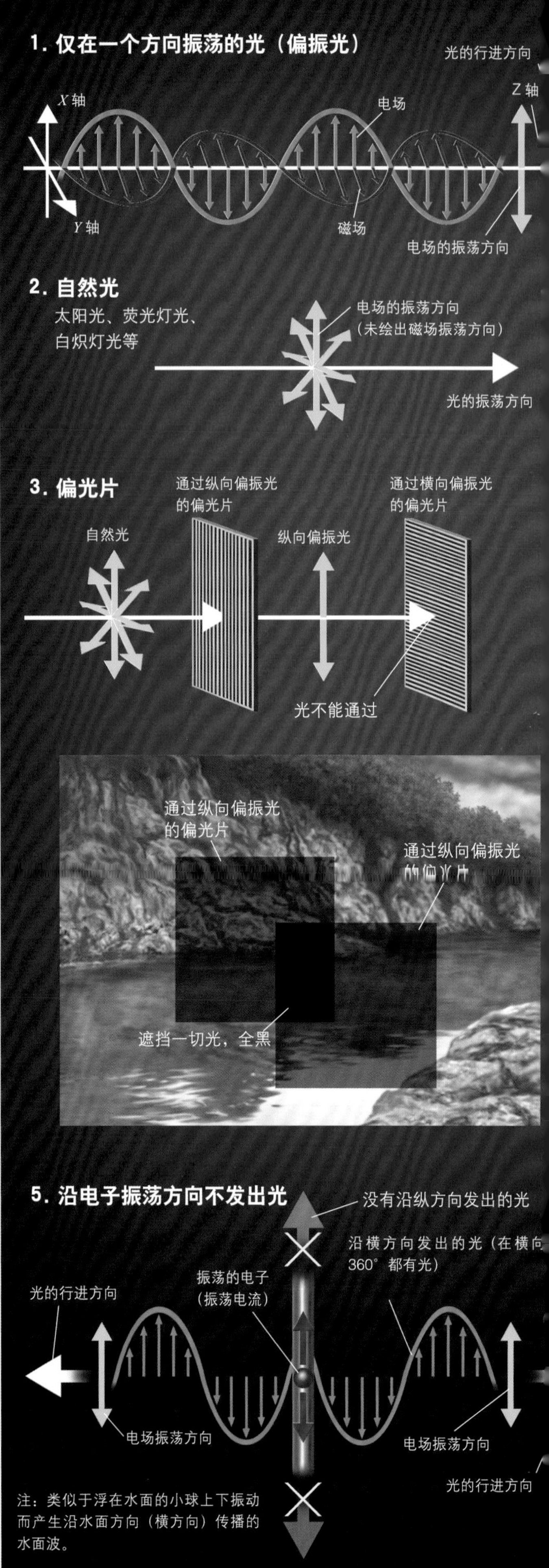

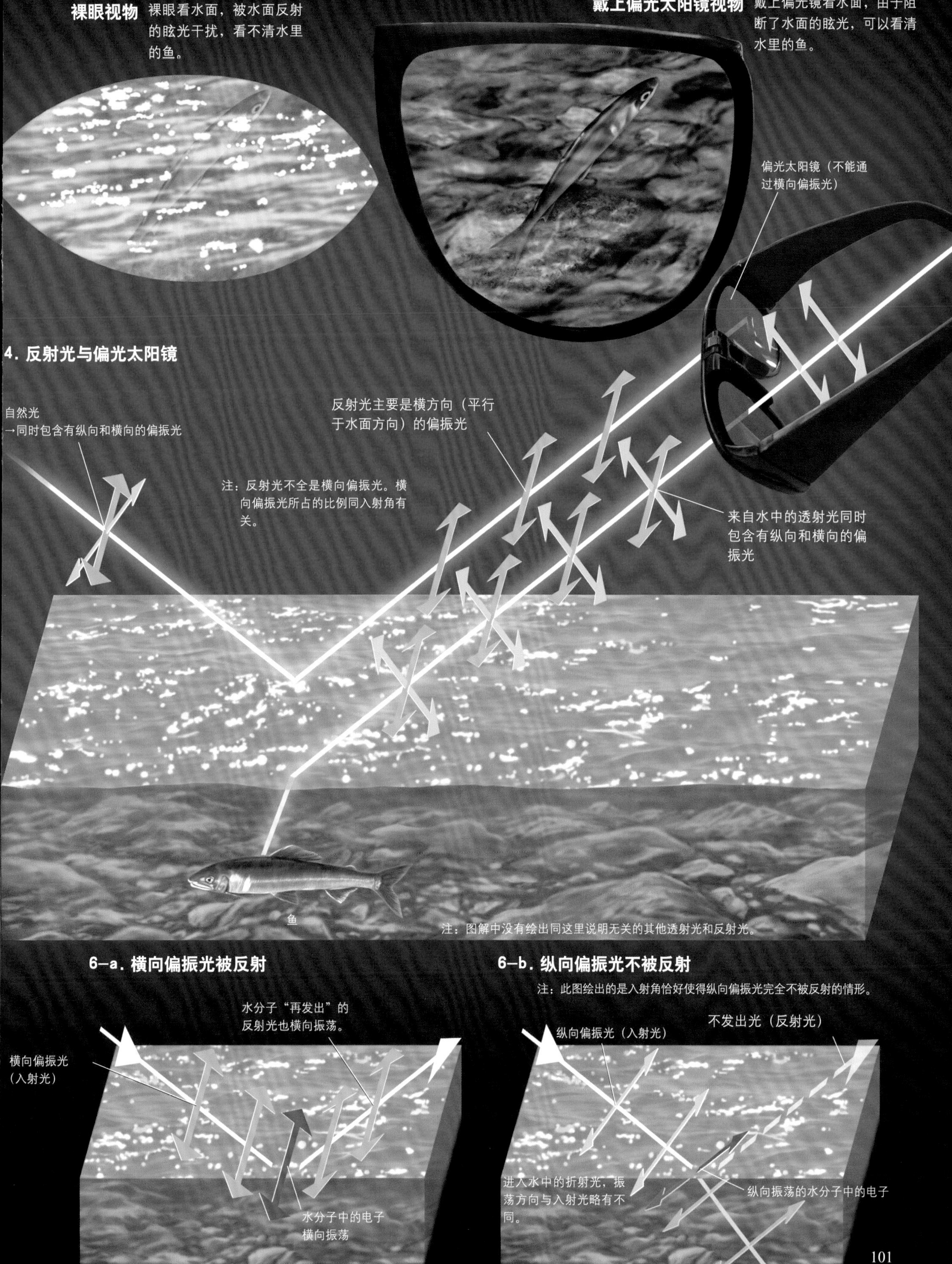

裸眼视物
裸眼看水面，被水面反射的眩光干扰，看不清水里的鱼。
戴上偏光太阳镜视物
戴上偏光镜看水面，由于阻断了水面的眩光，可以看清水里的鱼。
偏光太阳镜（不能通过横向偏振光）
4. 反射光与偏光太阳镜
自然光
→同时包含有纵向和横向的偏振光
反射光主要是横方向（平行于水面方向）的偏振光
注：反射光不全是横向偏振光。横向偏振光所占的比例同入射角有关。
来自水中的透射光同时包含有纵向和横向的偏振光
鱼
注：图解中没有绘出同这里说明无关的其他透射光和反射光。
6–a. 横向偏振光被反射
水分子“再发出”的反射光也横向振荡。
横向偏振光（入射光）
水分子中的电子横向振荡
6–b. 纵向偏振光不被反射
注：此图绘出的是入射角恰好使得纵向偏振光完全不被反射的情形。
纵向偏振光（入射光）
不发出光（反射光）
进入水中的折射光，振荡方向与入射光略有不同。
纵向振荡的水分子中的电子

# 地震波有速度较快的“P 波”和速度较慢的“S 波”

对于周围存在的各种波，人们最关心的莫过于“地震波”。在地下断层处出现地层错动，这种冲击作为地震波传播开来，造成地面晃动，这就是地震。

在地下传播的地震波分为“P 波”和“S 波”。P 波的传播速度较快，最先到达地面，引起初期的微震（在地壳中的传播速度是大约 6.5 千米 / 秒，会由于地点不同而有差异）。P 波来自英语词组“Primary wave”，意思是“初波”或“一次波”。

P 波是纵波（疏密波），引起地基在波的行进方向振动。有时，地震波会从几乎正下方传到地面，在这种情形，P 波也会引起较弱的上下振动。

紧跟 P 波之后到来的是“ S 波”。S 波的英语词组“Secondary wave”，意思是“二次波”。S 波的传播速度比 P 波慢，是大约 3.5 千米 / 秒。S 波是横波，

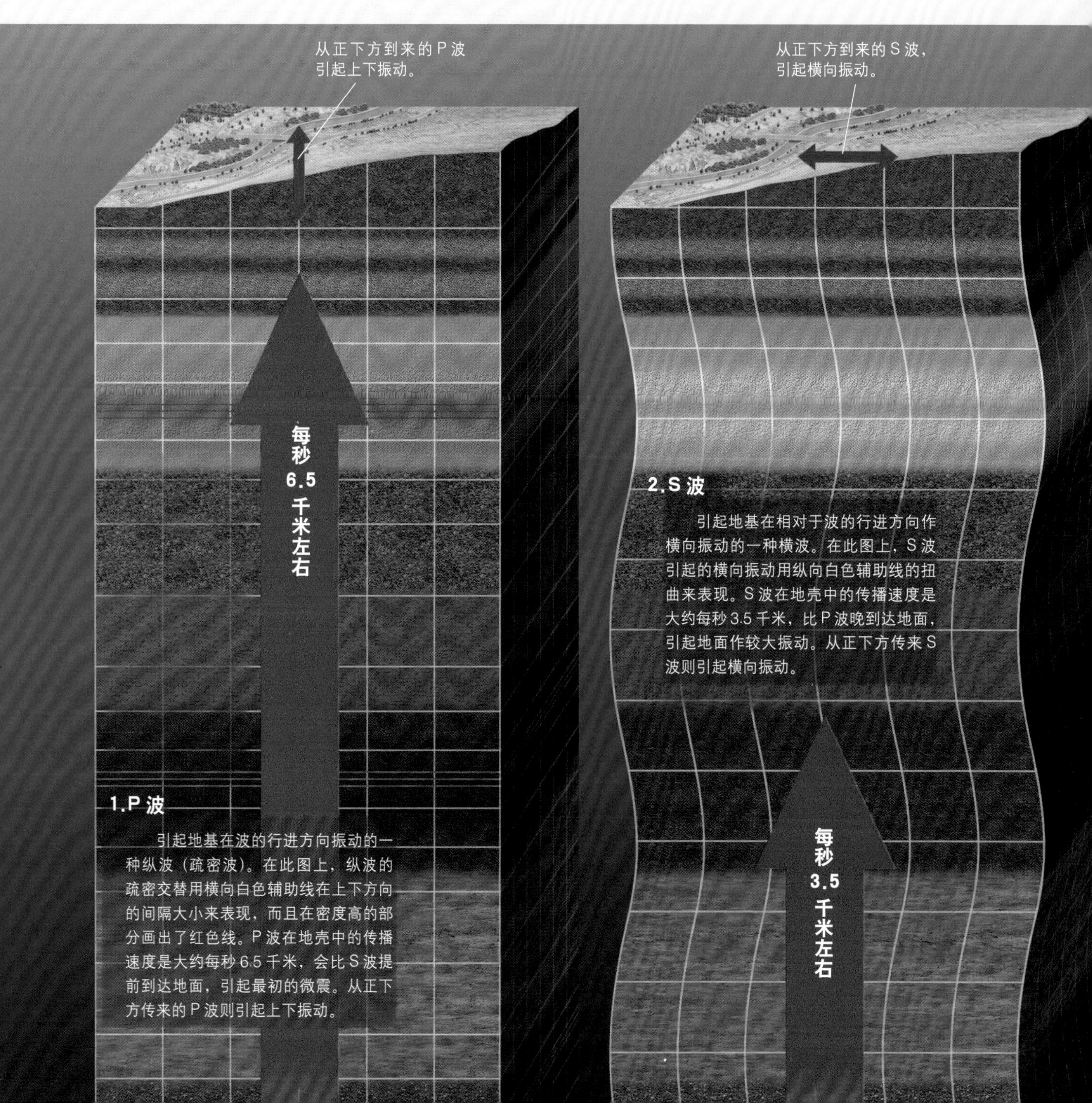


**1.P 波**

引起地基在波的行进方向振动的一种纵波（疏密波）。在此图上，纵波的疏密交替用横向白色辅助线在上下方向的间隔大小来表现，而且在密度高的部分画出了红色线。P 波在地壳中的传播速度是大约每秒 6.5 千米，会比 S 波提前到达地面，引起最初的微震。从正下方传来的 P 波则引起上下振动。

**2.S 波**

引起地基在相对于波的行进方向作横向振动的一种横波。在此图上，S 波引起的横向振动用纵向白色辅助线的扭曲来表现。S 波在地壳中的传播速度是大约每秒 3.5 千米，比 P 波晚到达地面，引起地面作较大振动。从正下方传来 S 波则引起横向振动。

在多数地震中会引起地面较大的横向振动。地震的破坏主要是 S 波造成的。

## 强震前的临震紧急预报

在地下传播的地震波，当从硬质地层进入软质地层时，由于振幅变大，会在地面造成很大的破坏。这里的道理类似于在坚硬的铁板上放一块柔软的豆腐，敲击铁板，会使豆腐产生很大的振动。

一些国家震前紧急预报依据的原理就是振动较小的 P 波会提前到达地面。在分散布置在各地的众多地震仪中，一旦有某个地震仪检测到从附近震源最先传来的 P 波，地震工作者根据这种信息可以很快对 S 波到达各地的时刻和强度（地震强度，即“烈度”）作出预测。如果有可能是强震，便立即通过电视等手段发布紧急预报。

发生地震时，还会出现一种叫作“面波”的地震波。这是地下传播的地震波到达地表改变方向，沿地表传播的一种波。面波的传播速度比 S 波还要慢，周期较长，在平原地区常会引起比 S 波更大的地面晃动。

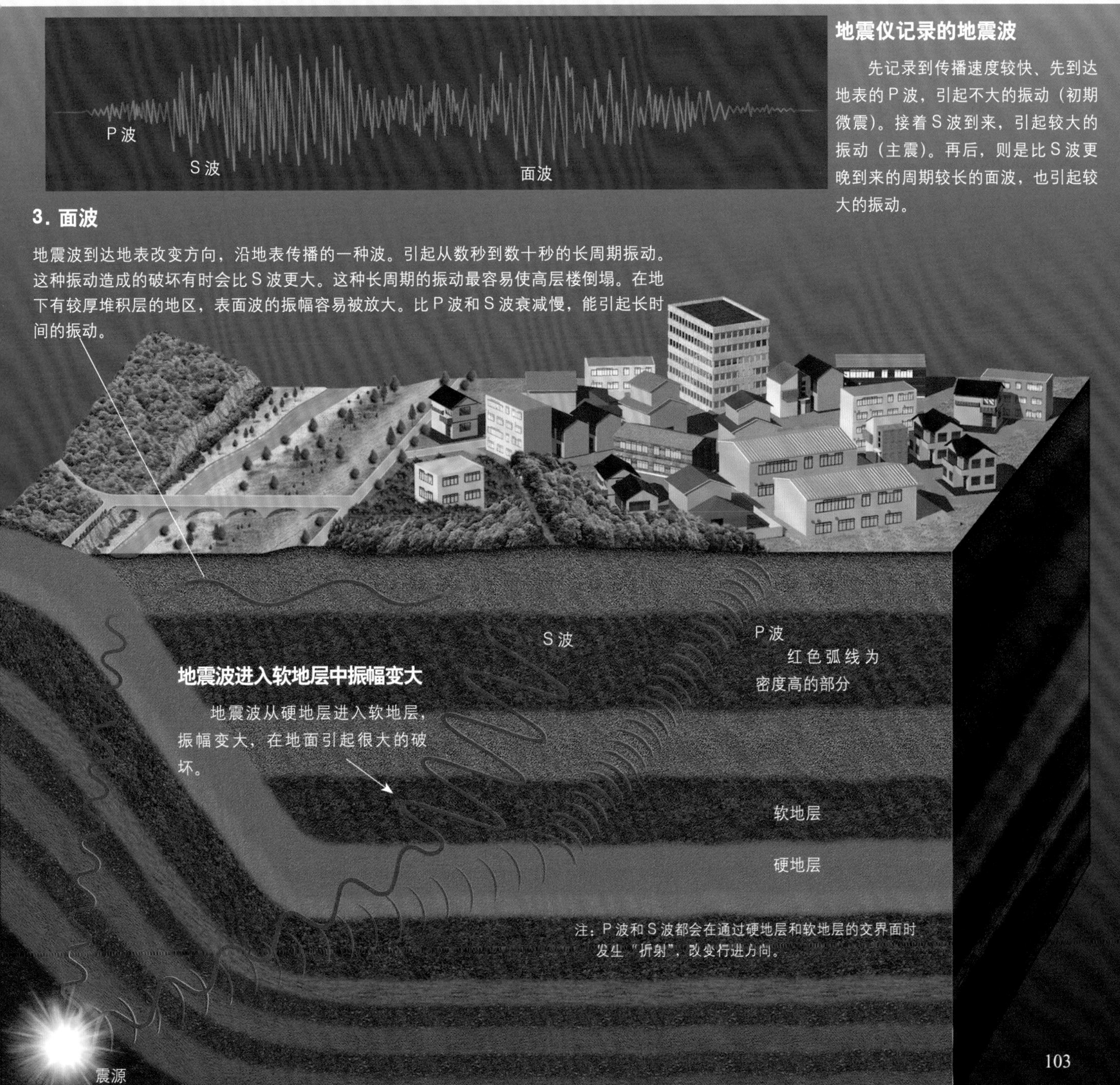

P 波
S 波
面波
地震仪记录的地震波
先记录到传播速度较快、先到达地表的 P 波，引起不大的振动（初期微震）。接着 S 波到来，引起较大的振动（主震）。再后，则是比 S 波更晚到来的周期较长的面波，也引起较大的振动。
3. 面波
地震波到达地表改变方向，沿地表传播的一种波。引起从数秒到数十秒的长周期振动。这种振动造成的破坏有时会比 S 波更大。这种长周期的振动最容易使高层楼倒塌。在地下有较厚堆积层的地区，表面波的振幅容易被放大。比 P 波和 S 波衰减慢，能引起长时间的振动。
S 波
P 波
红色弧线为密度高的部分
地震波进入软地层中振幅变大
地震波从硬地层进入软地层，振幅变大，在地面引起很大的破坏。
软地层
硬地层
注：P 波和 S 波都会在通过硬地层和软地层的交界面时发生“折射”，改变行进方向。
震源

# 形状复杂的波是多个“简洁波形”的叠加

前页图解绘出的波的波形具有非常简洁的形状，然而实际的海浪（水面波）却是非常复杂的。实际的波，通常都是来自不同方向、具有各种各样不同波长和不同振幅的波互相叠加的结果（右侧跨页大图）。

换句话说，任何波形复杂的波都可以分解为许多“简洁波形”。这里所说的“简洁波形”，是指波长和振幅都保持不变的一种波※1。后面将要介绍的各种不同种类的波都是以这种简洁波形作为例子来进行说明，因为这种简洁波形是一切波动现象的基础。

对复杂波进行分解处理的这种方法适用于任何种类的波动。后面将要介绍的地震波、声波、光波和无线电波等，实际波形非常复杂，我们都只考虑它们的基本波形，即这种简洁波形。

## 两列波相遇，原来的波形保持不变

来自不同方向的两列波相遇，发生“碰撞”（或者发生“叠加”），此时会出现什么情况？若是两个物体发生碰撞，我们知道，要么撞飞，要么撞坏。

这里我们来考虑形状像一个小山包样子，分别来自左方和右方的两列高度（振幅）为 1 的波在中间位置发生“碰撞”的情形（右页图解上图）。两列波在某个瞬间完全重合，山包的高度变为 2。但是，原来的两列波“依然存在”。此后，两列波错开，重新成为高度为 1 的两个山包。通常，两列或多列波发生碰撞，其中每一列波在碰撞前后都会保持其“独立性”，不受其他波的影响※2。由此可见，波之间的“碰撞”与物体之间的“碰撞”有很大的不同。

例如，在右页图解的中图上，有来自左侧的红光，同时又有从下向上照射的蓝光。红光被蓝光“碰撞”，却不受蓝光影响，依旧照射在右侧的屏幕上显示为原来的红色。

※1 这种“简洁波形”在数学上是一条“正弦曲线”，正式术语叫作“正弦波”，又称“简谐波”。右侧大图上描出最上面那列波边缘的那条红线就是正弦曲线。具有各种各样波长和振幅的正弦曲线错开不同位置重叠起来，就能够得到任何形状的复杂波形。

※2 不过，在水面波振幅很大的情形，“碰撞”的两列波也会互相影响。

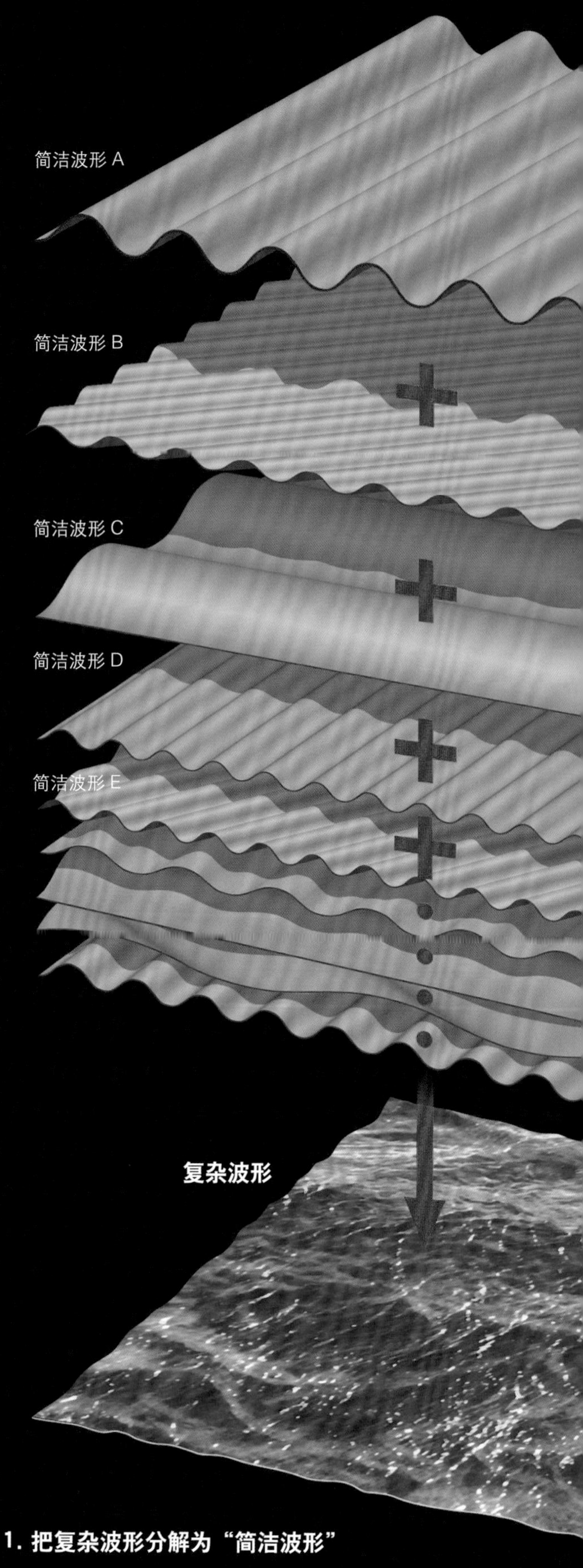


**1. 把复杂波形分解为“简洁波形”**

实际见到的波的波形通常都是非常复杂的。它们其实是来自不同方向、具有各种各样不同波长和振幅的波（右图上的波形 A~E 等）复杂叠加的结果。反之，我们也可以把形状复杂的波形分解为构成它们的多个具有一定波长和振幅的“简洁波形”。

※ 此处图解参考《海浪物理学》（光易亘著）一书图 2.6 等资料绘制。

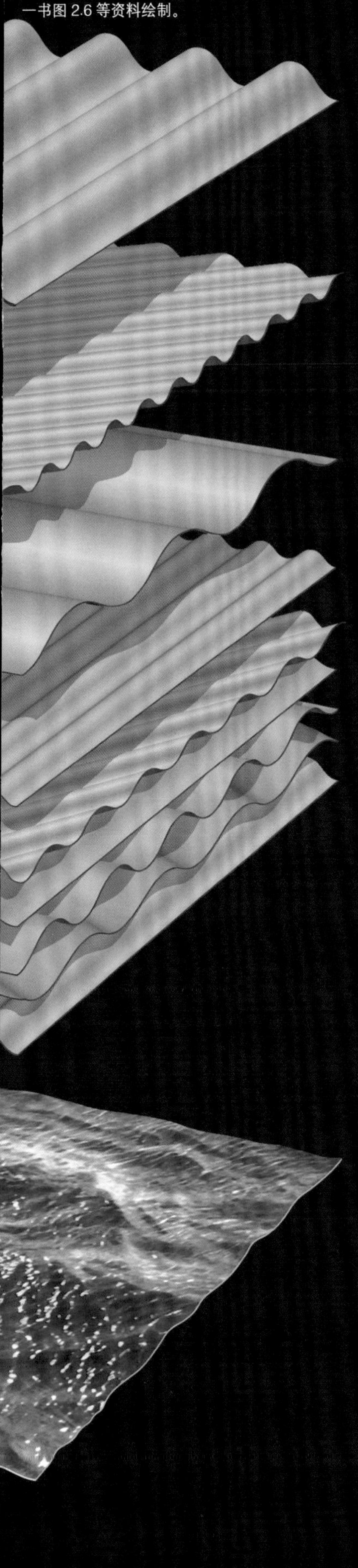

## 2. 彼此重合的波也保持了“独立性”

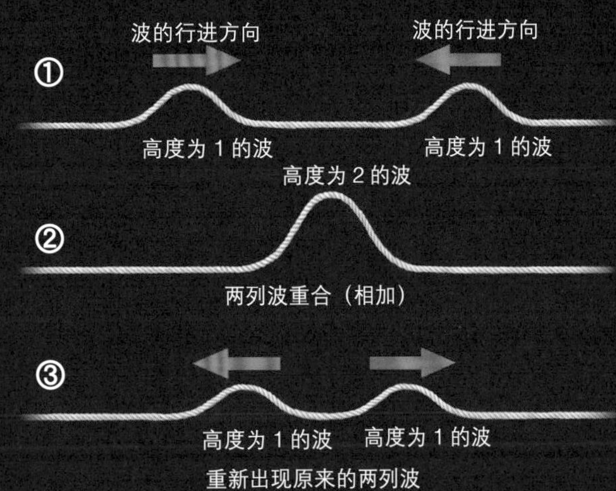


两列高度为 1、形状像一个小山包的波相向靠近（1），完全重合（相加），变成高度为 2 的只有一个山包的波（2）。两列波即使暂时重合，原来的波“依然存在”。证据是，此后重新出现了两列高度为 1 的山包波，彼此远离而去（3）。这说明两列波各自在“碰撞”前后都不受影响，保持了“独立性”。

## 3. 光也具有“独立性”

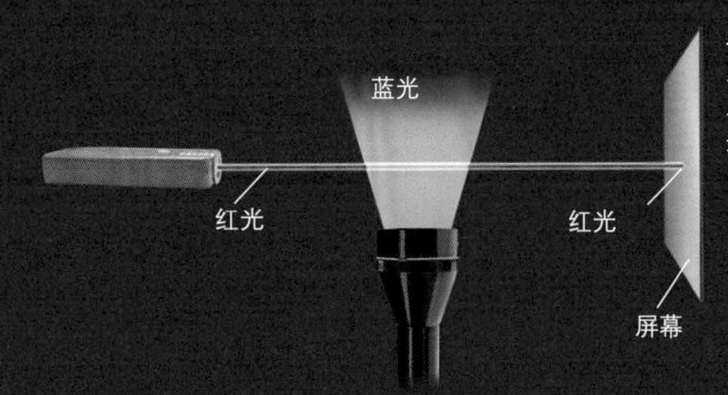


从左侧用红光照射，从下侧用蓝光照射。打在右侧屏幕上的依然是红色光点，而不是红光和蓝光的混合光。

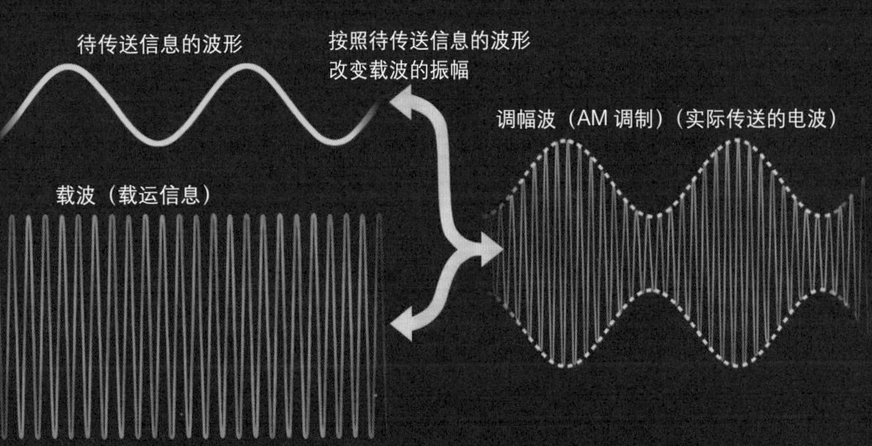


## 更详细的说明

### 用于通信和广播的无线电波的“调制”

在进行无线电通信和广播时，需要利用改变了波形的电波来载运信息。改变电波波形的过程叫作“调制”。可用于实现调制的方法很多，上图显示的是发射和接收无线电 AM 广播（调幅广播）所使用的“AM 调制”（“幅度调制”，简称“调幅”）。图上画出的“待传送信息的波形”是对声音或图像等信息的一种简化的图形表示。

AM 调制是按照待传送信息的波形来改变“起载运信息作用”的“载波”的振幅（图上指向右方的黄色箭头），得到具有改变了波形的电波（调幅波），再发射出去。在谈到这种调幅波的频率时，通常指的就是载波的频率。接收方在接收到这种调幅波之后，通过“解调”过程（图上指向左方的两个黄色箭头），就可以从中取出传送的信息。AM 调制不是信息波和载波两者的叠加，也就是说不是“波的加法计算”，而是相当于“波的乘法计算”，即“待传送信息的波形 × 载波”。

# 多亏了反射，我们才能看到物体

众所周知，光在水面上会反射，进入水中会发生折射。一般来说，当波传播到物质的分界面时，一部分会“反射”回来，剩下的则会发生“折射”。

## 为什么能在镜子里看到自己？

光滑的镜子上什么也没有，为什么我们却能在镜子里看到自己？

镜子是在平板玻璃的背面均匀地镀上一层金属膜而制成的。镜子背面的金属膜非常平滑，没有任何凹凸，可以完美地把光反射回去。因此，镜子可以完美地映出物体的像。红色物体在镜子里依然是红色，蓝色物体在镜子里依然是蓝色，这意味着镜子可以反射任何颜色的光。

想象一下我们站在镜子前仔细观察自己的脸（1）。照明光线被脸部各处反射，紧接着这些光又被镜子反射回来，射入我们的眼里。结果，我们就能看到被自己的脸反射的光。由于我们的视觉认为“光应该沿直线前进”，所以，我们会认为如（1）中被额头反射到镜子上，又被镜子反射入眼里的光来自连接眼睛与A点的延长线上。由于来自我们整个脸部的光都

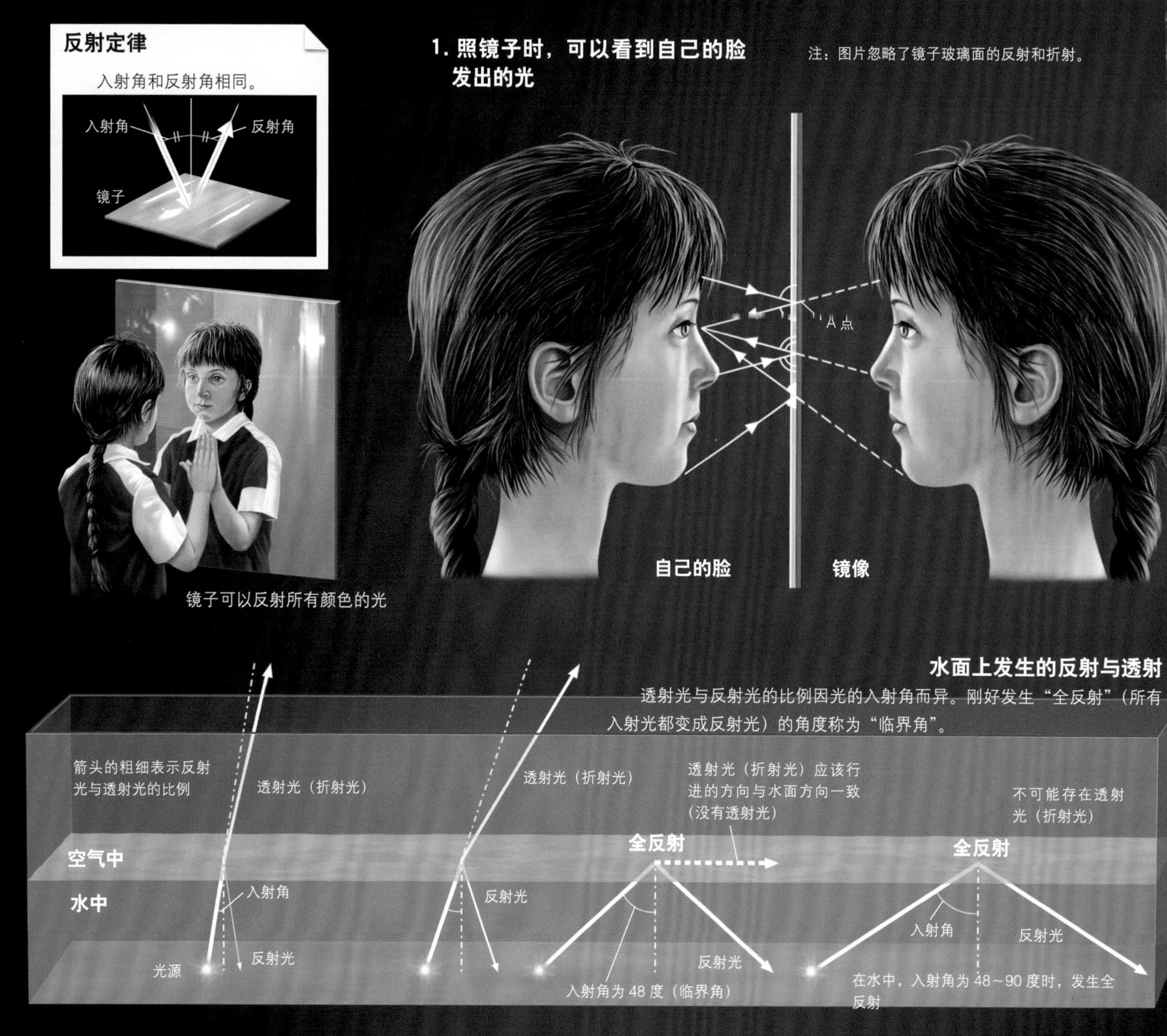

反射定律
入射角和反射角相同。
入射角
反射角
镜子
镜子可以反射所有颜色的光
1. 照镜子时，可以看到自己的脸发出的光
注：图片忽略了镜子玻璃面的反射和折射。
A点
自己的脸
镜像
水面上发生的反射与透射
透射光与反射光的比例因光的入射角而异。刚好发生“全反射”（所有入射光都变成反射光）的角度称为“临界角”。
箭头的粗细表示反射光与透射光的比例
透射光（折射光）
透射光（折射光）
透射光（折射光）应该行进的方向与水面方向一致（没有透射光）
不可能存在透射光（折射光）
空气中
水中
全反射
全反射
入射角
反射光
反射光
光源
反射光
入射角为48度（临界角）
入射角
反射光
在水中，入射角为48～90度时，发生全反射

是同样的，所以我们就在与镜面对称的位置看到了自己的脸部。

我们身边绝大多数的常见物品都与镜子不同，如果放大的话，它们表面都是凹凸不平的。光照射到这些凹凸表面后会向四面八方反射（漫反射，如**2**、**3**）。因此，我们在这些物体的表面上根本看不到自己的脸，即使改变看的位置，也依然只能看到那个物体本身。

## 耳语廊

就像镜子几乎能 100% 反射光那样，用混凝土等建造的坚硬墙壁也能几乎 100% 反射声波。

英国伦敦的圣保罗大教堂有一个被称为“耳语廊（whispering gallery）”的神奇之处（**4**）。在教堂的巨型穹顶下，有一条圆筒形的回廊，沿着回廊设有通道。中间是通风处，圆形通道的另一侧大概相隔 30 米。

面对回廊一侧的墙壁轻声说话，站在相距 30 米的另一侧也能清晰地听到。这是因为声音经过环形墙壁的多次反射，没有太多衰减而传到了远处的缘故。世界各地也有许多建筑因为类似的现象而闻名，如美国纽约的中央火车站等。此外，音乐厅等也是在详细计算声音是如何被墙壁和天花板反射后传到听众耳朵里的基础上而设计的。

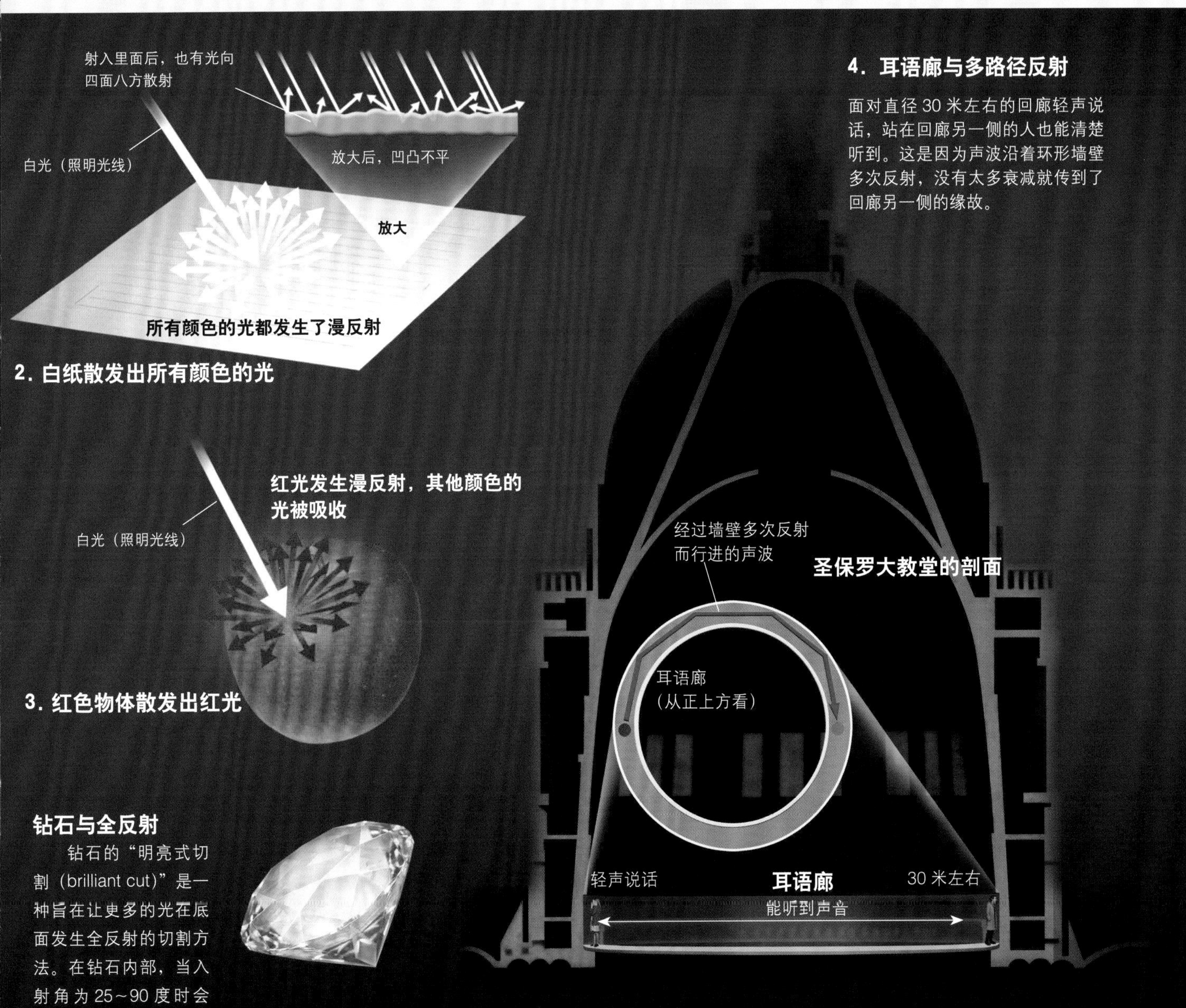


**2. 白纸散发出所有颜色的光**

**3. 红色物体散发出红光**

**4. 耳语廊与多路径反射**

面对直径 30 米左右的回廊轻声说话，站在回廊另一侧的人也能清楚听到。这是因为声波沿着环形墙壁多次反射，没有太多衰减就传到了回廊另一侧的缘故。

**钻石与全反射**

钻石的“明亮式切割（brilliant cut）”是一种旨在让更多的光在底面发生全反射的切割方法。在钻石内部，当入射角为 25~90 度时会发生全反射。

# 为什么电车的声音在晚上听得很清楚？

当波的传播速度改变时，就会发生折射。例如，光在空气中的传播速度是每秒大约 30 万千米，但光在水中的传播速度会降低到每秒 23 万千米。结果，光射入水中时会改变方向。

折射并不是光独有的现象，一般的波都会发生折射。这里，我们介绍一下声音发生折射的例子。

想必大家都有过这样的经验吧：远方火车的鸣笛声、节日的音乐声及除夕夜的钟声在寂静的夜晚听得非常清楚。尽管很多人都认为“因为晚上比白天安静，所以才能清楚地听到远处的声音”，但这种现象或许与声音的折射有关。下面，我们看一下其中的机制。

白天，地面在太阳的照射下温度升高，贴近地面的空气也被地面加热变暖。由于声音在越热的空气中传播速度越快，这样一来，声音就会向上空传播，所以声音在白天不容易传到远处。与此相反，进入夜晚后，高空的空气温度比地面空气温度高，这样一来，声音在高空中的传播速度就会变快，与白天相反，会向地面弯曲。结果，声音就很容易传到远处，我们也就能听到白天听不到的声音。

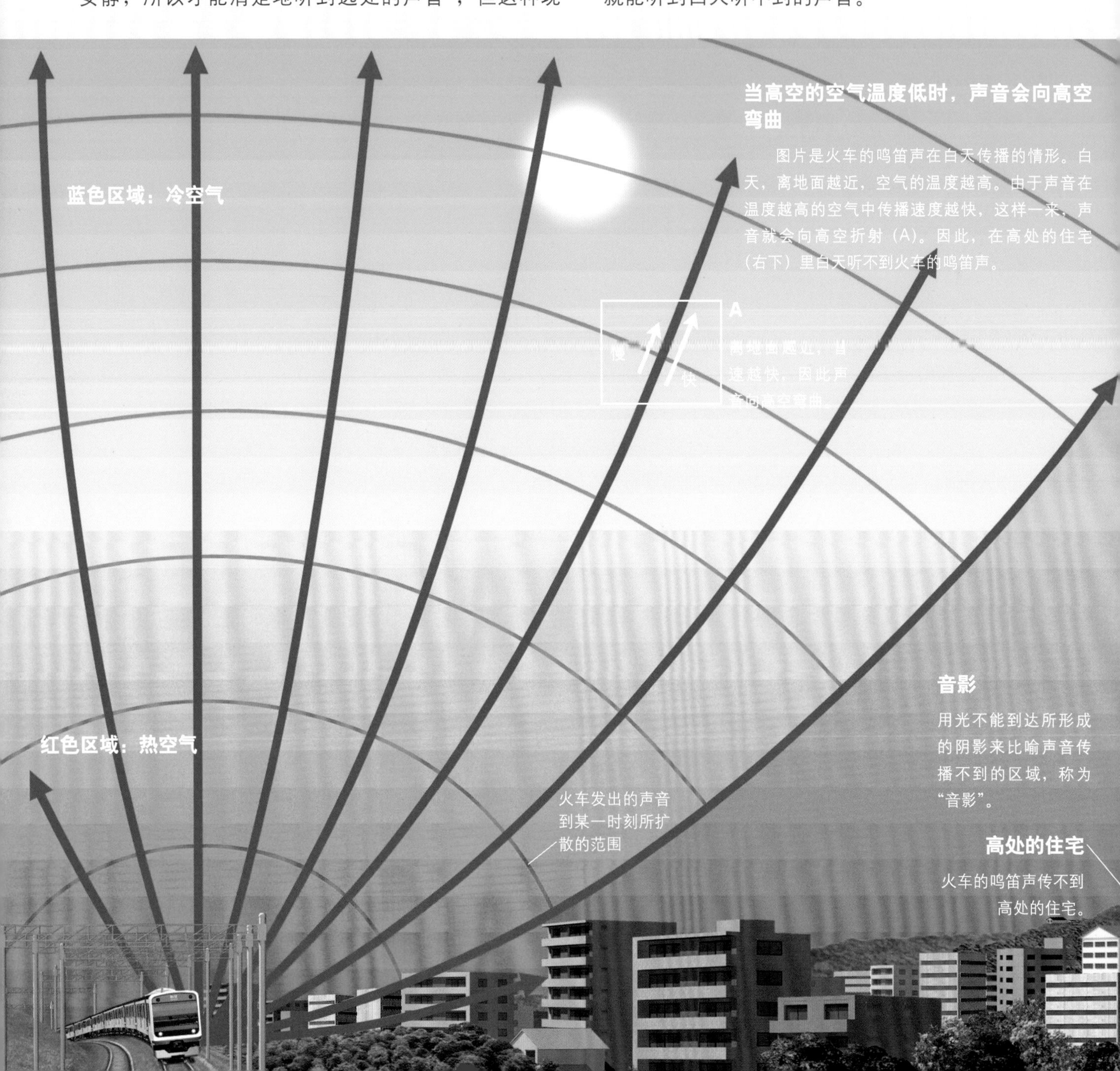

当高空的空气温度低时，声音会向高空弯曲
图片是火车的鸣笛声在白天传播的情形。白天，离地面越近，空气的温度越高。由于声音在温度越高的空气中传播速度越快，这样一来，声音就会向高空折射（A）。因此，在高处的住宅（右下）里白天听不到火车的鸣笛声。
蓝色区域：冷空气
A
慢
快
速越快，因此声
音向高空弯曲。
红色区域：热空气
音影
用光不能到达所形成的阴影来比喻声音传播不到的区域，称为“音影”。
火车发出的声音到某一时刻所扩散的范围
高处的住宅
火车的鸣笛声传不到高处的住宅。

## 更详细的说明

### 光所展现的奇幻——“逃走的水”

在炎热的夏天，远远望去，前方的道路上有一层积水，而离近后却发现积水消失得无影无踪，紧接着又看到前方的道路上有一层积水……大家有过这样的经验吗？这种现象是光的折射所展现的奇幻，叫作“逃走的水”。

其机制是这样的：夏天，阳光把路面晒得滚烫，贴近路面的空气也随之变热。这样一来，光在路面上方空气中的传播速度就会变快。由于光在路面上方空气中的传播速度较快，所以，汽车反射的阳光在临近路面附近时就会向上折射并射入我们的眼里，我们就能在光线照射方向（路面）上看到前方车辆的一部分。结果，我们就会认为“路面上有积水，倒映着汽车”。

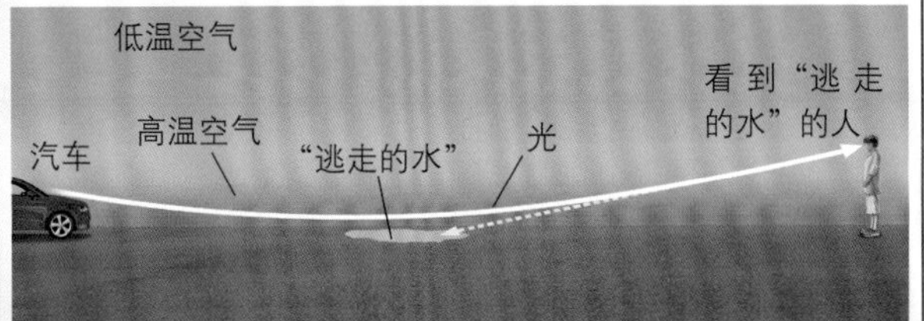


## 更详细的说明

### 透镜利用了光的折射

凸透镜能把平行射入的大量光线聚集到一点。放大镜也是一种凸透镜。与此相反，凹透镜则能把平行射入的大量光线发散开。

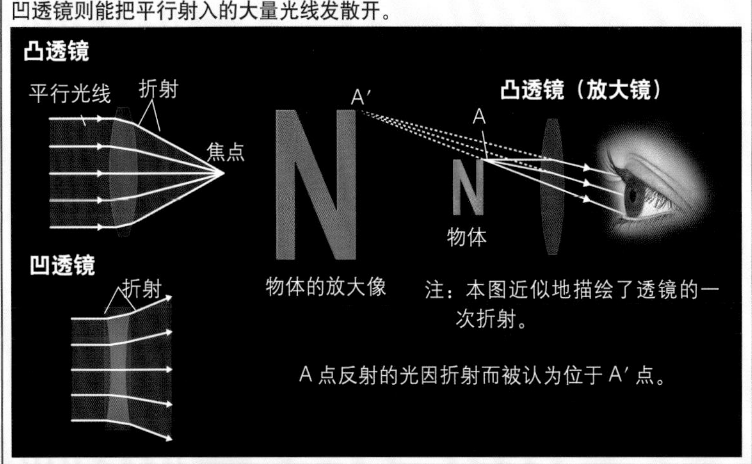


注：本图近似地描绘了透镜的一次折射。

A 点反射的光因折射而被认为位于 A′ 点。

### 当高空的空气温度高时，声音会向地面弯曲

一图片描绘了火车的鸣笛声在夜间传播的情形。晚上，地面附近的空气温度会随着地面变凉而降低。这样一来，在相对温暖的高空，声音传播得更快，因此声音就会向地面折射（B）。因此，在高处的住宅（右下）就能清楚地听到白天听不到的火车鸣笛声。

快

慢

**B** 由于声音在高空中的传播速度快，因此声音会向地面弯曲。

**高处的住宅**

火车的鸣笛声发生折射，抵达高处的住宅。

### 折射定律（斯涅耳定律）

假设入射角为 $i$，折射角为 $r$，波在介质 A 中的传播速度是 $v_1$，在介质 B 中的传播速度是 $v_2$，则（$\sin i/\sin r = v_1/v_2 = n_{12}$[sin：正弦（读音为赛因）] 成立（斯涅耳定律）。

$n_{12}$ 是取决于介质 A 与介质 B 特性的常数，称为“折射率（相对折射率）”。一般的波都遵循斯涅耳定律。

入射角 $i$

光

折射角 $r$

# 天空为何是蓝色？晚霞为何是红色？

假想你现在正漂浮在漆黑的宇宙空间，如果有一束光从你的面前通过的话（1），你能够看见那束光吗？

大概许多人都看见过从树林浓密的树冠或云层的间隙投下的太阳光的“光柱”。不过，在这种情形下能够看见光柱，是因为在光柱的路径上漂浮着大量的尘埃或微小水滴的缘故。光遇到不规则分布的微小颗粒改向四面八方行进的这种现象，叫作“散射”。如果没有产生散射的尘埃一类颗粒，即使有光束从我们面前通过，我们也看不见它。在图1所示的情形，是看不见光束的。

## 空气中的分子能够散射太阳光

我们随时都能够看见一种由于光的散射而产生的景象，那就是蔚蓝色的天空。空气本来是透明的，那么，天空为什么呈现为蓝色？在白天，如果除了看太阳的方向，在其他方向都只有完全无色透明的空气的话，那么，即使在白天也应该能够在其他方向看见星星。

大气虽然透明，然而空气中的分子却能够使太阳光略微发生散射。而且，光的波长越短，越容易受到空气分子的散射。这就意味着，太阳光中的紫色光和蓝色光容易受到散射（2）。结果，当我们朝天空的某个方向望去时，就会有比较多的蓝色或紫色光来到我们的眼睛。我们的眼睛对蓝色光比紫色光更敏感，所以天空看起来是蓝色的。

那么，为什么傍晚西方的天空又时常呈现红色的呢？当出现晚霞时，太阳西沉正位于地平线附近的方向。这时，太阳光必须在大气层里通过更长的距离才能够到达我们的眼睛。在太阳光进入大气层以后，由于蓝色光的波长比较短，容易被空气分子散射，其中的蓝色光在远处早早地就被散射衰减掉了，在到达我们眼睛的太阳光中已经几乎没有什么蓝色光（3）。既然进入我们眼睛的太阳光中已经没有了蓝色光和紫色光，我们看见的自然便是红色。

而且，红色光尽管不容易被散射（波长较长），但在空气中行进如此长的距离也会被散射※而来到我们的眼睛。结果，傍晚从西方天空来到我们眼睛的就基本上只有红色光。这就是晚霞形成的原因。

※ 漂浮在大气中的尘埃和水气也会产生散射。

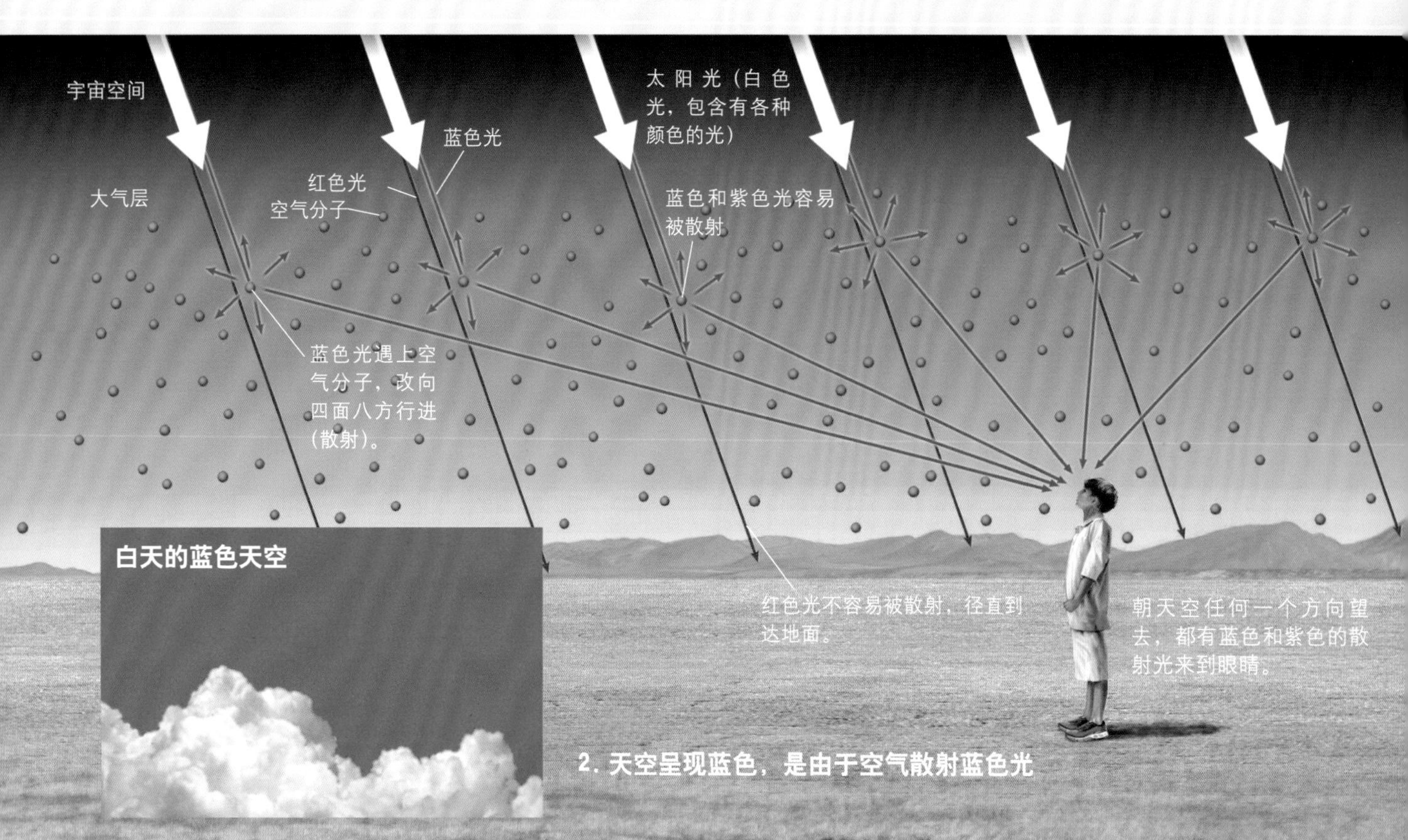
宇宙空间
大气层
红色光
空气分子
蓝色光
太阳光（白色光，包含有各种颜色的光）
蓝色和紫色光容易被散射
蓝色光遇上空气分子，改向四面八方行进（散射）。
白天的蓝色天空
红色光不容易被散射，径直到达地面。
朝天空任何一个方向望去，都有蓝色和紫色的散射光来到眼睛。
2. 天空呈现蓝色，是由于空气散射蓝色光

**1. 在宇宙空间能否看见从面前通过的光？**

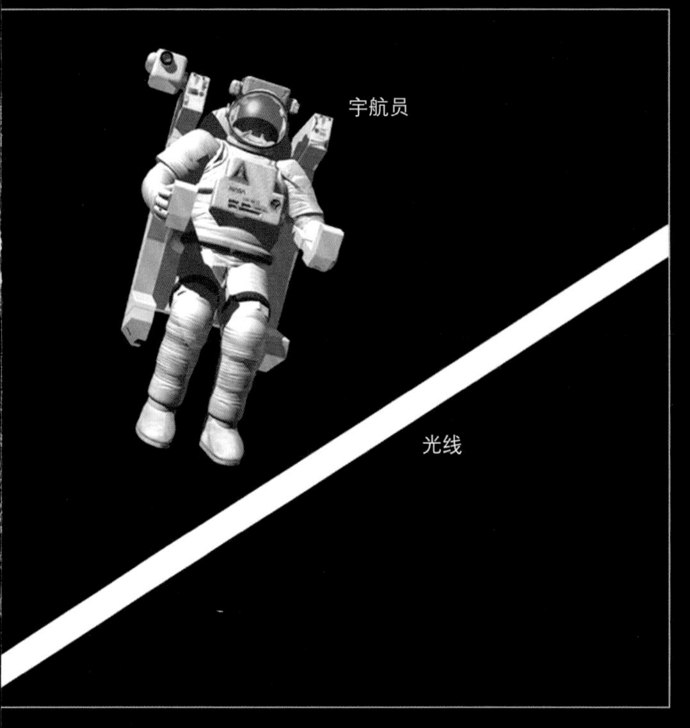

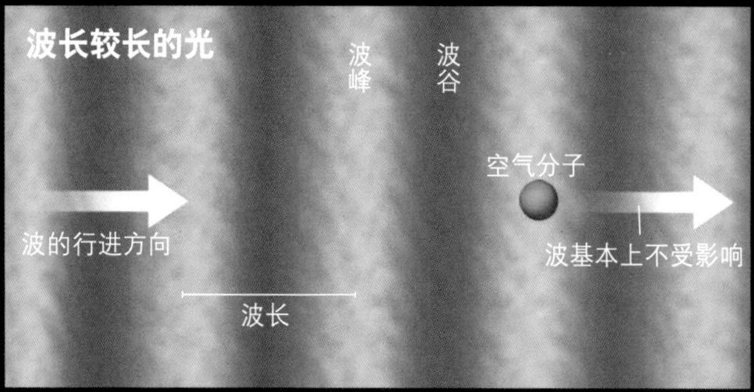

**波长较长的光**

波峰

波谷

空气分子

波的行进方向

波基本上不受影响

波长

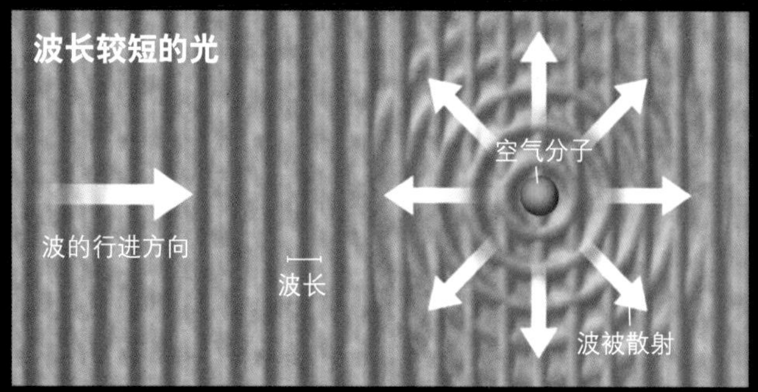


## 更详细的说明

### 为什么蓝色光容易被散射？

在上面两个图解中已经把光波绘制成类似水面波的样子。在上图中，由于波长较长，相对而言，空气分子就像漂浮在水面上的一片小树叶，波不受其影响而保持原样行进。在下图中，由于波长较短，相对而言，空气分子就像水面上的一只大船，波碰上大船，发生散射。因此，波长较短的光容易被空气分子散射而改向四面八方行进。这虽然是一种简化了的解释，但由此可以理解为什么波长较短的光（蓝色和紫色光）要比波长较长的光容易被散射。

**3. 从傍晚西方天空射来的太阳光中，只有红色光能够到达我们眼睛。**

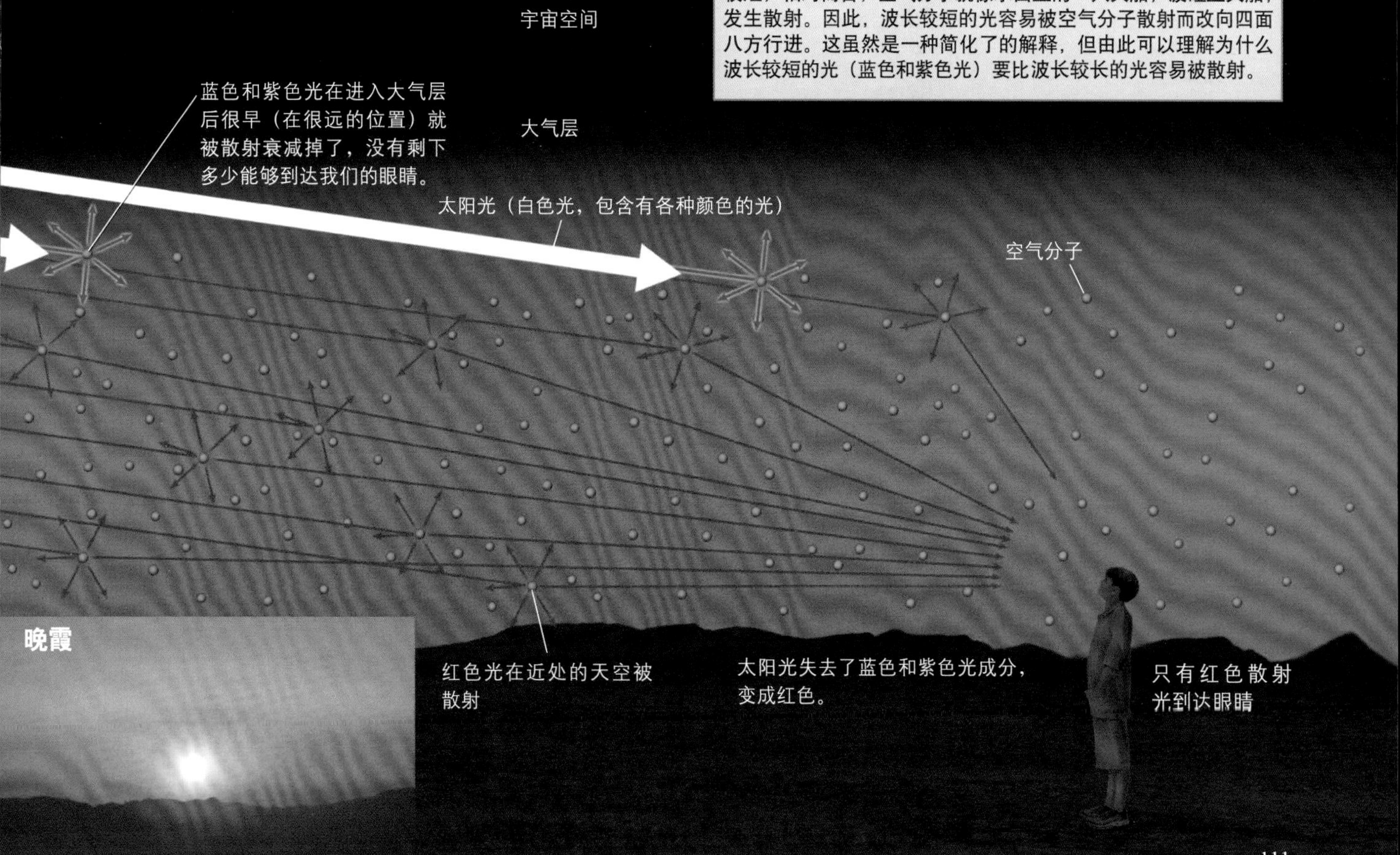

宇宙空间

蓝色和紫色光在进入大气层后很早（在很远的位置）就被散射衰减掉了，没有剩下多少能够到达我们的眼睛。

大气层

太阳光（白色光，包含有各种颜色的光）

空气分子

晚霞

红色光在近处的天空被散射

太阳光失去了蓝色和紫色光成分，变成红色。

只有红色散射光到达眼睛

# 发生地震时，为什么有的建筑物晃动得特别厉害？

**一般说来，物体都有一个依赖于其大小的容易发生振动的周期（频率），这个周期（频率）叫作“固有振动周期”或“固有频率”。**例如，在一根拉紧的绳子上挂有许多振子，我们推动其中一个振子，使它振动起来，这时会出现什么情况（右页上图）？我们会看到，同这个被推动的振子长度相同的另一个振子也随之振动起来。这是因为，被推动的那个振子在不停地对拉紧的绳子周期性地施力，而这个力通过绳子传递给了其他振子。但是，只有随之振动的这个振子的固有振动周期恰好与绳子传来的力的周期相一致，所以它振动的摆幅才能够变得越来越大。这种现象叫作“共振”。

从前文的介绍我们知道，所谓波动，其实就是“引起远处物体随之振动”。但是，这并不意味着波动能够等同地引起一切物体都随之振动。只有波动的周期同物体的固有振动周期相一致，波动才会引起这个物体比较大的振动。这是波动引起的“共振”。

在发生地震时，建筑物也会与地震波发生共振。建筑物的固有振动周期大致取决于高度※1，建筑物越高，它越容易与周期比较长的地震波发生共振，作剧烈晃动。

## 利用电路与天线的共振选择电波

今天，我们的周围弥漫着各种各样的电波。那么，移动电话、电视机和收音机等接收机怎样才能够有选择地只接收所需要的电波呢？实际上，无线电波的发送和接收非常巧妙地利用了“共振”这种现象※2。

无线电波是一种电磁波，能够“引起远处电子随之振动”。通信和广播发射的电波引起接收机天线中的大量电子随之振动，在天线内形成交流电流（方向和大小都作周期性变化的电流）。

天线（其实是其中的电子群）也有固有振动周期。为了使天线的固有振动周期与需要接收的电波的周期相一致，办法是根据待接收的电波来调整天线的长度（如电波波长的 1/2）。不过，即使这样，天线也不会只接收具有特定周期（特定频率）的电波，天线接收的实际上是频率被限制在一定范围内的各种电波。

为了进一步缩小包含了特定电波的频率范围，接收机又再次利用了共振，即设法使接收机内部的一个特殊电路（调谐电路）与电波在天线内形成的交流电流发生共振。调节调谐电路的固有振动周期就可以选择接收所需要的具有特定频率的电波。

※1 建筑物固有振动周期可以用一个公式进行大致估算，即“固有周期＝建筑物层数 ×（0.05～0.1）”。例如，50 层的高楼，固有振动周期为 2.5～5 秒。

※2 在电学领域，更常用的术语是意义相同的“谐振”。这里为了保持叙述的一致，仍然使用“共振”一词。

接收机接收电波的原理图

**利用共振现象接收电波**

移动电话、电视机和收音机等接收机都利用了共振现象来接收无线电波。先是接收天线（其中的大量电子）与到来的电波发生共振，在天线内形成交流电流。天线的这种筛选是很粗糙的，还必须从中作进一步的挑选。这就是再利用调谐电路与天线内交流电流的共振来选择性地接收只具有特定频率（特定的周期或波长）的电波。

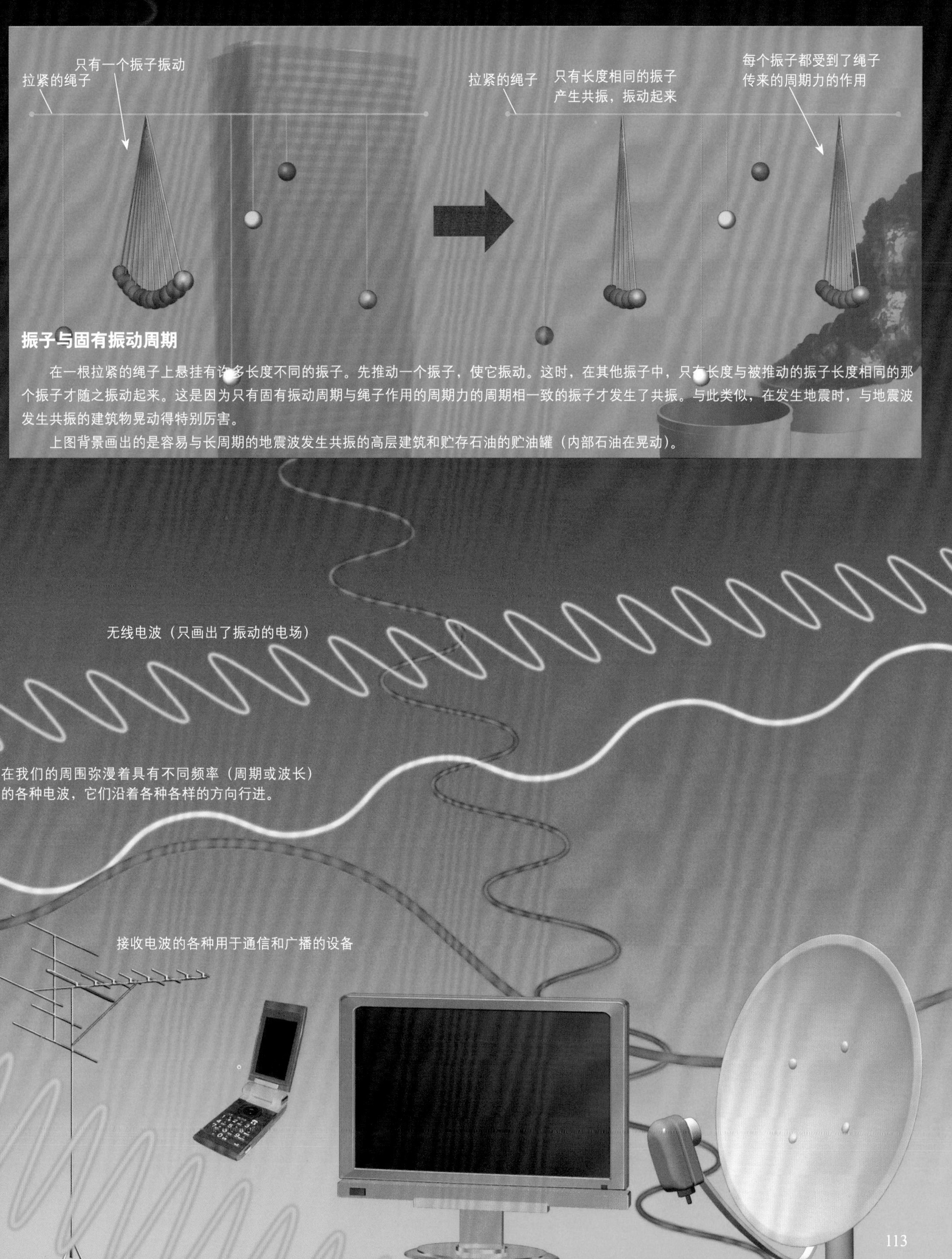


**振子与固有振动周期**

在一根拉紧的绳子上悬挂有许多长度不同的振子。先推动一个振子，使它振动。这时，在其他振子中，只有长度与被推动的振子长度相同的那个振子才随之振动起来。这是因为只有固有振动周期与绳子作用的周期力的周期相一致的振子才发生了共振。与此类似，在发生地震时，与地震波发生共振的建筑物晃动得特别厉害。

上图背景画出的是容易与长周期的地震波发生共振的高层建筑和贮存石油的贮油罐（内部石油在晃动）。



在我们的周围弥漫着具有不同频率（周期或波长）的各种电波，它们沿着各种各样的方向行进。

# 乐器为什么能够奏出美妙的音乐？

提琴是一种弦乐器，利用琴弦的振动来奏出音乐。但是琴弦很细，只靠它的振动是无法带动空气作较大振动的。因此，演奏提琴时，实际上是琴弦下的琴马将琴弦的振动传递到箱体，通过箱体的振动带动空气振动来产生声波。

两端固定的一根琴弦并不能发出任何频率的声波。在琴弦上产生的只是以两端为波节（不振动的点）的“驻波”（下面上图）。**所谓驻波，是指一种不向前行进，只停留在原位置不停振动的波**。波节的数目不限于整数。波节数目最小的振动所发出的声音叫作“基音”。增加波节数目，依此得到“二倍频音”“三倍频音”等。

乐器实际发出的声音是基音和各种倍频音（谐音）的复合音。每一件乐器都具有自己独特的音色，原因在于不同乐器所发出的声音中基音和各种倍频音（谐音）的组合比例各不相同。演奏弦乐器时，用指尖按压琴弦，使得只有琴弦的部分长度在振动，以此来改变驻波的振动频率，于是就改变了声音。

除了弦乐器，还有管乐器。例如，长笛，是使音管内的空气形成驻波来发出基音和倍频音。

## 激光也是由驻波产生的

一般人大概不会想到，现代技术普遍使用的激光※与上述乐器发出声音居然有非常相似之处。激光是设法使光在两面反射镜之间来回不断反射产生出来的（右页下图）。同弦乐器相似，这时在两面反射镜之间生成的是光的驻波。两面反射镜中有一面可以透过部分光，其泄漏出来的光就是激光。通常，用这种方法产生的激光是类似于声音倍频音的倍频光。

※ 激光是波长、行进方向和波峰（波谷）位置都互相保持一致的许多光叠加起来形成的一种光。因此，激光是亮度（强度）非常大的一种光。

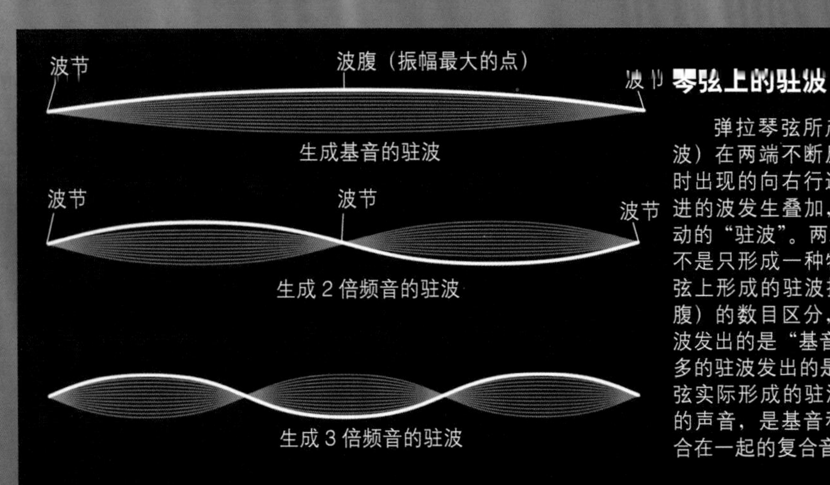


生成基音的驻波

生成 2 倍频音的驻波

生成 3 倍频音的驻波

### 琴弦上的驻波

弹拉琴弦所产生的波（行进波）在两端不断反射。琴弦上同时出现的向右行进的波和向左行进的波发生叠加，从而形成不移动的“驻波”。两端固定的琴弦并不是只形成一种特定的驻波。琴弦上形成的驻波按照波节（或波腹）的数目区分，波节最少的驻波发出的是“基音”，波节比基音多的驻波发出的是“倍频音”。琴弦实际形成的驻波，从而所发出的声音，是基音和各种倍频音混合在一起的复合音。

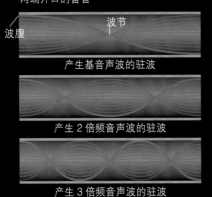

两端开口的音管

波腹

波节

产生基音声波的驻波

产生 2 倍频音声波的驻波

产生 3 倍频音声波的驻波

仅有一端开口的音管

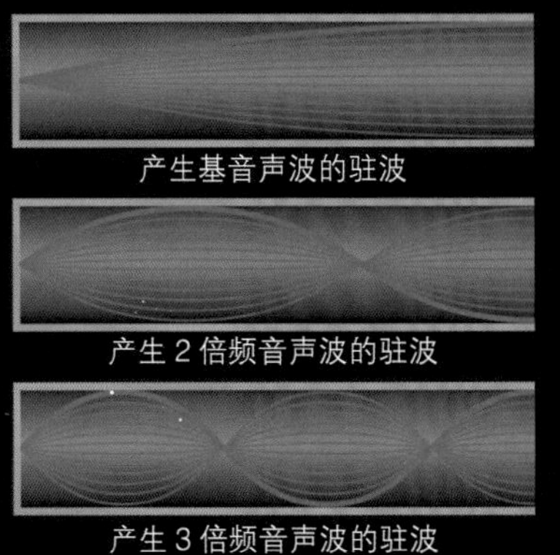

产生基音声波的驻波

产生 2 倍频音声波的驻波

产生 3 倍频音声波的驻波

### 音管内的空气驻波

管乐器是使音管内的空气形成驻波。驻波的形状视音管是两端开口还是仅一端开口而有所不同。同琴弦一样，音管内的空气驻波也是被两端不断反射的许多波（行进波）发生叠加形成的。在音管的开口端，有反射回来的波，也有泄漏到外部的波。那泄漏出来的声波就是我们听到的声音。

注：上图对纵波的表现方法与第 17 页的上图不同。在用横波波形图来表示纵波时，这里的纵轴不是代表密度大小，而是代表“空气偏离原来位置的位移量”。在波节位置，空气位移量为零；在波腹位置，空气位移量最大。

小提琴（弦乐器）
弦乐器是琴马将琴弦的振动传递给箱体，箱体振动再带动空气振动来发出声音。
小提琴发出的声波
小提琴的振动箱体
（振动有夸张）
振动的琴弦
注：小提琴弹奏时，实际弦的振动很复杂。
激光的生成原理
光的驻波
激光
反射镜
反射镜
（透过部分光）
激光是由驻波产生的
激光是在两面反射镜之间形成驻波产生出来的。在两面反射镜之间不断反射的许多行进波叠加在一起，形成驻波。有一面反射镜能够透过部分光，这泄漏出来的光就是激光器射出的激光。激光是波长完全一致的许多光叠加而形成的光。

4

# 电与磁

我们身边到处可见使用电的机器。可以毫不夸张地说，没有电就没有现代社会。正因为人类对电和磁有了更加深入的了解，所以才能够制造出利用电的各种各样的电器产品。

第 4 部分将探索发电机与电动机的工作原理，并深入了解电与磁的基本性质。

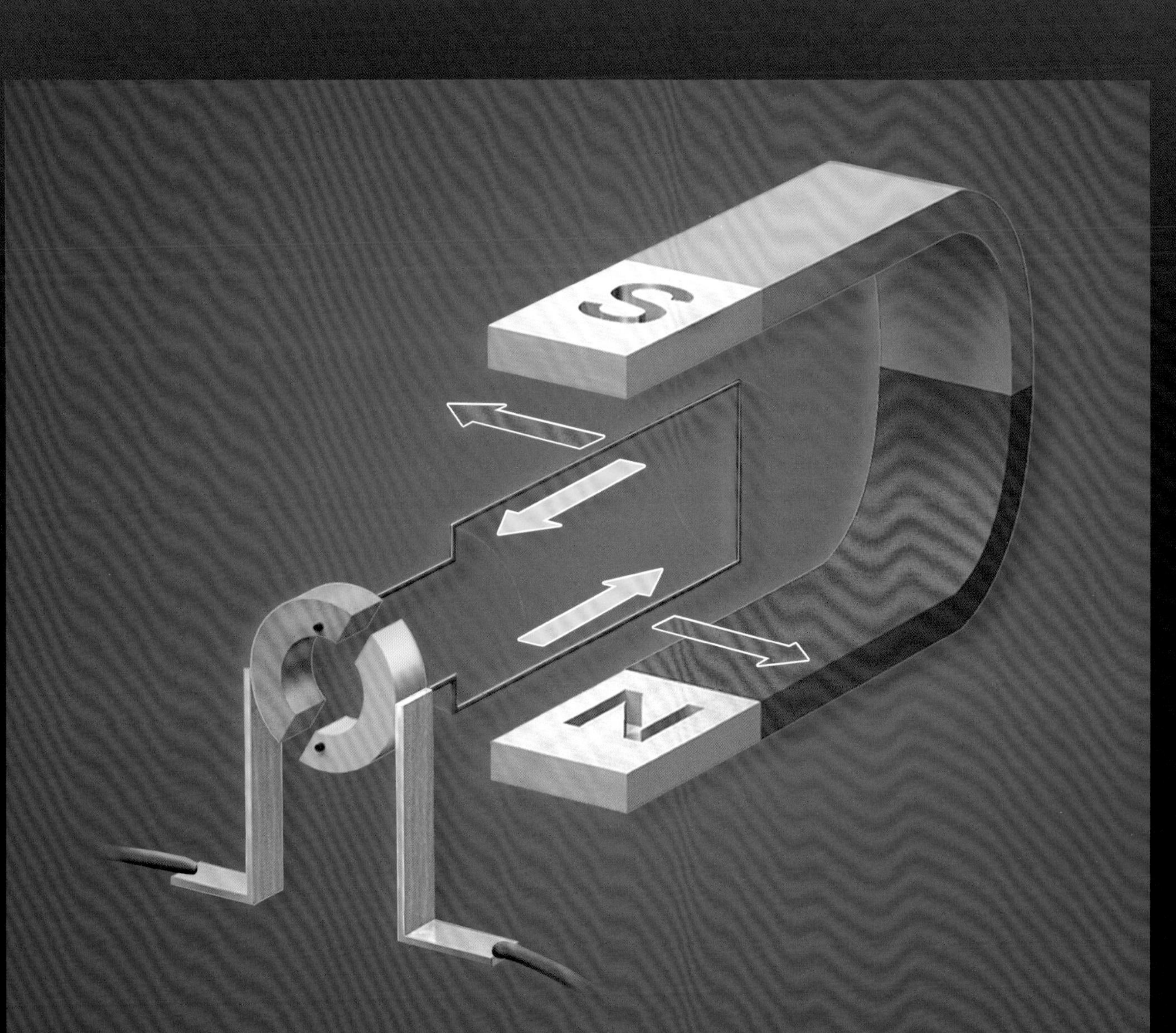
S
N

# 电与磁是非常相像的“兄弟”

在垫子上使劲蹭头发，头发会竖起来——大概很多人都玩过这个游戏吧！这时，垫子带负电，头发带正电。头发之所以能竖起来，是正负电荷相互吸引的缘故。

引发这种现象的根源在于“电荷”。如上面的例子所示，正电荷与负电荷相互吸引，但正电荷之间相互排斥，负电荷之间也相互排斥。因电荷所产生的力称为静电力。静电力的大小与“电量”（电荷多少）成正比。

一提到相互吸引与相互排斥，大概很多人都会想到磁铁。磁铁有两个磁极，分别是 N 极与 S 极。N 极与 S 极相互吸引，但 N 极与 N 极相互排斥，S 极与 S

**即使静电力与磁力相距一段距离，相互之间也有作用力**

照片显示了带电的气球与头发因静电力而相互吸引的情景。由于电荷与磁极能在周围产生电场与磁场，所以，即使相距一段距离，静电力与磁力也能发挥作用（右页图片）。

极相互排斥。这种因磁极而产生的力称为磁力。磁力的大小与磁极所具有的“磁通量”（磁荷）成正比。

无论是静电力，还是磁力，随着电荷之间或磁极之间的距离变远，相互之间的作用力会急剧减弱。众所周知，静电力与磁力的大小都与“距离的平方成反比”（下图）。

## 即使相隔一段距离，相互之间也有作用力

即使相隔一段距离，电荷之间或磁极（磁体）之间也有作用力。这是为什么呢？现代物理学认为，电荷或磁极使空间性质发生了改变，从而对其周围的电荷或磁极施加作用力。这种空间性质称为“场”。电荷周围产生的场，称为“电场”；磁极周围产生的场，称为“磁场”。电场或磁场越强，对电荷或磁极的作用力越大。

此外，电场和磁场还有“方向”。研究规定，在电场（磁场）中放置正电荷（N 极）时，作用于该正电荷（N 极）的力的方向为电场（磁场）的方向。

**电荷产生电场的示意图**

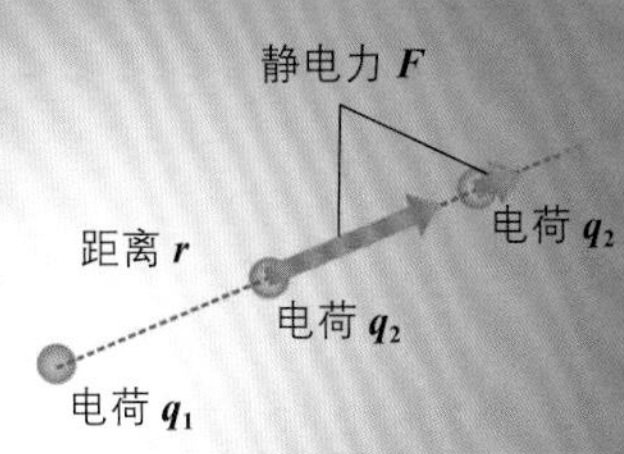


电场

注：图片只描绘了电荷 $q_1$ 产生的电场。

**磁极产生磁场的示意图**

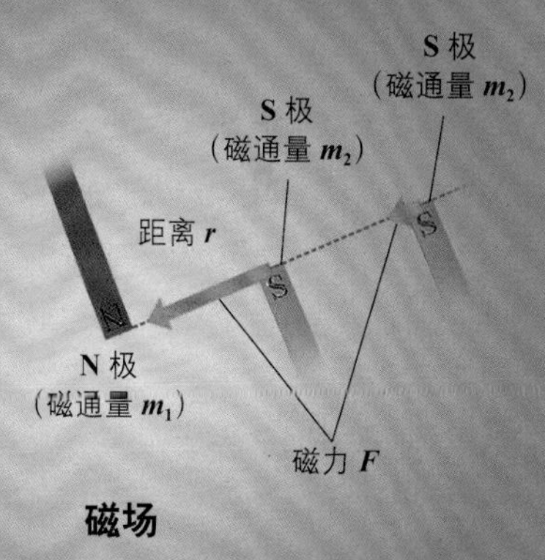


磁场

注：图片只描绘了 N 极（$m_1$）产生的磁场。

### 与静电力有关的库仑定律

静电力与电荷大小成正比，电荷越大静电力越大；与距离的平方成反比，距离越远，静电力越小。这被称为电场中的库仑定律。

$$F = k_0 \frac{q_1 q_2}{r^2}$$

$F$：静电力 [N]　$q_1$、$q_2$：电荷 [C]

$k_0$：真空中的常数 [$9.0 \times 10^9$ (N · m²/C²)]

$r$：距离 [m]

### 与磁场力有关的库仑定律

与静电力相同，磁力也与磁通量（N 极为正，S 极为负）的大小成正比，磁通量越大，磁力越强；与距离的平方成反比，距离越远，磁力越弱。这被称为磁场中的库仑定律。

$$F = k_m \frac{m_1 m_2}{r^2}$$

$F$：磁力 [N]　$m_1$、$m_2$：磁通量 [Wb]

$k_m$：真空中的常数 [$6.33 \times 10^4$ (N · m²/Wb²)]

$r$：距离 [m]

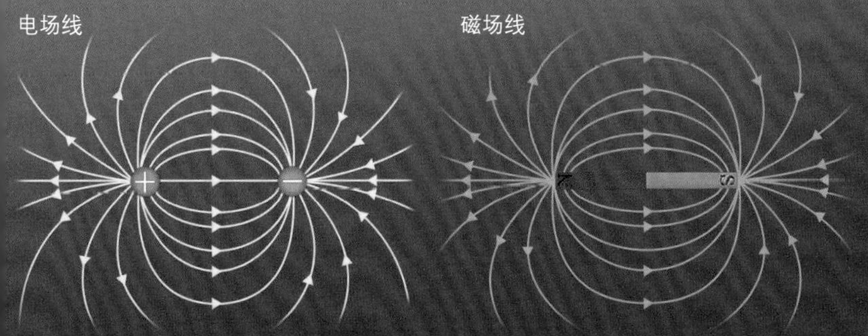


### 表示肉眼看不到的电场与磁场的方法

电场的方向与强度可以用带箭头的线——电场线——来表示。箭头从正电荷发出，终止于负电荷，这表示电场的方向。电场线越密集的地方，电场越强。

也可以用与电场线相似的线来表示磁场，这称为磁场线。磁场线所带的箭头（磁场方向）从 N 极发出，终止于 S 极。

# 为什么手机在使用过程中会变热？

电是现代生活中不可或缺的一部分。看电视、玩手机是日常生活中再平常不过的事情，但如果没有电的话，电视与手机就成了一点用途也没有的“摆设”。更准确地说，这里所说的电是指在导线中流动的电流。那么，电流究竟是什么呢？

简单地说，电流的本质是“电子的流动”。电子是带负电的粒子。金属等导电物质（导体）中有许多可以自由运动的电子，这些电子称为“自由电子”。如果用导线把电池连接起来，导线中的自由电子就会从电池的负极向正极移动，这就是电流的本质。

不过，稍微有点复杂的是，我们所说的“电流方向”与电子的移动方向正好相反。这是因为在科学家弄清楚电流的本质之前，就已经把“正电荷移动的方向”定义成“电流方向”了。

## 电流“撞到”物体时会产生热

大家可能都有过这样的经历吧：长时间使用手机时，手机会变热。这是因为构成电路的零件或导线等有电阻，所以，当电路中有电流通过时会发热。电阻是指电流流动的难易程度。沿着导线流动的电子与导线内的原子发生碰撞，其行进受到阻碍。这时，原子会振动，即产生热。电子的动能转化为热能（原子的振动），这被称为“焦耳热（Joule heat）”。

电阻的大小因物质而异。电子与原子的碰撞越猛烈（电阻大），产生的热量就越多。此外，导线（金属）的温度升高后，原子振动得更加剧烈，电子更容易撞击，即电阻更大。


想了解更多！
请见第 130、131 页　输电与变压
焦耳定律


### 因电子移动受阻而产生热

图片描绘了电流沿着手机电路的导线流动的情形。电流的本质是电子的流动。沿导线流动的电子因受到构成导线的金属原子的影响，其移动受阻。因此，电子的一部分动能使金属原子振动，即转化为热能。

顺便说一下，导线内的电子平均流动速度低于每秒 1 毫米。

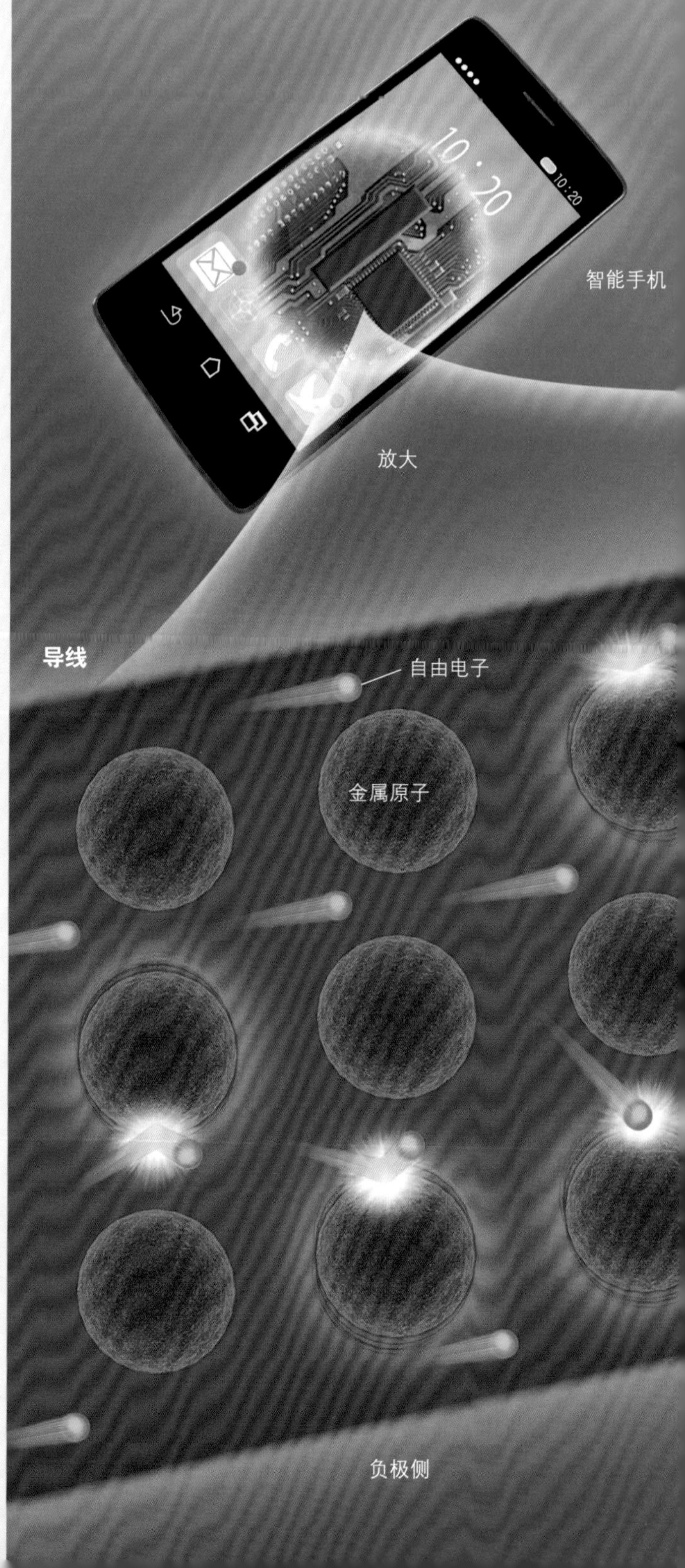

## 欧姆定律

与只连着一块电池的电灯相比，串联着两块电池的电灯因电流增大而更亮一些。

电池中有一股“驱动”电流流动的“势头”，这股势头的大小称为“电压”。众所周知，电流大小 $I$（A）与电压 $V$（V）成正比，与电阻 $R$（Ω）成反比。这种关系称为“欧姆定律”，用以下公式表示：

$$I=\frac{V}{R} \quad 或 \quad V=RI$$

## 电流从电压高的地方流向电压低的地方

水总是从高处流向低处。电压和电流的关系与水流非常相似，电流从电压高的地方流向电压低的地方。电压是由电池或发电机等生成的。例如，在电池的正极和负极，正极的电压变高，因此，如果用导线把正极和负极连到一起的话，导线内就会有电流从正极流向负极。

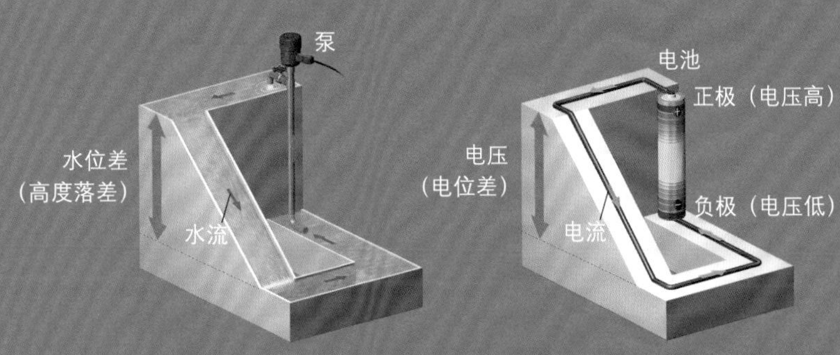

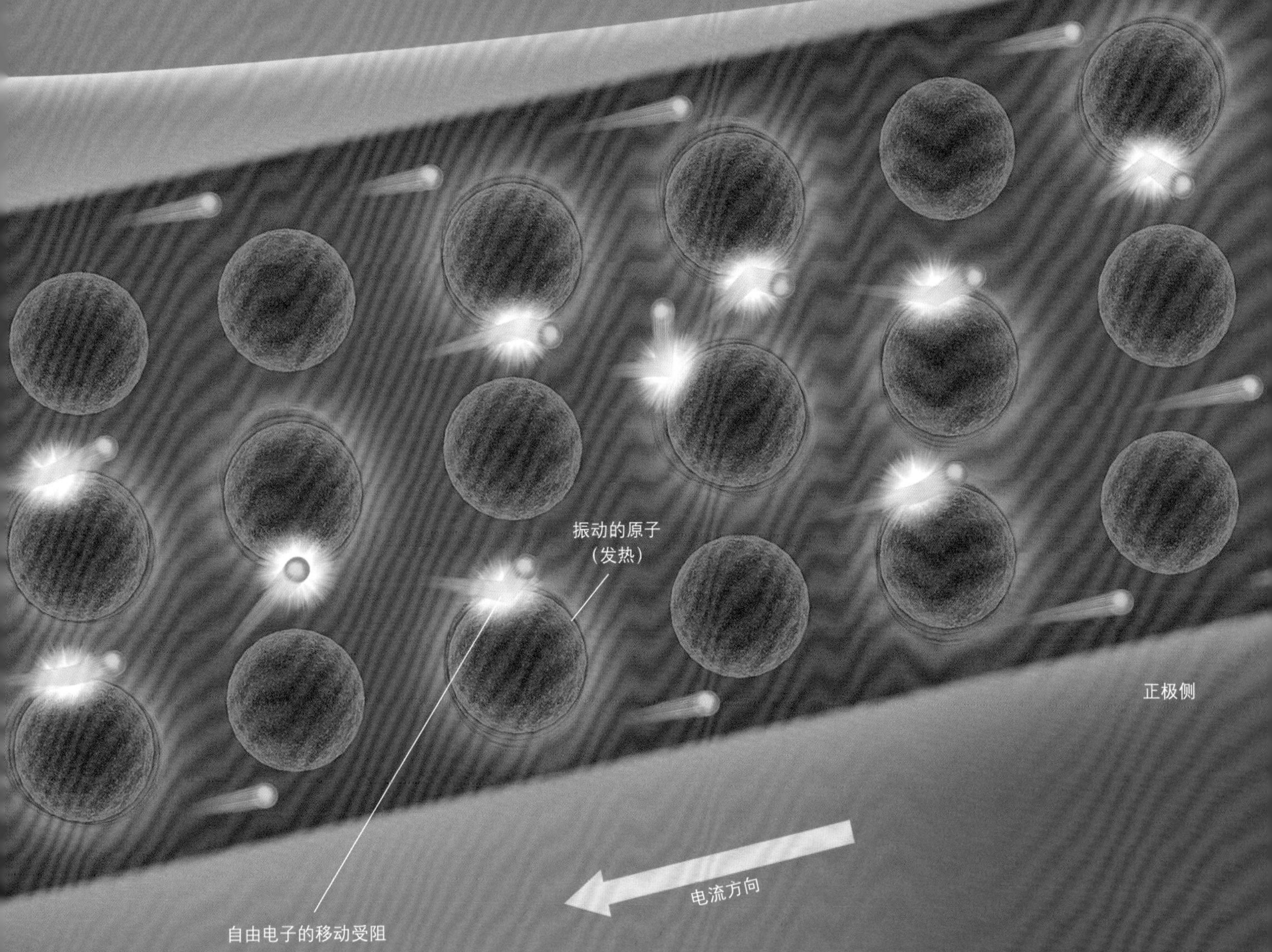

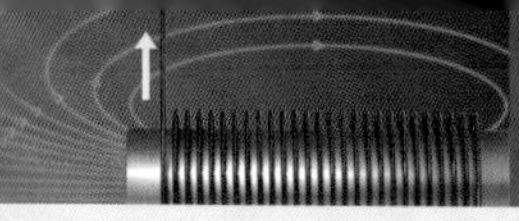



# 电流以环形流动的话，则生成“磁铁的种子”！

在日常生活中，我们经常用普通磁铁贴在黑板或冰箱门上来固定纸片，这种磁铁称为永磁铁。另外，在废铁回收工厂等也会使用“电磁铁”等磁铁。

电磁铁是把导线以螺旋形缠绕在铁芯外部，导线通电后会产生磁力（变成磁铁）。利用这种方法可以非常简便地产生强大的磁力，而且断电后，磁力马上就会消失，如果导线中流过反向电流的话，磁极方向也会逆转。那么，电磁铁究竟是基于怎样的机制才产生了磁性呢？

## 电流周围产生磁场

实际上，电流与磁力（磁场）之间有着密不可分的关系。导线通电后，其周围会产生磁场（**1**）。电磁铁就是巧妙地利用了这个磁场。

如果把导线做成环形，通电后，电流产生的磁场如图 **2** 所示。此外，如果把导线按螺旋形缠绕在铁芯外部，增加圈数的话，所产生的磁场也会变强（**3**）。与第 119 页中的条形磁铁所形成的磁场（磁场线）形状相比，我们会发现，这两个磁场的形状非常相似。也就是说，因环形电流所产生的磁场而形成了磁铁，这就是电磁铁。

产生的磁铁（磁场）强度与电流强度及导线圈数成正比，而且，电磁铁在断电后会立即消磁，不再具有磁性。此外，虽然没有铁芯也能产生磁性，但具有铁芯的话磁性更大。铁芯被磁化，暂时变成磁铁，能进一步增强磁场。

## 导线通电后变成电磁铁

图片描绘了电流通过导线时产生磁场的情形。电磁铁是把导线螺旋形缠绕在铁芯外部，电流通过导线时会产生磁场，线圈就会像磁铁一样具有磁性。

丹麦物理学家汉斯・克里斯蒂安・奥斯特（1777～1851）最先发现了电与磁之间的内在联系。1820 年，奥斯特偶然发现，导线通电后，放在导线旁边的磁针改变了方向。这意味着电流周围产生了磁力（磁场）。

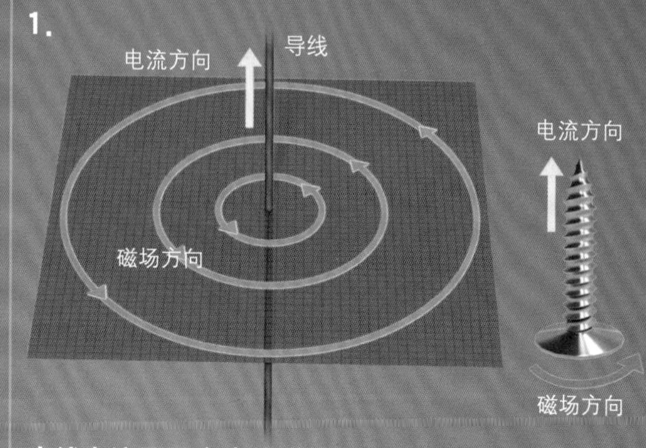


### 直线电流周围产生的磁场

直导线通电后，导线周围产生磁场。磁场强度与距离导线的远近成反比，离导线越远，磁场越弱。当与导线的距离增大为 2 倍时，磁场强度则减小为 1/2。通过以下方法可以判断磁场的方向：右螺纹螺钉（普通螺钉）的尖部与电流方向一致时，螺钉向前旋进的方向就是磁场的方向。

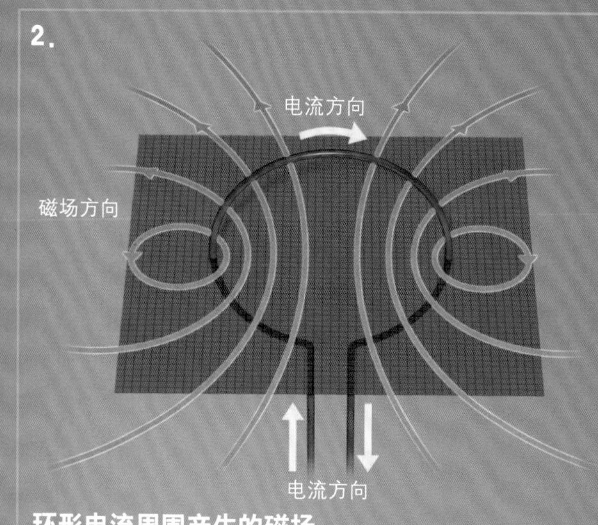


### 环形电流周围产生的磁场

把导线做成环形，通电后，会产生上图所示形状的磁场。

3.

## 电磁铁所形成的磁场

铁芯外部缠绕导线，导线圈数增多的话，会产生下图所示形状的磁场，这就是电磁铁。

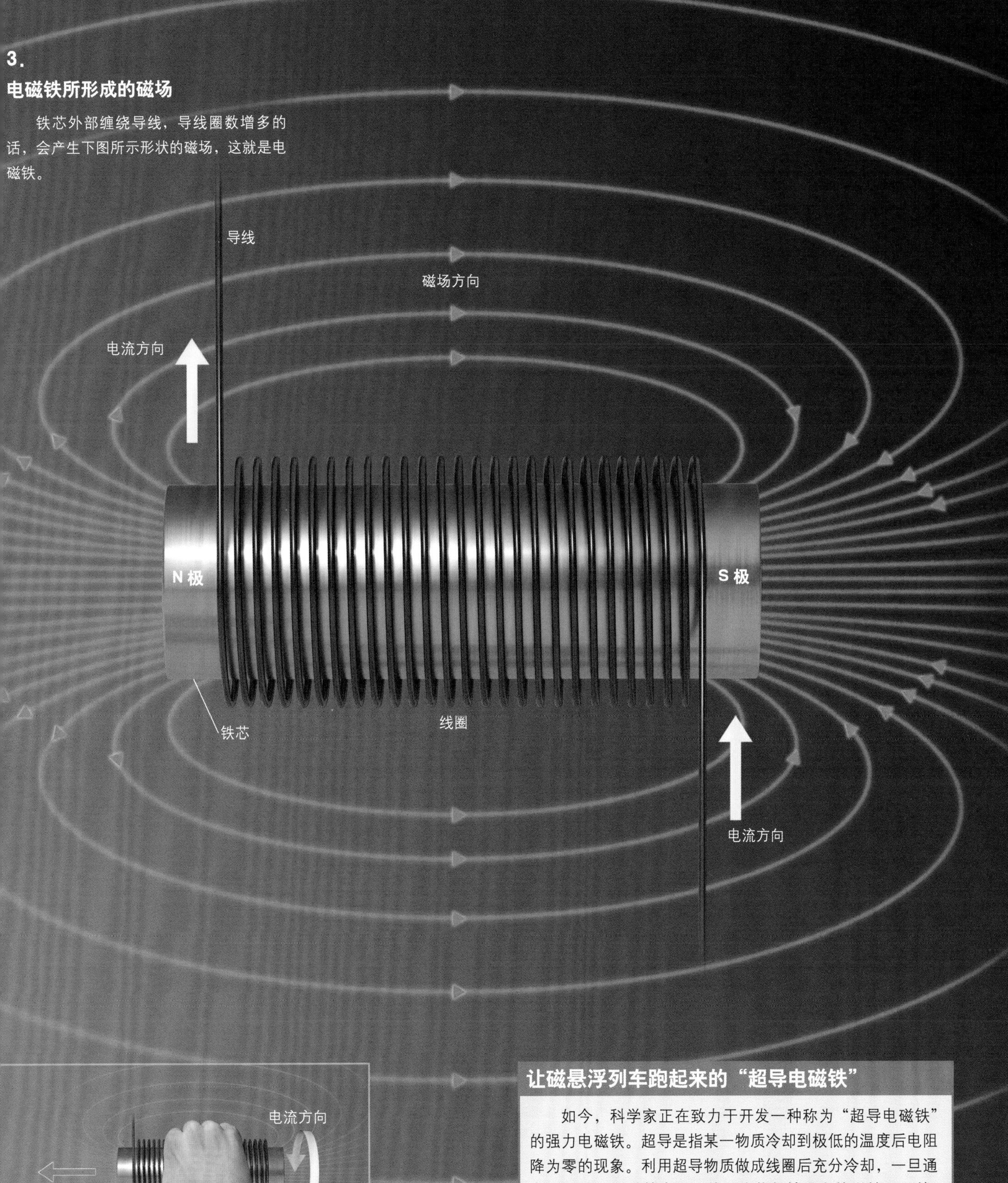


电流方向
磁场方向

### 线圈形成的磁场方向

可以通过以下方法简单地判断穿过线圈中心的磁场方向：右手握拳，竖起拇指，其他手指的指尖指向导线内电流的方向，拇指所指的方向就是磁场方向。

### 让磁悬浮列车跑起来的“超导电磁铁”

如今，科学家正在致力于开发一种称为“超导电磁铁”的强力电磁铁。超导是指某一物质冷却到极低的温度后电阻降为零的现象。利用超导物质做成线圈后充分冷却，一旦通电，即使之后关掉电源，线圈也能保持强大的磁性。目前，磁悬浮列车就是利用超导电磁铁可以产生极强磁性的原理。

# 发电机的原理：转动磁铁，产生电流！

在日常生活中，只要把插头插入插座中，我们就能轻而易举地使用电（电流）。我们使用的电都是从发电厂通过电网输送到千家万户的。那么，发电厂又是怎样发电的呢？

其实，生成电流的机制非常简单：只要用一块磁铁靠近或远离线圈，线圈内就会产生电流（右图），这种现象称为电磁感应。磁铁靠近线圈时，线圈内的电流方向与远离线圈时的电流方向相反。而且，磁铁移动的速度（更准确地说，是穿过线圈内部的磁场在1秒内的变化）越快，产生的电流越大。另外，增加线圈的圈数也能增大电流。

## 用蒸汽推动磁铁转动来发电

发电厂正是利用这个原理来发电的。发电时，必须用某种方法让安装在线圈旁边的磁铁转动起来（与此相反，有时也会固定磁铁，旋转线圈）。例如，火力发电时，通过燃烧煤，石油或天然气把水加热成高压蒸汽。然后，水蒸气推动涡轮（一种叶轮）转动。在涡轮主轴的一端连接上磁铁后，磁铁就可以旋转。

通过这种方式，可以把燃料的“化学能”转换为“热能”，然后再把热能转化为水蒸气与磁铁的“动能”，最后再把动能转化为“电能”。

通过这种方式产生的电流大小与方向都会周期性变化，这称为“交流电”。中国的交流电频率为50Hz（每秒内周期性变动50次）。与此不同，电池产生的电流方向是固定不变的，称为直流电。

### 磁场变化生成电流

把磁铁靠近或远离线圈，线圈内就会产生电流（右页图片），这种现象称为电磁感应。英国物理学家迈克尔·法拉第（1791～1867）提出：“既然电能产生磁，反过来，磁也应该能产生电”。于是，他通过反复做实验，终于在1831年成功发现了电磁感应现象。

如今，人们利用电磁感应现象来发电（下图）。

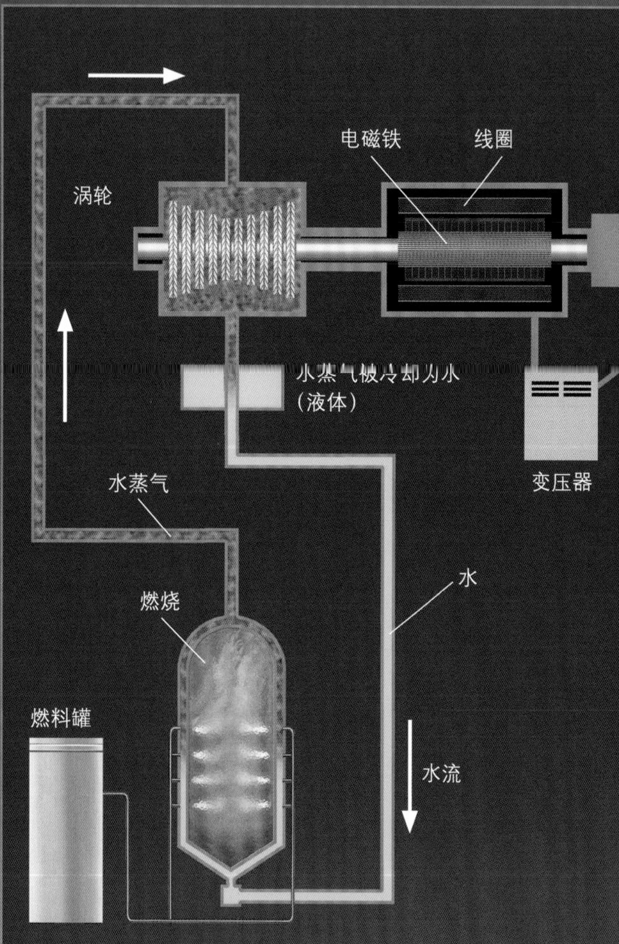


**火力发电厂的工作原理**

火力发电时，通过燃烧石油等燃料把水加热为水蒸气，并用水蒸气推动涡轮转动，涡轮又带动大型电磁铁旋转。电磁铁旋转时，装在其周围的线圈内会产生电流。

## 当磁铁靠近线圈时

磁铁靠近线圈时，穿过线圈内部的磁场线（磁场）增多。这时，线圈内产生电流。从微观角度来看的话，导线内的电子因磁场线的变化而发生移动。

## 当磁铁远离线圈时

磁铁远离线圈时，穿过线圈内部的磁场线（磁场）减少。这时，线圈内也会产生电流，但电流方向与磁铁靠近线圈时相反。

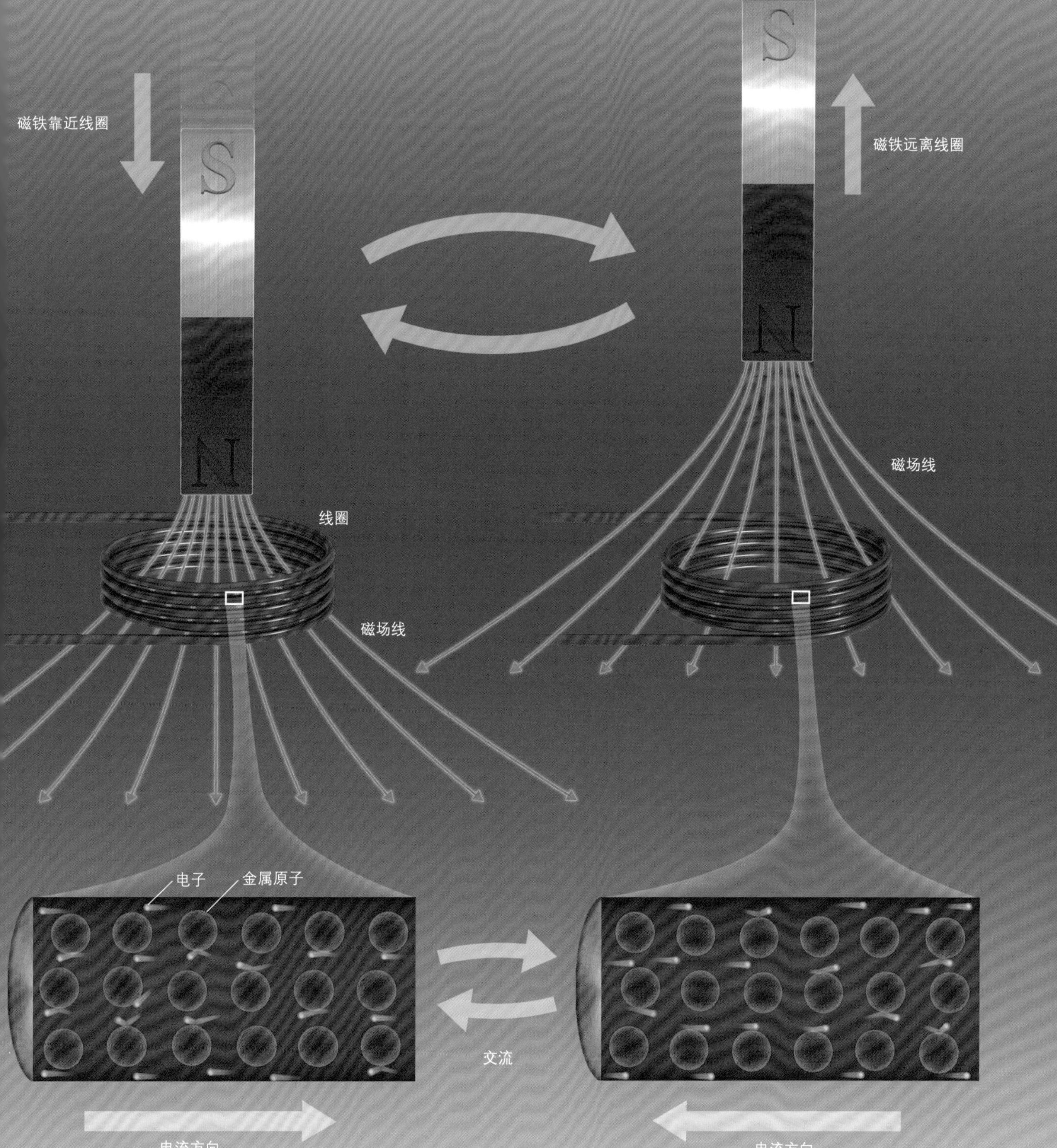

# 电动机的原理：磁铁周围的电流产生力

近年来，电动汽车的研发得到了飞跃式发展。电动汽车与使用发动机的传统汽车最根本的差别在于，电动汽车以电动机为动力源来驱动车轮转动。电动机是一种利用电产生旋转等运动的装置。那么，电动机是怎样把电转化为运动的呢？

电动机最基本的工作原理是“装在磁铁周围的导线通电后，有力作用于导线”。导线在与磁场方向及电流方向都垂直的方向上受到力（右图）。实际上，力是作用于导线中的电子的。作用于微观粒子的力汇集到一起，结果就形成了足以使导线转动的强大的力。不仅是电子，带电荷的粒子在磁场中运动时都会受到力。这种力称为“洛伦兹力”。

## 电动机旋转的工作机制是什么？

电动机正是基于这一原理使导线旋转的。下面，让我们看一看电动机的工作机制。如右页图 **1** 所示，线圈放在磁铁之间（磁场中），电流沿 ABCD 的方向流动。这样一来，线圈 AB 部分内的电流方向与 CD 部分内的电流方向相反，所以，作用于 AB 与 CD 的力方向相反。结果，线圈逆时针旋转。

当线圈转过图 **2** 所示的位置后，位于线圈底部的“整流器”使得线圈内的电流方向反转，沿着 DCBA 的方向流动。这样一来，作用于线圈 AB 与线圈 CD 的力则变为图 **3** 所示，线圈继续沿着相同方向旋转。于是，电动机就把电能转化成了动能。

## 作用于线圈的力使得电动机转动起来

图片描绘了电动机转动的工作原理。电动机由磁铁与线圈组成。导线放置在磁铁两极的空间（磁场）内，通电后，有力作用于导线。电动机借助于该作用力使线圈旋转，从而获得动力。电动机可广泛应用于家用电器等产品中。实际上，电动机可通过增加线圈圈数，或使用钕磁铁等强磁铁来提高转速。

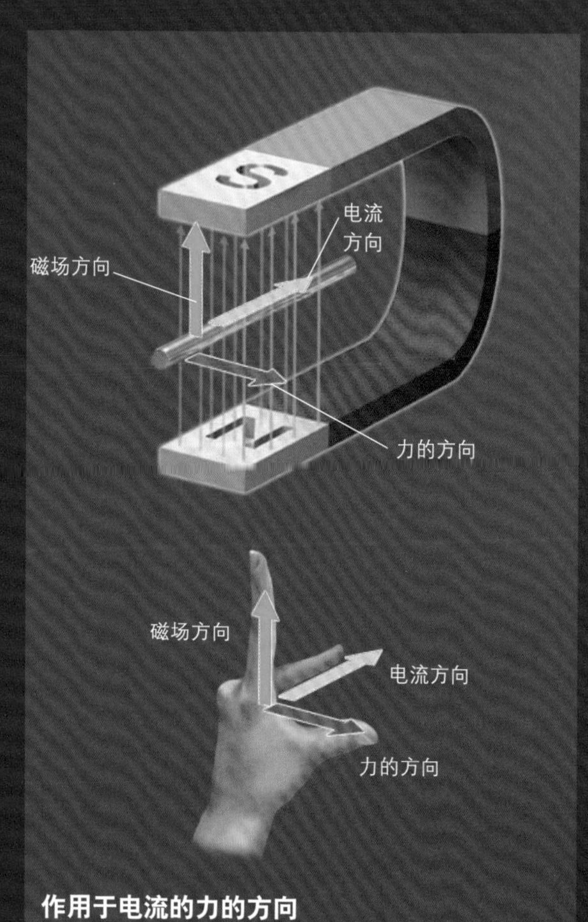


### 作用于电流的力的方向

如上图所示，放置在磁铁磁极间的导线通电后，在与电流方向及磁场方向都垂直的方向上受到力。利用图下的“左手定则”可以非常简便地判断电流、磁场与力三者的方向。

将左手中指、食指和大拇指伸直，相互呈直角。中指代表电流的方向，食指方向代表磁场的方向（从 N 极到 S 极的方向），大拇指所指的方向就是导线受力的方向。按照中指、食指、大拇指的顺序依次表示“电、磁、力”。

1.

## 电动机转动的工作机制

如右图所示，当线圈内的电流沿着ABCD方向流动时，橙色箭头表示导线AB与CD受到的力，两者方向相反。结果，线圈沿着逆时针旋转。

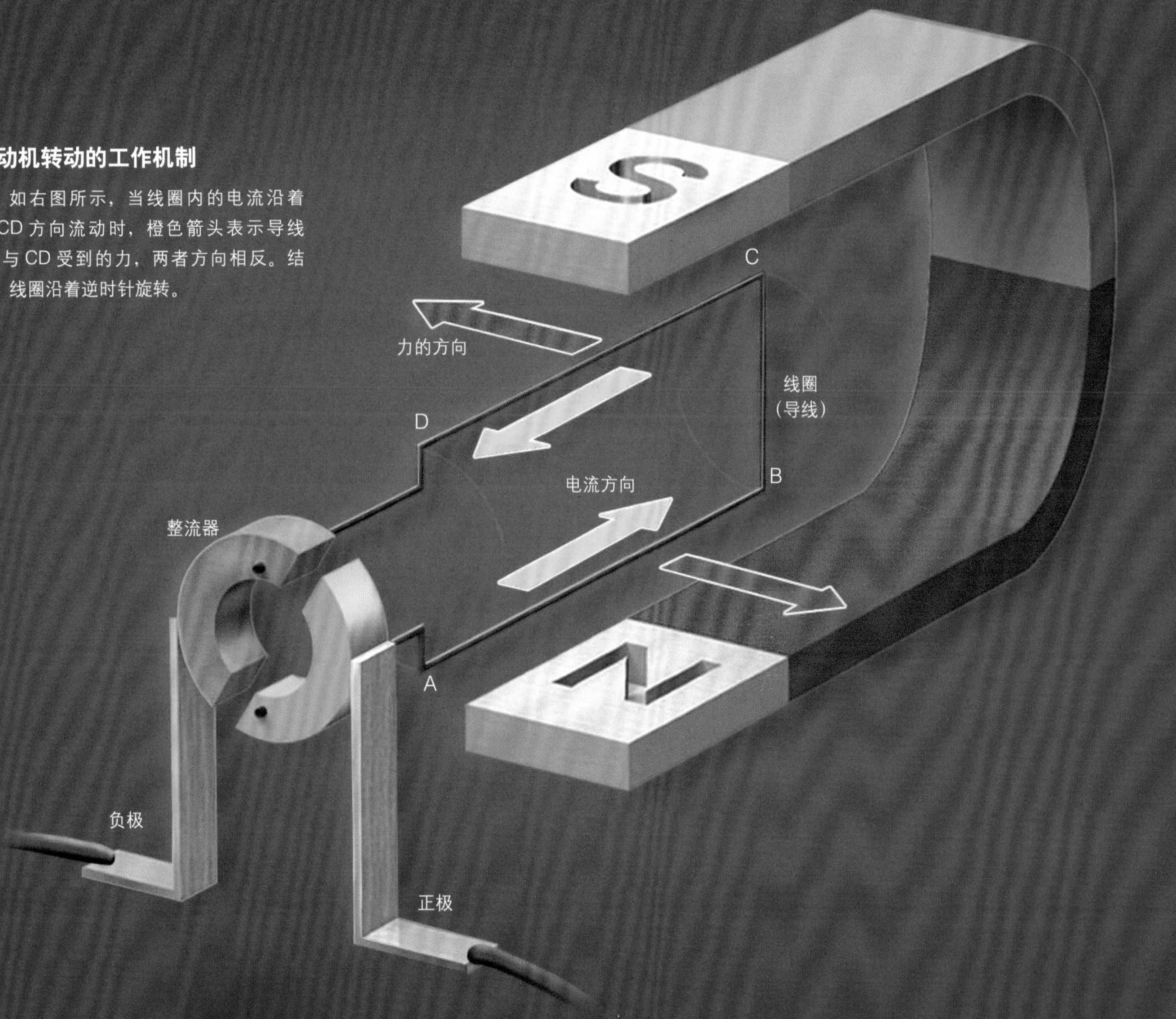

2.

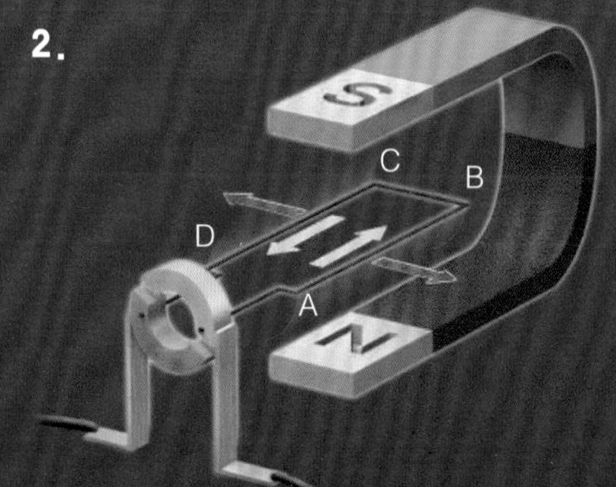


当导线从图1旋转90°后，线圈受到的力虽然如上图橙色箭头所示，但线圈却借助于原有的旋转势头而继续转动。

3.

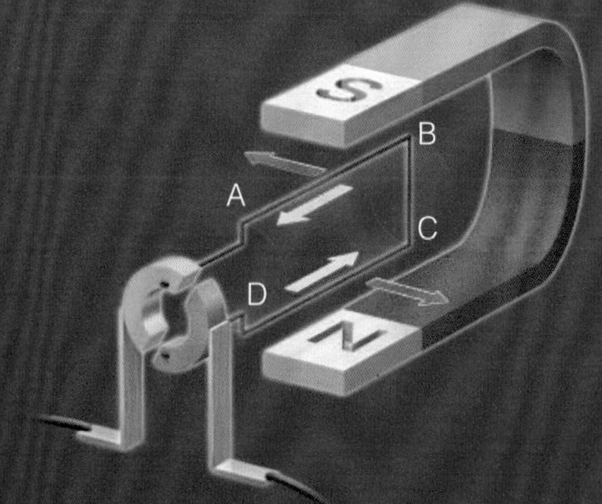


当导线从图1转过90°后，在整流器的作用下，线圈内的电流方向变为DCBA，与之前反向。结果，线圈受到如上图橙色箭头所示方向的力，继续沿着同一方向转动。

# 输送到千家万户的电是电流方向周期性改变的“交流电”

电分为“交流电”和“直流电”两种。例如，干电池中的电流是直流电，而从发电站输送到各个家庭中的电则是“交流电”。

直流电与交流电的区别在于电流方向（施加电压的方向）是否随着时间的推移而改变。干电池的电流是流动方向固定不变的直流电，但从发电站输送到各个家庭中的交流电的电流方向会周期性改变。

交流电的电流方向之所以周期性变化，这是因为交流电是由于发电机的转动而生成的缘故。发电机中有磁铁和线圈，无论是磁铁旋转还是线圈旋转，都会产生电流。

因此，普通发电机所产生的交流电是与发电机的磁铁或线圈的转动联动，电流或电压值不断周期性变化。这种周期性变化在1秒内重复的次数称为“频率”（单位是赫兹）。

## 在日本，东部地区是50赫兹，西部地区是60赫兹

以日本为例，其东部地区和西部地区的电流频率不同。日本的电力网是在明治时代分别以东京和大阪为起点构建的。东京使用了德国的发电机，大阪则使用了美国的发电机。当时，这两种发电机所发的电的频率不同，一个是50赫兹，一个是60赫兹。在未消除这种差异的情况下，东西部地区不断扩建自己的输电网，结果就形成了东西部地区频率不同的现状。

如果一根电线同时通上50赫兹和60赫兹的电，电流和电压值将产生极大的混乱，这样就无法实现东西部地区的电力融合畅通。在位于东西部地区交界的3个变电站中，要通过复杂的电路把50赫兹或60赫兹的交流电先变成直流电，然后再把直流电变成对方地区的频率（60赫兹或50赫兹）。

### 交流电的电流方向是周期性变化的

交流电是电流方向随着时间的推移而周期性变化的电流。下面的图表是交流电的电流方向和电量。假定在某个电路中向左流动的电流为正，向右流动的电流为负的话，那么，交流电的图形如图所示，是正负交替切换的“正弦波”形状。

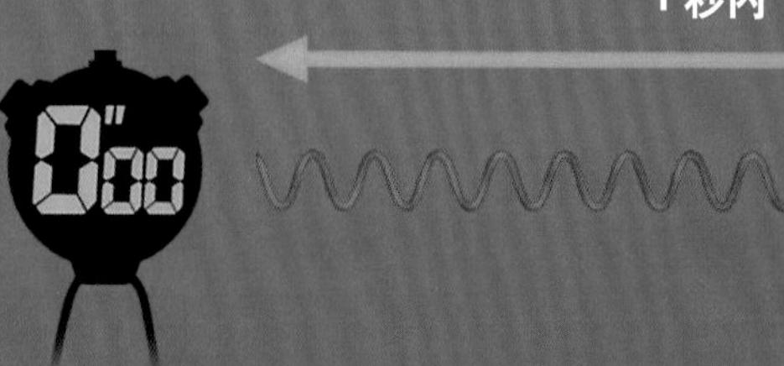


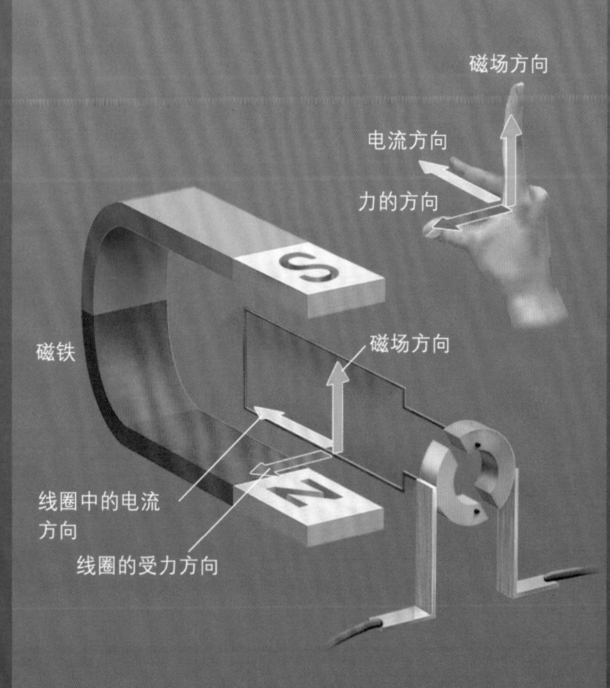


### 发电机的工作原理

上图是磁场中的线圈旋转产生电流的示意图。导体在磁场中运动时所产生的电流方向可以用右上图所示的“弗莱明右手定则”非常简便地表示。线圈（或磁铁）旋转一圈，与线圈连接的电路中会分别产生1次向左和向右流动的电流。在日常生活中，利用这种机制所发的电可用于自行车的车灯。

## 日本的电力网

图片是日本主要的输电网。浅蓝色是50赫兹的变电站，红色是60赫兹的变电站，紫色是位于东西部交界的频率变换站。而且，部分地区用直流电输电。橙色是交直流变换站。与交流电相比，直流电的输电损耗较小。

## 如果一根电线同时通上50赫兹和60赫兹的交流电……

如果把50赫兹和60赫兹的交流电都通到一根电线上，如下图所示，交流电的波形就会变得非常混乱。因此，电力在日本东西部地区不能相互融合畅通。

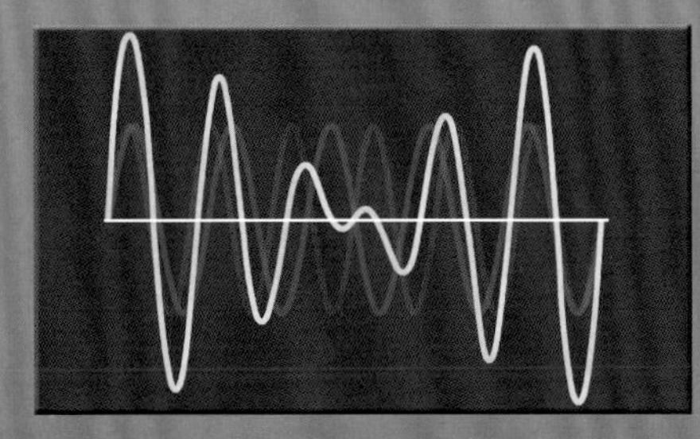

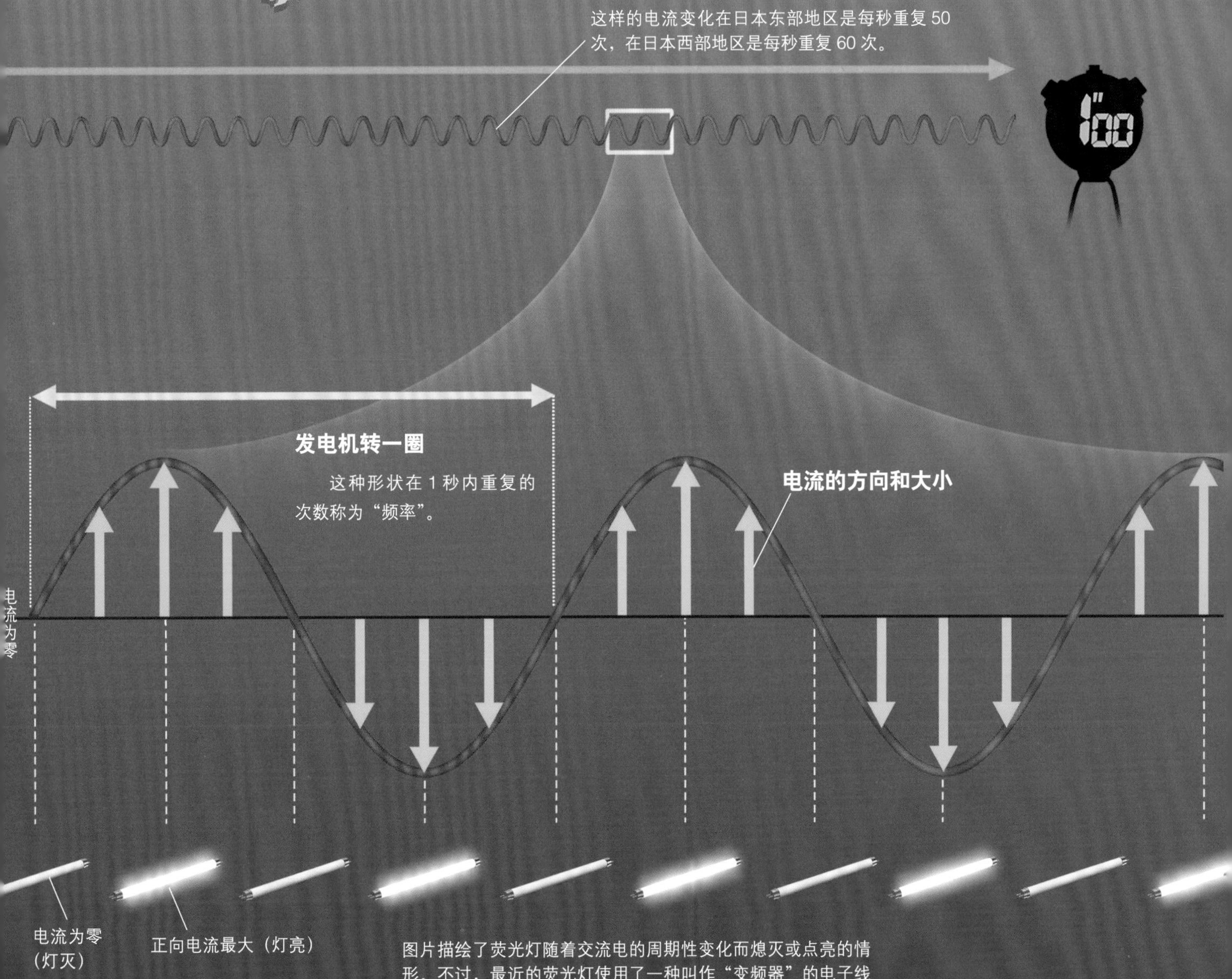

这样的电流变化在日本东部地区是每秒重复50次，在日本西部地区是每秒重复60次。

### 发电机转一圈

这种形状在1秒内重复的次数称为“频率”。

**电流的方向和大小**

电流为零

电流为零（灯灭）

正向电流最大（灯亮）

图片描绘了荧光灯随着交流电的周期性变化而熄灭或点亮的情形。不过，最近的荧光灯使用了一种叫作“变频器”的电子线路来提高交流电的频率。通过提高频率，可以缩短灯灭与灯亮的时间间隔，我们人眼就会识别不出来。有些电器产品使用交流电，有些则是通过电气线路把交流电变成直流电后再使用。

# 为了减少电的热损耗而用高压输电

我们要想在家里使用电器产品，必须由发电站把电“输送”到家里。但在输电时，部分电力会转换成热而损耗掉。

电力值（电功率）等于电压乘以电流（参照第132页）。因此，在输送同量的电力时，既可以降低电压增大电流，反过来也可以提高电压减小电流。

另一方面，在输电电缆不变的情况下，当电流增大为2倍时，转换成热而损耗的电力会增大为4倍；电流增大为3倍时，热损耗则增大为9倍，即热损耗与电流的平方成正比（焦耳定律）。换言之，为了减少输电时的损耗，最好尽可能减小电流（增大电压）。

因此，送电时要尽可能地提高电压。由巨大铁塔连在一起的高压线通过50万伏的高压来输电。

另一方面，电压过高的话，会增大触电风险等，不适合家庭用电。因此，最理想的方法是输电时尽可能用高压送电，但在使用之前把电压降低。

要想实现这一愿望，自由转换电压的“变压”这一步骤不可或缺。实际上，交流电可以非常简单地变压。因此，发电站输送的电力几乎都是交流电。高达50万伏的电压会一级一级地降低，最终抵达千家万户的电压为100伏或220伏。

## 用高压输电，在使用前变成低压

输电时，电压越高，转换成热而损耗的电力越少。用电时，如果电压高的话则非常危险，因此，在使用前要把高压电变成低压电。由于交流电很容易变压，所以现在大多数情况下都用交流电输送。

电力大小（立方体的体积）相同

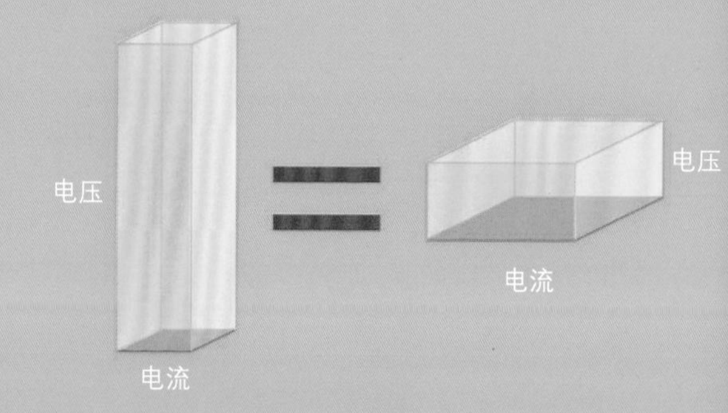


### 变压的机制

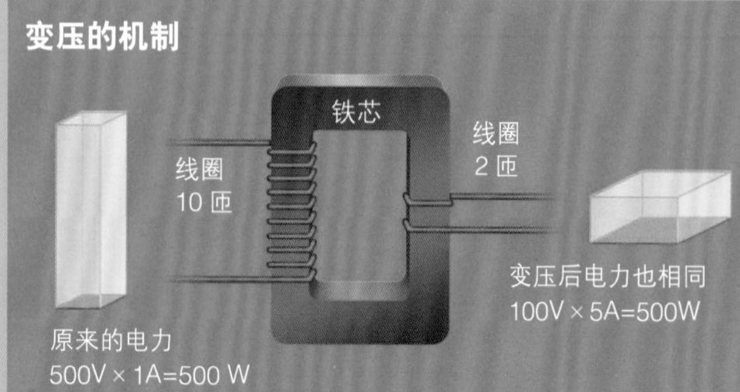


左边的线圈是10匝，右边的线圈是2匝。500伏1安培的交流电从左侧流过线圈，在铁芯产生磁场，因电磁感应（第122页）右侧线圈内产生电流。这时，由于右边线圈的匝数只有左边线圈的1/5，所以，右边线圈的电压也变为1/5，电流变成5倍。虽然左右两边线圈的电量（功率）相同，但电压与电流的大小发生了变化。

### 从发电站开始，逐步降低电压

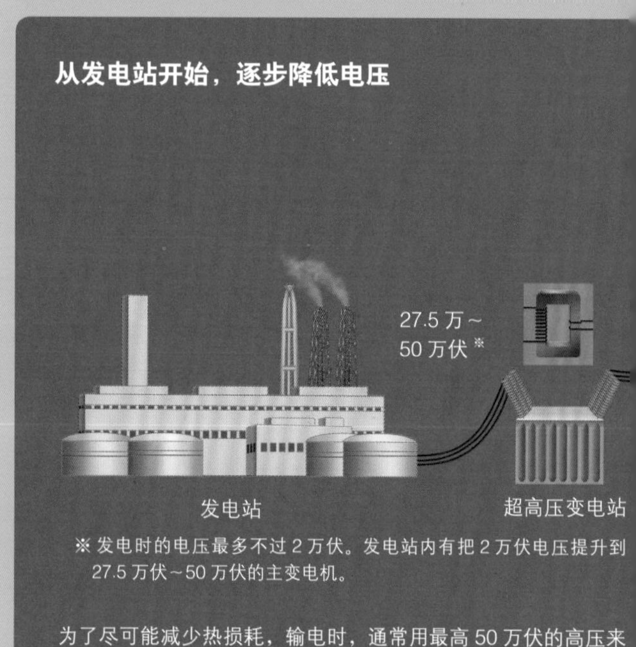


※发电时的电压最多不过2万伏。发电站内有把2万伏电压提升到27.5万伏～50万伏的主变电机。

为了尽可能减少热损耗，输电时，通常用最高50万伏的高压来输电。经过几个变电站后，电压会逐渐降低，最后以100伏或200伏输送到各个家庭。

## 电压高低与电损耗的关系

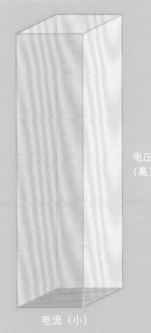

### 焦耳定律

因电流流动所产生的热是由发现者詹姆斯·普雷斯科特·焦耳（1818～1889）的名字命名的，称为“焦耳”。

焦耳通过给放置在水里的导线通电的实验，成功推导出“电流通过导体产生的热量 $Q$（J）”与电流 $I$（A）的平方及电阻 $R$（Ω）成正比”。这一关系称为“焦耳定律”，用下面的公式表示：

$$Q=I^2Rt$$

$t$ 是通电时间（单位是秒）

电压
（高）
电流（小）
电压
（低）
电流（大）


电线
用相同电力比较时，如果提高电压减小电流的话，可以减少热损耗。
电流的量（小）
变成热的电较少
电线
如果降低电压增大电流的话，则热损耗变大。
电流的量（大）
变成热的电较多


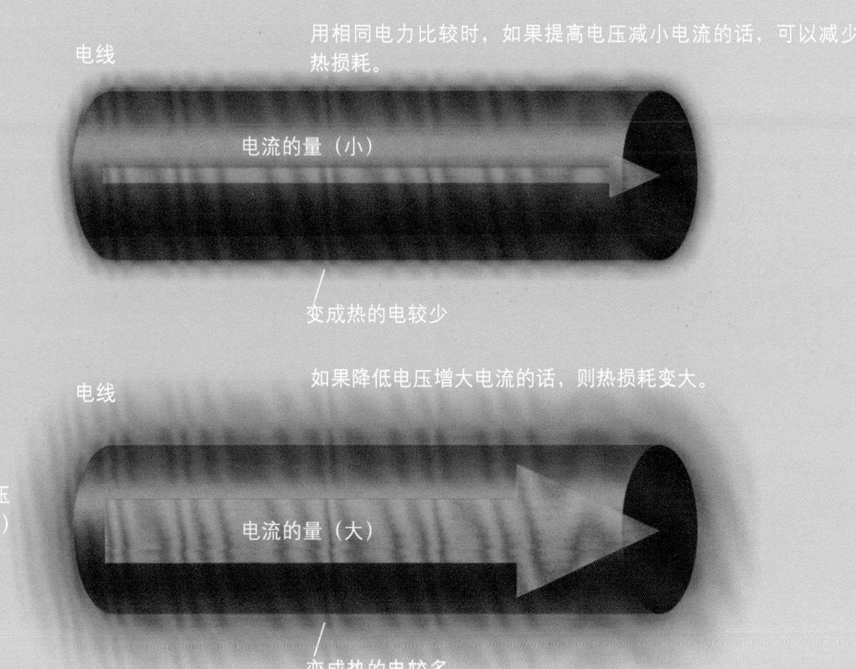

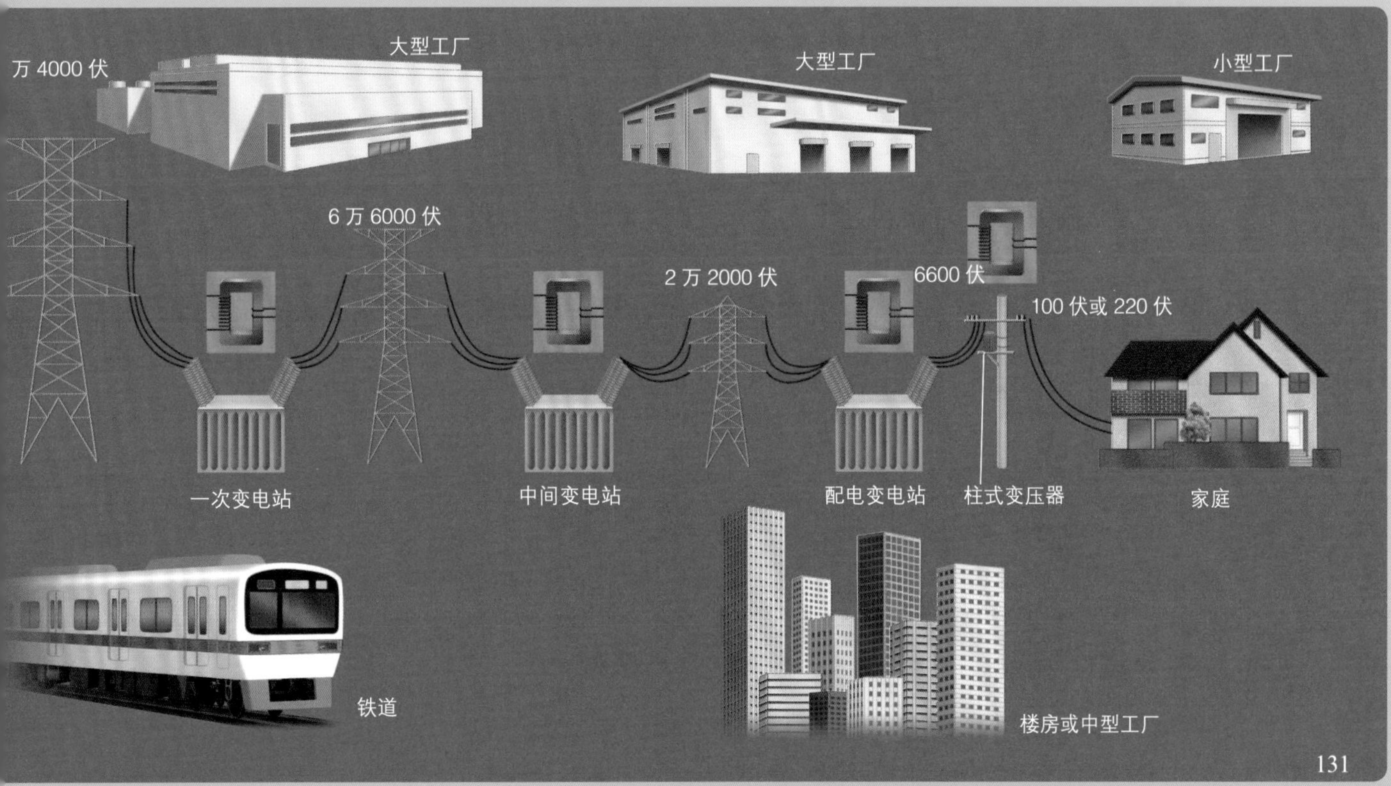

万 4000 伏
大型工厂
大型工厂
小型工厂
6 万 6000 伏
2 万 2000 伏
6600 伏
100 伏或 220 伏
一次变电站
中间变电站
配电变电站
柱式变压器
家庭
铁道
楼房或中型工厂

# 断路器什么时候跳闸？电费取决于什么？

想必大家在电器产品上看到过写着 100 瓦之类的数字吧。瓦特（W）是表示每秒消耗的能量的单位，可以用电流乘以电压计算瓦特，也称为“电力（功率）”。

例如，100 瓦电灯所消耗的电力是 20 瓦电灯的 5 倍。消耗的电力多、瓦数大的电灯会更亮。

一般家庭中的电压是 220 伏（V）。例如，使用功率为 300 瓦的冰箱时，由于电压是 220 伏，所以插座中的电流是 1.36 安培（A）。如果同时还使用功率 900 瓦的空调的话，那么，插座中的电流还要增加 4.1 安培，共计 5.46 安培。像这样，同时使用的电器产品越多，所需的电流也越大。

当电路中的电流超过一定数值时，各家庭的分电盘上安装的“安全断路器”就会自动切断电路。而且，各电力公司也会规定每个家庭可以同时使用的最大功率。当该家庭中的使用功率超出规定时，“安全断路器”等装置就会跳闸，自动切断电路。

## 怎样计算电费？

瓦特是指每秒钟的用电量。瓦特数乘以使用时间则是“电量”，单位是“瓦特小时（W·h）”※，是表示用电总量的单位，每个家庭的电费基本上都是由瓦特小时的值来决定的。

※ 虽然“瓦特小时（W·h）”是电量的实际使用单位，但电量也有其他单位，如“瓦特秒（W·s）”，即瓦特数乘上以秒为单位的用电时间。根据瓦特的定义，1 瓦特（W）的电力在 1 秒内消耗的能量是 1 焦耳（J），所以，瓦特秒与焦耳是等价的。

### 电气的单位与电器产品的关系？

图片上半部分用水流来比喻和说明电压、电流及电力的关系。就像高度落差和水流量越大，水车越容易转动那样，电压和电流越大，电动机转动或加热等“做功”本领就越大，但消耗的能量（电力）也越多。

中间的图片表示随着同时使用的电器产品增多，各家庭中的电流也将增大。如果同时使用的电流过大的话，“断路器”就会跳闸，自动切断电流。

图片下半部分表示用电总量（电量）的计算方法。

**电器产品与所需的电流量**

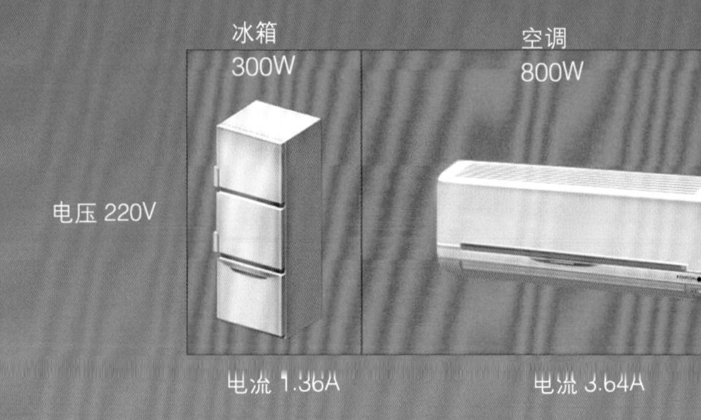


**用电量的计算方法**

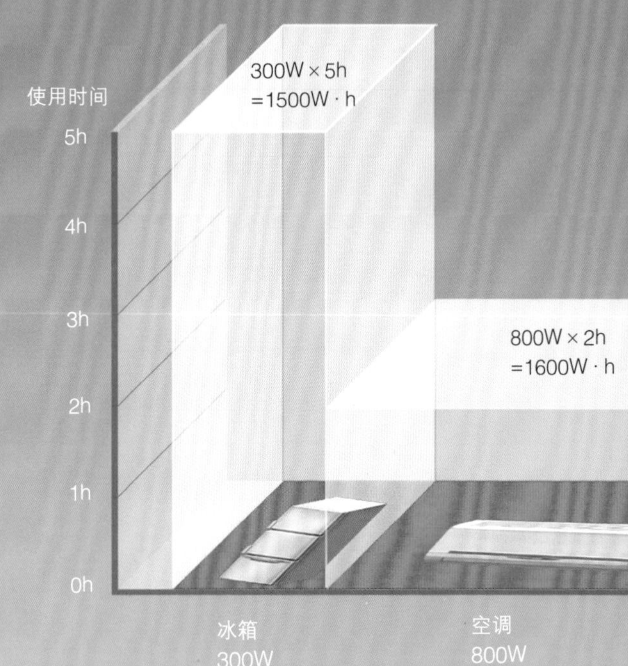

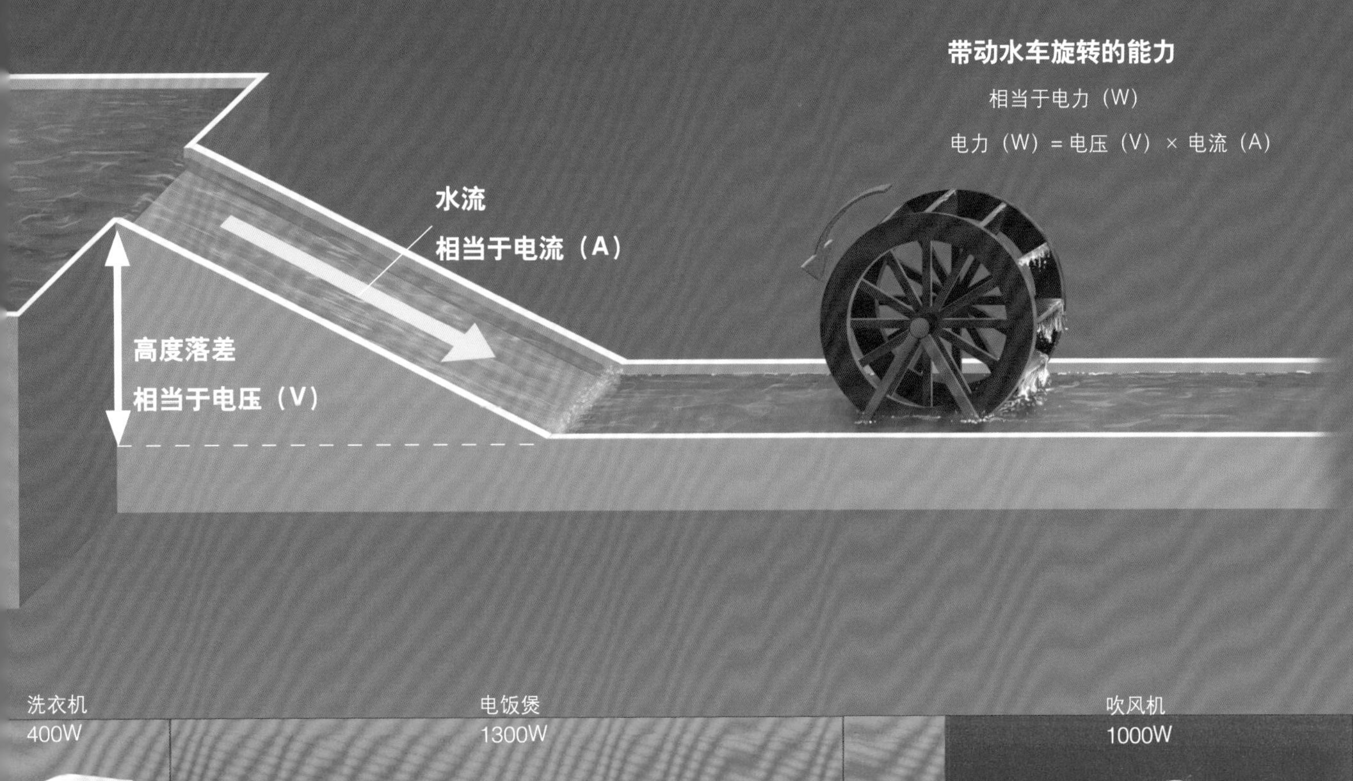

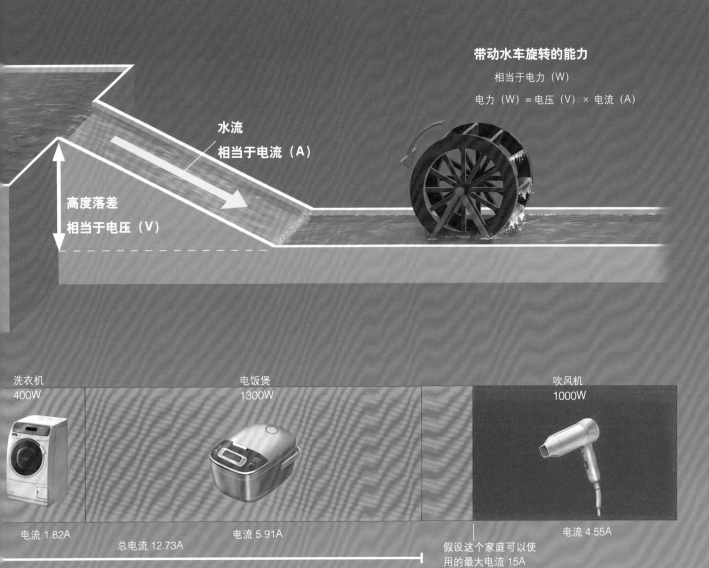

每个家庭使用的电压通常是 220V（不过，也有使用 200V 电压的家庭）。假设某个家庭有图片所示的电器产品，电力公司在签约时会规定每个家庭允许同时使用的最大电流。以电流上限是 30A 为例，同时使用冰箱、空调、洗衣机、电饭煲时，总电流为 12.73A，没有超过上限。但是，如果再使用电流为 4.55A 的吹风机的话，总电流就会超过上限 15A，这时“安全断路器”就会自动切断电流。而且，与这种合同形式无关，还规定每个家庭中从“分电盘”分支出来的各电路中的最大电流为 10A。当各电路中的电流超过 10A 时，“安全断路器”就会跳闸。

注：“安全断路器”是基于合同关系而设置的，并不只是以安全为目的设置的。有些电力公司没有安装安全断路器。而且，发电站输送到每个家庭的电是电压值周期性变化的“交流电”。每个家庭中的电压是 220V，是指把交流电换算成直流电时相当于 220 伏。各电器产品所消耗的电力因厂家、型号及使用时的状况而异。

使用电器产品时所消耗的电量取决于各电器产品所需的电力数值与使用时间的乘积。扣除基本电费等，根据每个月的总用电量就可以计算出这个月的电费。

# 光是电与磁缔造的波

正如第122～125页介绍的那样，电可产生磁，磁也能产生电（右上图）。电与磁就像两个“孪生兄弟”，可以相互影响。

英国物理学家詹姆斯·麦克斯韦（1831～1879）的目标是创建一个能综合解释大量有关电与磁的实验结果的理论，最后，他终于创建了统一解释电与磁的理论——“电磁学”。

如果电流像交流电那样一边改变方向一边流动的话，周围就会产生变化的磁场。这样一来，就像被那个磁场包围着一样，又会产生变化的电场。然后，就像被这个电场包围一样，接着又会产生变化的磁场……接连不断地产生电场和磁场（参照右图）。结果，电场和磁场的连锁就会像波一样不断行进。麦克斯韦把这种波命名为“电磁波”。

麦克斯韦并没有直接测量波的传播速度，而是根据理论计算推导出电磁波的传播速度是每秒大约30万千米。不可思议的是，这一速度与当时通过实验测得的光速完全一致。据此，麦克斯韦得出结论：电磁波与光是同一种物质。

据说，生活在16～17世纪的意大利科学家伽利略·伽利雷（1564～1642）最先指出了光速是有限的。此后，经过200多年的漫长岁月，光速及其传播机制才得到科学家的确认。

**詹姆斯·麦克斯韦**

英国物理学家，他总结了法拉第等电磁研究先驱者的研究成果，创建了“电磁学”理论。除了在热力学、天文学等领域做出巨大贡献之外，他还成功拍摄出世界上第一张彩色照片。

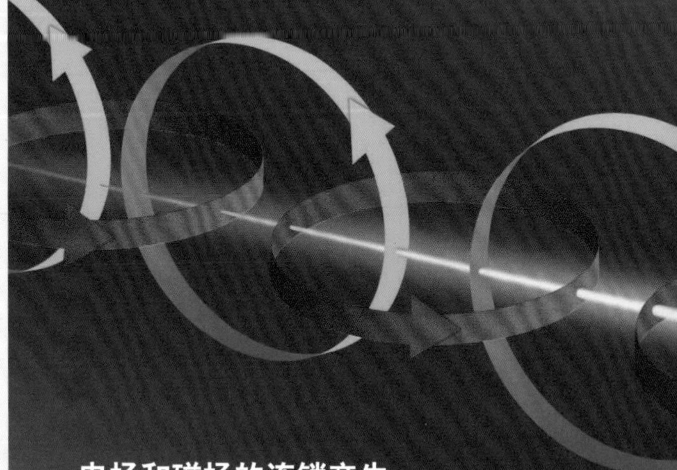

### 电场和磁场的连锁产生

麦克斯韦成功地创建了统一解释，被认为是截然不同的电与磁的理论——电磁学。如右页上图所示，电可产生磁，磁也能产生电。电（电场）与磁（磁场）通过相互影响，可生成下图所示的“电磁波”。

除了光（可见光）之外，电磁波还包括波长（波峰与波峰的距离）比可见光长的红外线和无线电波，以及波长比可见光短的紫外线和X射线、$\gamma$射线（详细内容请参考第3部分）。尽管波长不同，但这些电磁波的传播速度都相同，都是“每秒大约30万千米”。

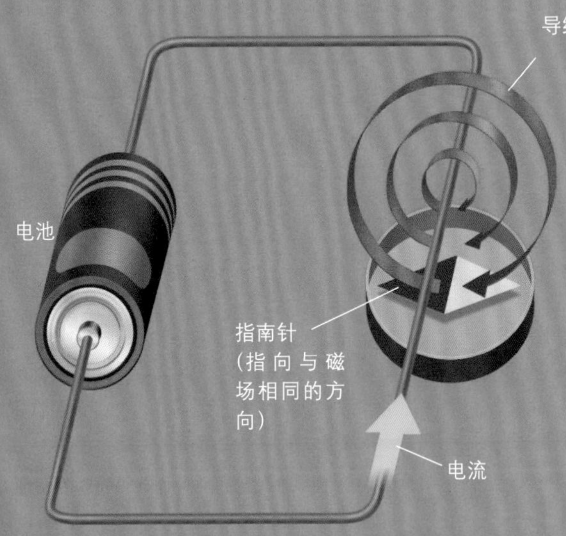


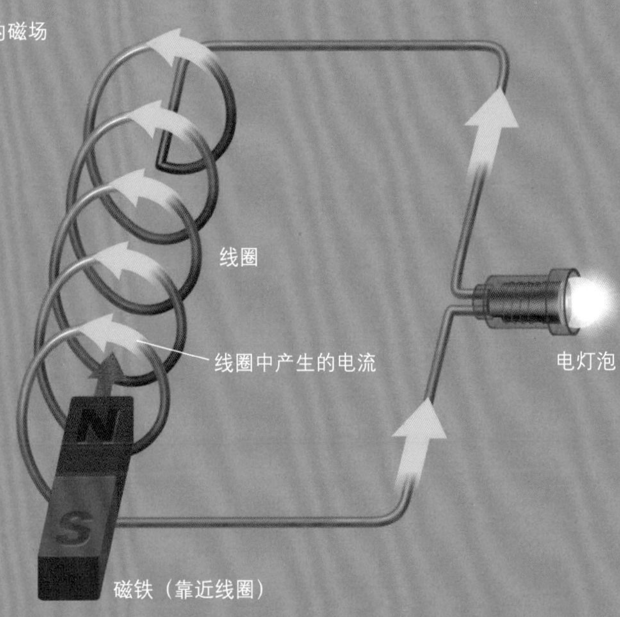


## 电可产生磁

导线周围的空间里，产生了相对于电流行进方向顺时针旋转的“磁场”。在流过电流的导线附近放上一个指南针的话，指南针就会如上图所示，N 极指向与磁场方向相同的方向（这里是向左）。物质产生磁的能力称为“磁导率”，用“$\mu$”表示。铁等容易变成磁铁的物质具有很强的磁导率。

## 磁可产生电

把磁铁靠近线圈（缠绕导线的物质），磁铁周围的空间里会产生“电场”，结果如上图所示，线圈中会产生电流。这种现象称为“电磁感应”。物质保存电的能力称为“介电常数”，表示为“$\varepsilon$”。介电常数越高，意味着物质越容易储存电。

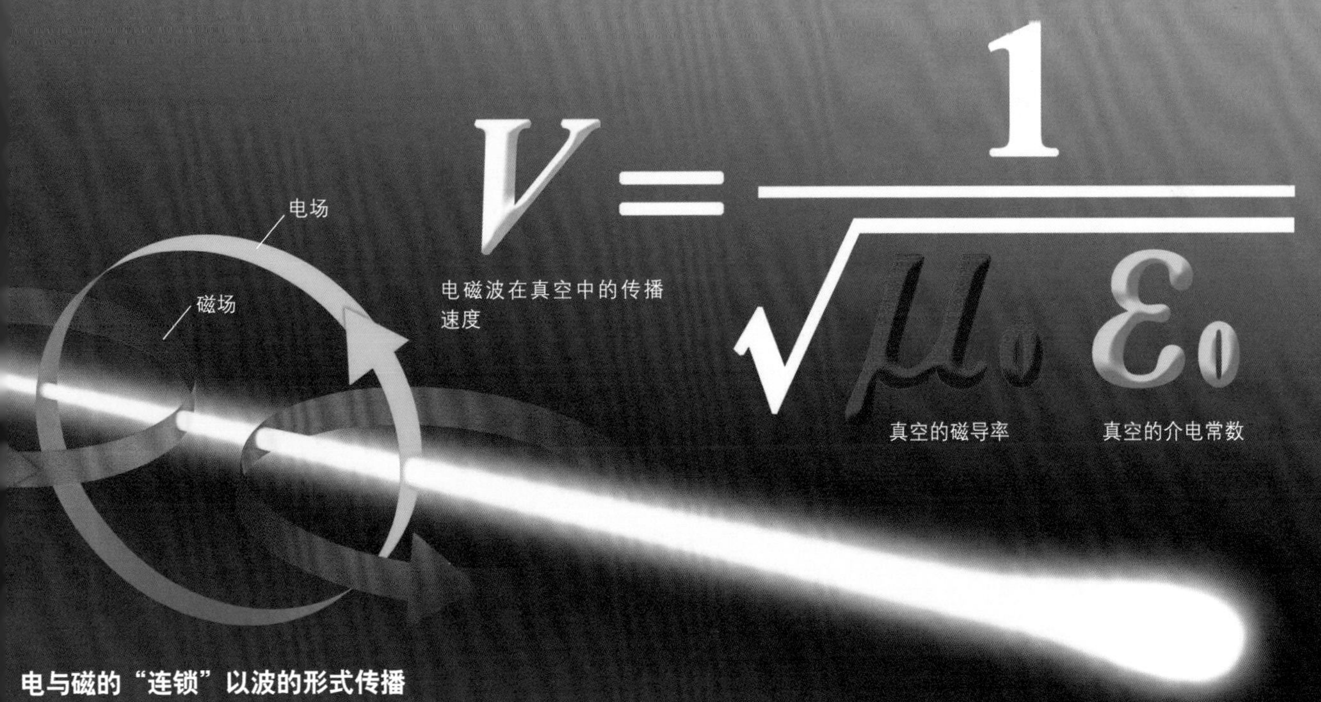


## 电与磁的“连锁”以波的形式传播

变化的电场可生成磁场，变化的磁场能生成电场。结果，电场和磁场在相互“连锁”的同时会像波一样行进，这就是“电磁波”。不直接测量波的传播速度，也能够用“真空的磁导率（$\boldsymbol{\mu}_0$）”和“真空的介电常数（$\varepsilon_0$）”这两个值计算出电磁波在真空中的传播速度（$\boldsymbol{V}$）（参考图中的计算公式）。$\boldsymbol{\mu}_0$ 的值大约为 $1.26 \times 10^{-6}$N/A$^2$，$\boldsymbol{\varepsilon}_0$ 的值大约是 $8.85 \times 10^{-12}$N/V$^2$。N（牛顿）是力的单位之一。根据这些值计算电磁波在真空中的传播速度，就会得出秒速约为 30 万千米的结果。虽然磁导率和介电常数的值因使用的电学单位不同而不同，但它们的乘积总是恒定不变的。

注：上图中把电磁波描绘成“磁场之轮”和“电场之轮”，在某种程度上具有空间广度，交替产生。第 98～101 页的图片相对准确地描绘了正在行进的电磁波的电场与磁场，请大家参考。

# 原子与光

我们身边的所有物质都是由原子构成的。直到 19 世纪末至 20 世纪初，科学家才对原子有了详细认识。随着人类对原子本质的探索越发深入，研究发现，一些现象根本无法用已知的物理学进行解释。

第 5 部分将介绍构成原子的电子与原子核的“举止行为”，以及光的性质等。

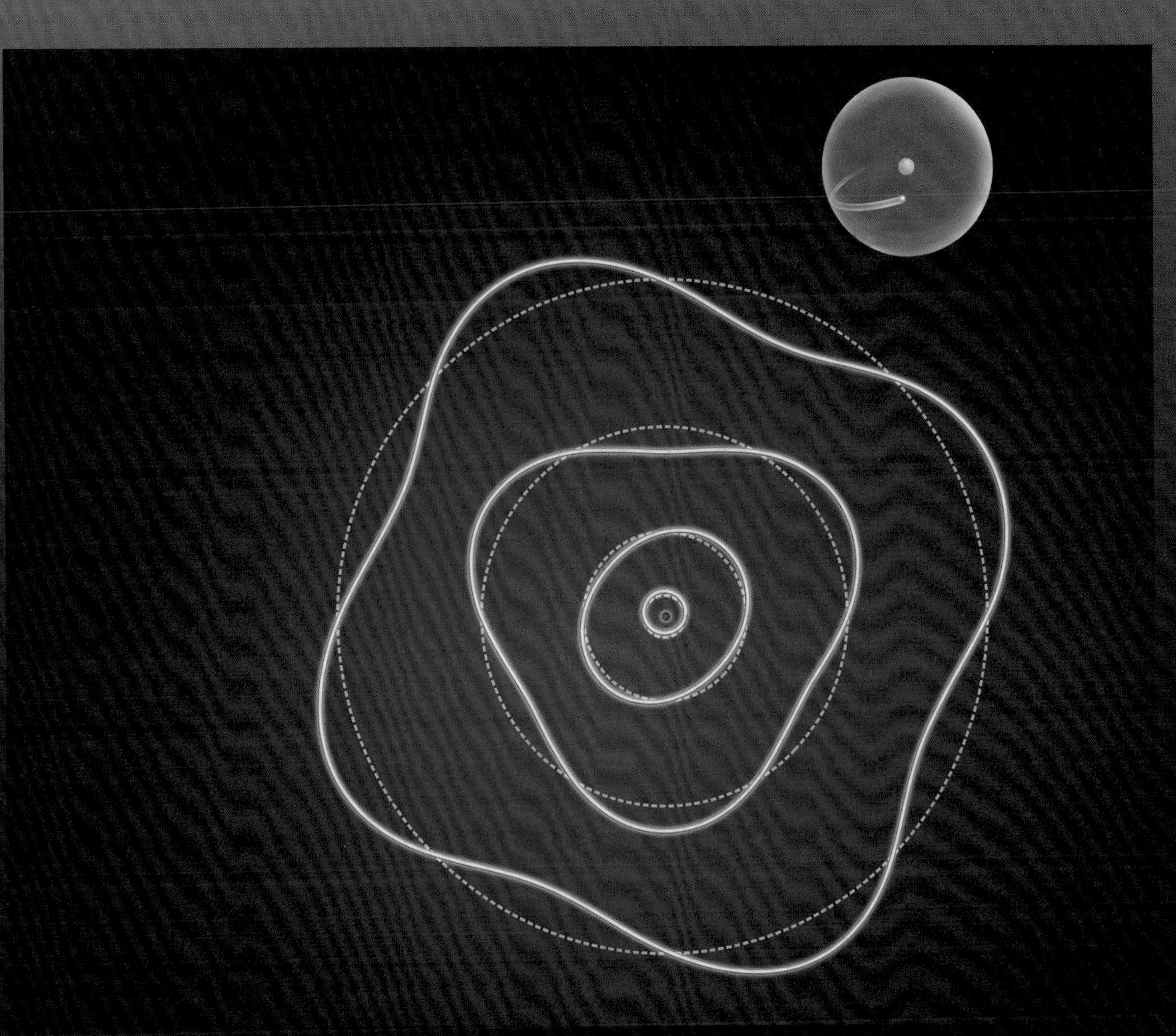

# 如果光只是波，那就应该看不到稍远处的烛光

本书的第 3 部分曾介绍过光是一种波。不过，如果光只是一种波的话，那就会看不到黑暗中几十米远处的烛光了。这究竟是怎么一回事呢？

蜡烛火焰放出的光波以火焰为中心的球面向外扩散。在离蜡烛 1 米远处放置一个屏幕，烛光会照亮屏幕。在距离蜡烛 3 米远处放置一个屏幕，屏幕的亮度只有之前的 1/9。由于蜡烛发出的光是球面形向外扩散的，所以，当距离增大为 3 倍远时，面积则增大为 9 倍（3×3），光波变“稀疏”了。就这样，光波与距离的平方成反比，距离越远，光越弱。

“能看到烛光”意味着“视网膜上的感光分子受到射入眼内光线的刺激而发生了变化”。科学家从光是波的观点对射入眼内的波的强度进行了计算，结果表明，当蜡烛位于几十米远处时，根本无法获得足以

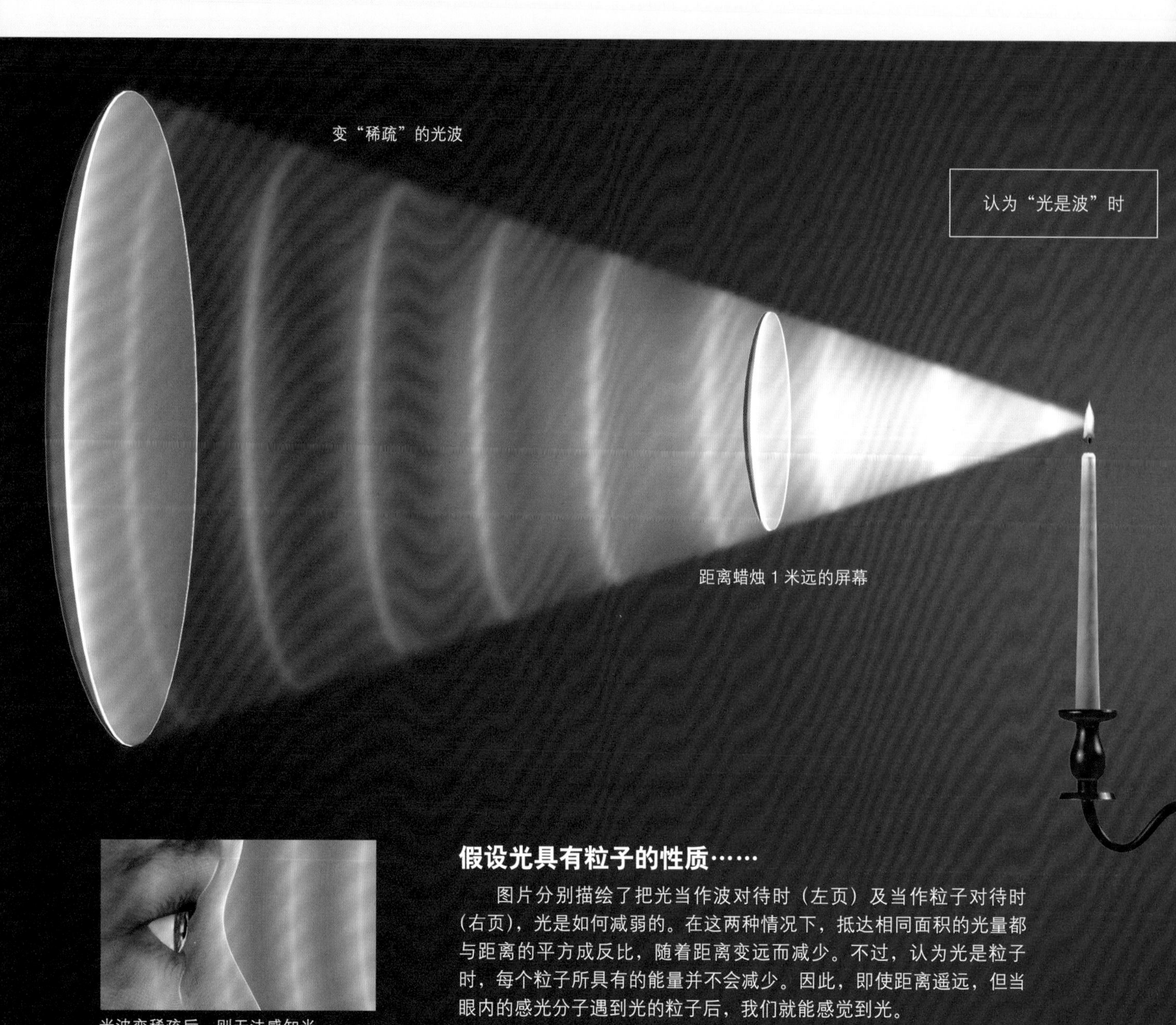


光波变稀疏后，则无法感知光

### 假设光具有粒子的性质……

图片分别描绘了把光当作波对待时（左页）及当作粒子对待时（右页），光是如何减弱的。在这两种情况下，抵达相同面积的光量都与距离的平方成反比，随着距离变远而减少。不过，认为光是粒子时，每个粒子所具有的能量并不会减少。因此，即使距离遥远，但当眼内的感光分子遇到光的粒子后，我们就能感觉到光。

我们能看到夜空中的星星也是基于同样的道理。遥远恒星发出的强光历经数光年的漫长旅程后已经变得非常微弱了。尽管如此，由于每个光子所携带的能量并不会减弱，所以，我们才能看到灿烂星光。

让感光分子发生变化的能量。

## 光也具有粒子的性质！

实际上，我们能看到黑暗中几十米远的蜡烛。如果考虑到光也具有粒子性质的话，则能够很好地解释这一点。

假设蜡烛火焰向周围释放光子（光的粒子）。当距离蜡烛 1 米远处放置一个屏幕时，大量光子抵达屏幕，照得屏幕非常亮。当这些光子继续前进，抵达 3 米远处的屏幕时，扩散面积增大为 9 倍，光子密度变为之前的 1/9，亮度减弱了。光的亮度与距离的平方成反比，距离越远，亮度越暗。这一点与认为“光是波”时完全相同。

不过，1 个光子所携带的能量并不会随着光渐行渐远而减弱，而是保持不变。射入眼内的光子数随着距离变远而越来越少。如果光子具有足够的能量的话，则可以使感光分子发生变化，所以也就能看到烛光了。

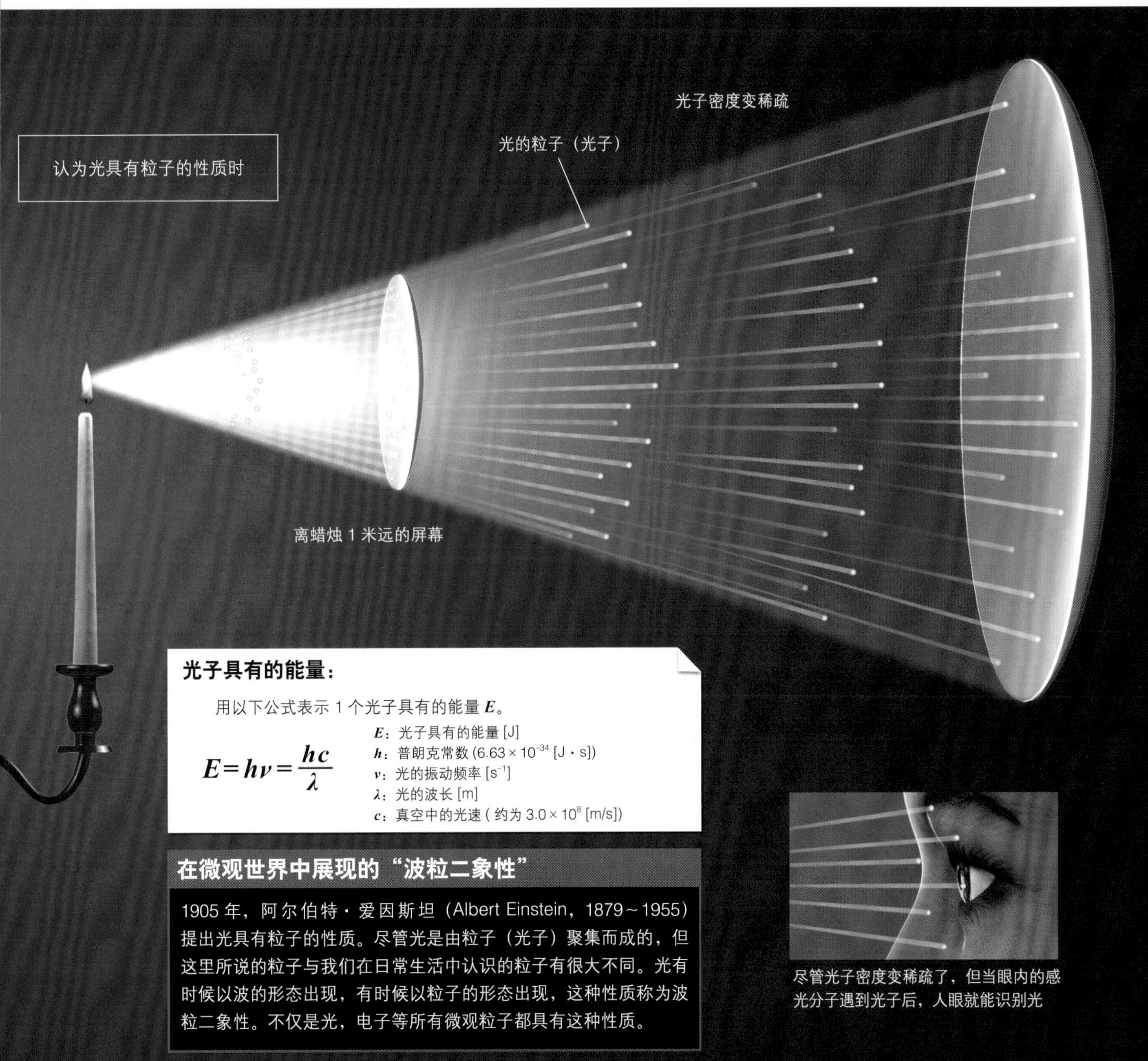


**光子具有的能量：**

用以下公式表示 1 个光子具有的能量 $E$。

$$E=h\nu=\frac{hc}{\lambda}$$

$E$：光子具有的能量 [J]
$h$：普朗克常数 ($6.63\times10^{-34}$ [J・s])
$\nu$：光的振动频率 [$s^{-1}$]
$\lambda$：光的波长 [m]
$c$：真空中的光速（约为 $3.0\times10^{8}$ [m/s]）

### 在微观世界中展现的“波粒二象性”

1905 年，阿尔伯特・爱因斯坦（Albert Einstein，1879～1955）提出光具有粒子的性质。尽管光是由粒子（光子）聚集而成的，但这里所说的粒子与我们在日常生活中认识的粒子有很大不同。光有时候以波的形态出现，有时候以粒子的形态出现，这种性质称为波粒二象性。不仅是光，电子等所有微观粒子都具有这种性质。

尽管光子密度变稀疏了，但当眼内的感光分子遇到光子后，人眼就能识别光

# 电子在原子中有固定“住所”

我们身边的物质都是由原子构成的。原子由原子核与电子构成，原子核带正电，位于原子中心，电子带负电，围绕原子核运转——这是我们非常熟悉的原子“形象”。

直到 20 世纪初，科学家才弄清楚原子的“形象”。但是，当时科学家普遍认为，原子的上述“形象”存在问题。众所周知，电子做圆周运动时，会释放光（电磁波）而损失能量。这意味着围绕原子核运转的电子会逐渐失去能量而坠向原子核，原子将无法继续保持原有的“形象”。

针对这一疑问，丹麦物理学家尼尔斯・玻尔（Niels Bohr，1885～1962）于 1913 年提出了一个非常关键的线索。玻尔认为，围绕原子核运动的电子只能“定居”在分散的特殊轨道内，且位于特殊轨道的电子不释放出电磁波。电子的这种状态称为“稳定状态”。

## 如果认为“电子也具有波的性质”，就能够完美解释！

那么，为什么电子只能位于特殊轨道内呢？法国物理学家路易斯・德布罗意（Louis de Broglie，1892～1987）的观点得到普遍认可，并能够完美回答这个问题。

1923 年，德布罗意提出“如果光既具有波的性质，也具有粒子的性质，那么，一直被当作微观粒子的电子也应该具有波的性质”。假设电子具有波的性质，那么，如果电子的轨道长度是电子波长的整数倍的话，当电子的波绕轨道一周时，波正好能衔接起来（右页图）。就这样，当电子的波与轨道长度处于“恰到好处的长度”时，就是电子的稳定状态。

## 电子的波只能存在于“恰到好处的轨道”

围绕原子核运动的电子只能“定居”在分散的轨道上。右图为氢原子的电子轨道。德布罗意认为，电子那样的微观粒子也具有波的性质。这种波称为“物质波”（德布罗意波）。电子波的波长不能自由变化，而是取决于到原子核的距离。因此，只有轨道长度恰好是电子波整数倍的轨道内才有电子存在。

此外，当外层轨道的电子向内层轨道跃迁时，会释放出具有一定能量（波长）的光（电磁波，下图）。与此相反，当电子吸收具有一定能量的光时，则会从内层轨道跃迁到外层轨道。

把电子当作粒子考虑时的氢原子

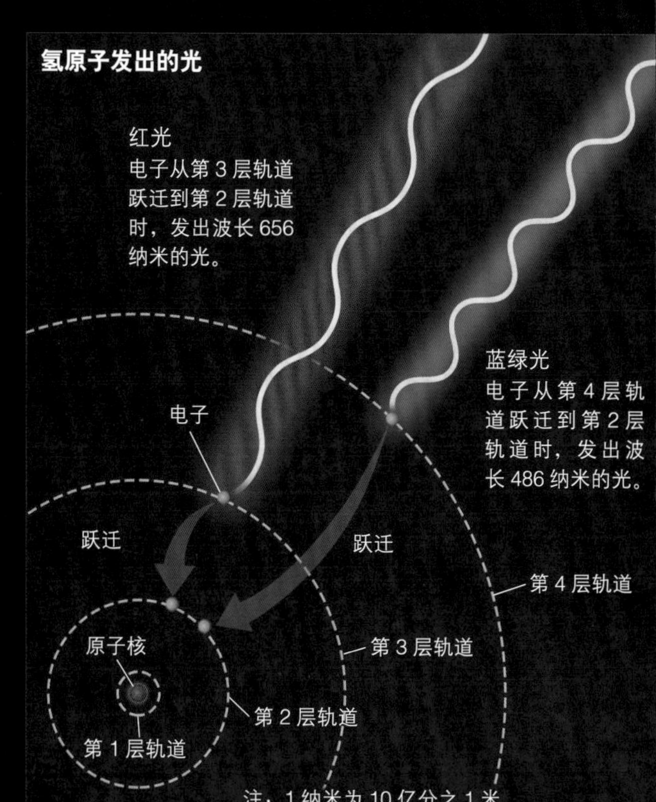

如右图所示，如果轨道长度不是波长整数倍的话，则这些轨道里无法存在电子。

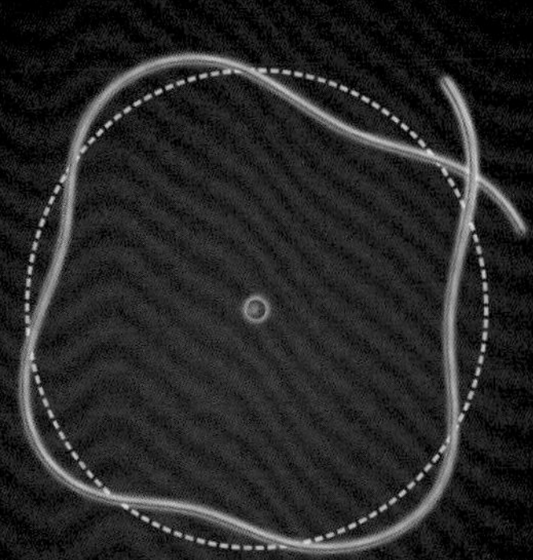

**氢原子的电子轨道**

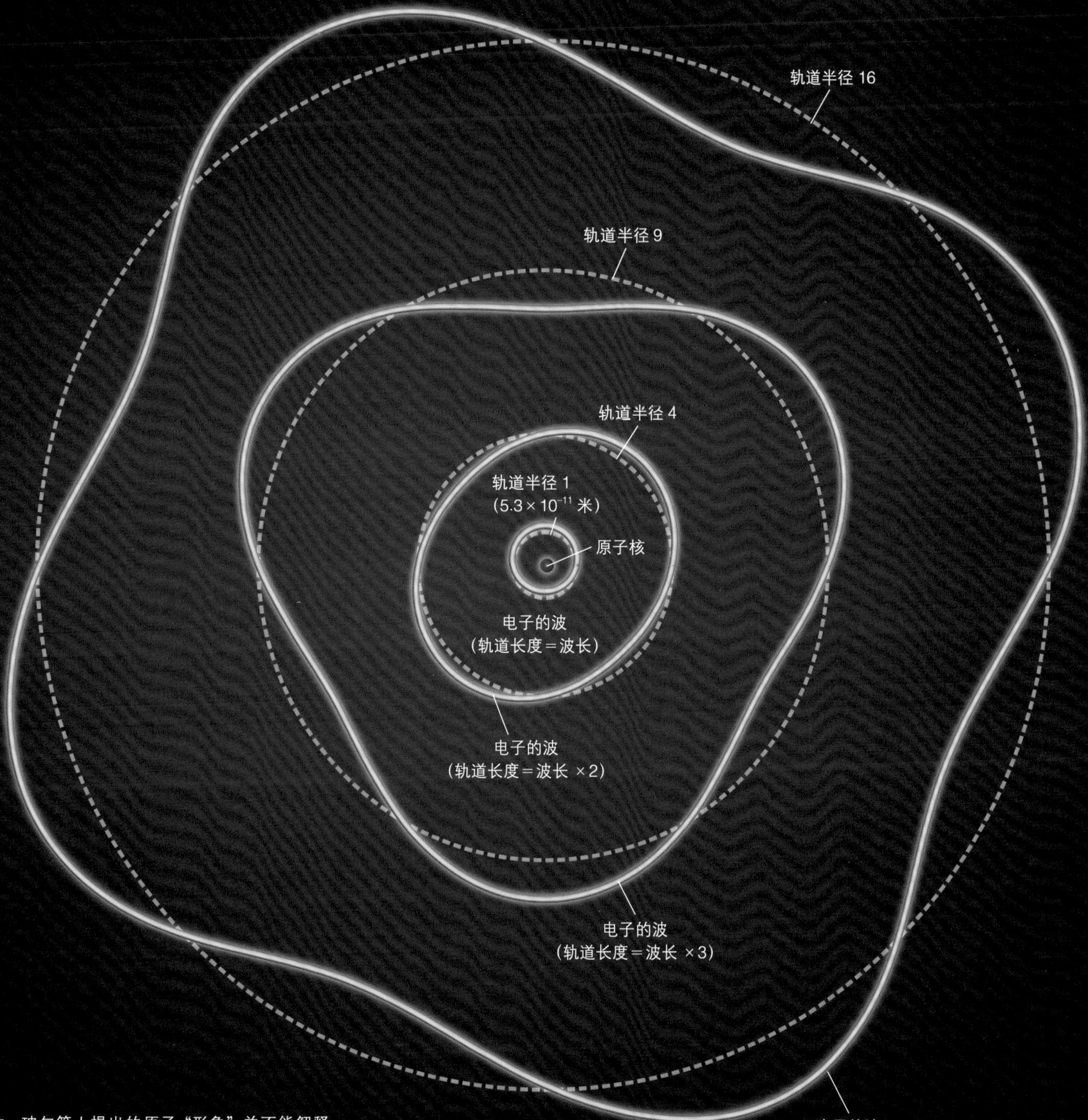

轨道半径 16

轨道半径 9

轨道半径 4

轨道半径 1
（$5.3\times10^{-11}$ 米）

原子核

电子的波
（轨道长度＝波长）

电子的波
（轨道长度＝波长 ×2）

电子的波
（轨道长度＝波长 ×3）

电子的波
（轨道长度＝波长 ×4）

注：玻尔等人提出的原子“形象”并不能解释原子的所有性质。后来发展完善的量子力学阐释了更加严谨的原子结构。

# 原子核聚变或裂变时，会释放出巨大的能量

为什么太阳光芒万丈？进入 20 世纪后，人类终于弄清楚了其中的作用机制。太阳主要由氢构成，核心温度高达 1500 万摄氏度，压力相当于 2300 亿个大气压，是一个极其炙热和高压的世界。在这里，电子摆脱了原子核的束缚，四处纷飞。结果 4 个氢原子核发生剧烈碰撞并融合到一起，生成氦原子核，这称为核聚变反应。

核聚变时，会释放出巨大的能量（新生成的原子核等的动能与电磁波）。正是借助于这一能量，太阳表面才能保持大约 6000 摄氏度的高温，并释放出灿烂光芒。

为什么发生核聚变反应时会释放出巨大的能量？爱因斯坦在 1905 年发表的相对论中提到的“$E=mc^2$”（质能方程）能够很好地解释其中的原理。

## 太阳与核反应堆的能量之源

图片描绘了太阳内部发生的核聚变反应（左页）与核电站的核反应堆内发生的核裂变反应（右页）。在这两个反应中，反应后的总质量都比反应前减少了，减少的那部分质量释放出巨大的能量。

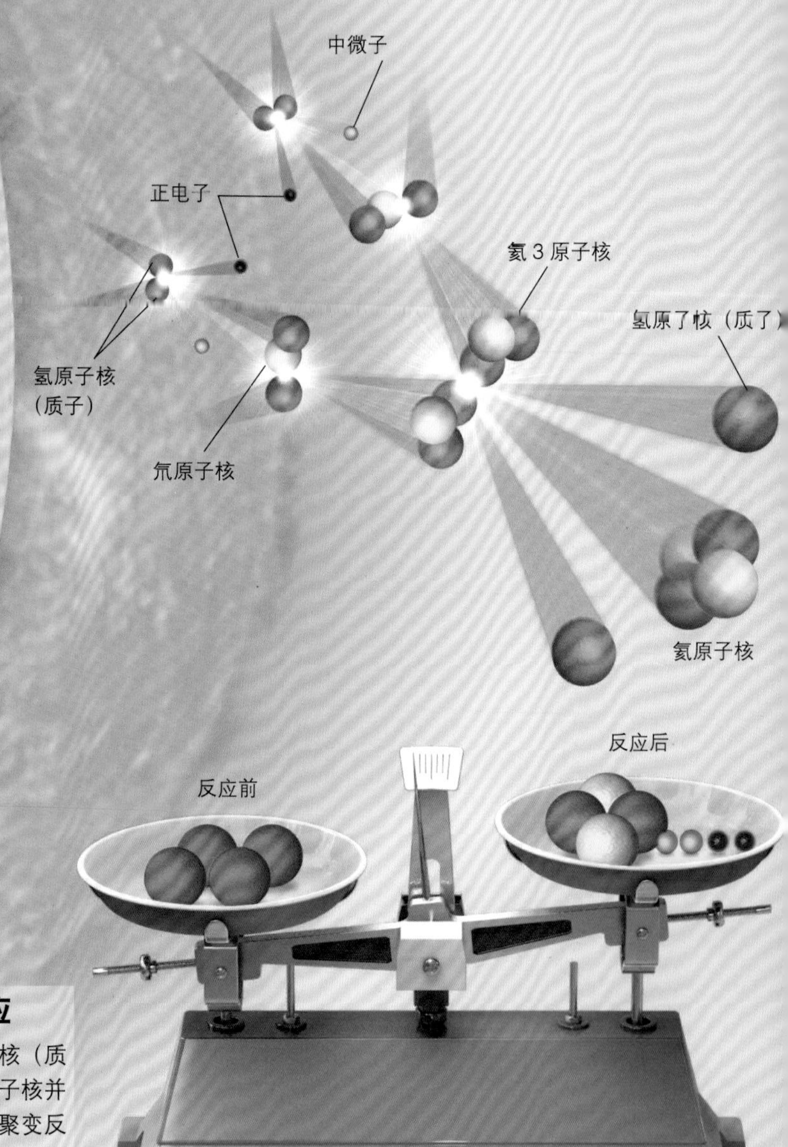


## 太阳中发生的核聚变反应

在太阳的中心，4 个氢原子核（质子）发生核聚变反应，生成氦原子核并释放出巨大的能量。实际上，核聚变反应主要分成 3 个阶段进行，由 4 个氢原子核结合成 1 个氦原子核。

这个方程表示，能量（$E$）与质量（$m$）在本质上是相似的。其中 $c$ 表示光速，速度约为每秒 30 万千米。

与核聚变前的 4 个氢原子核的总质量相比，核聚变后生成的氦原子核质量，以及在反应过程中生成的粒子质量之和减轻了大约 0.7%，这称为质量亏损。用 $E=mc^2$ 方程解释的话，则意味着反应后的粒子具有的能量小于反应前。减少的这部分能量就是核聚变所释放出的能量。

## 核裂变是核能发电的基础

大质量原子核分裂的“核裂变反应”也能生成巨大的能量。例如，铀 235 的原子核因吸收中子（构成原子核的不带电粒子）而变得不稳定，分裂为碘 139 与钇 95 等其他原子核，并释放出巨大的能量。

这时，对反应前后的总质量进行对比，结果发现反应后的总质量大概减少了 0.08%。只有减少的这部分质量释放出能量，核能发电正是利用这一能量进行发电的。

想了解更多！
请详见第 150 页　核力与放射性同位素

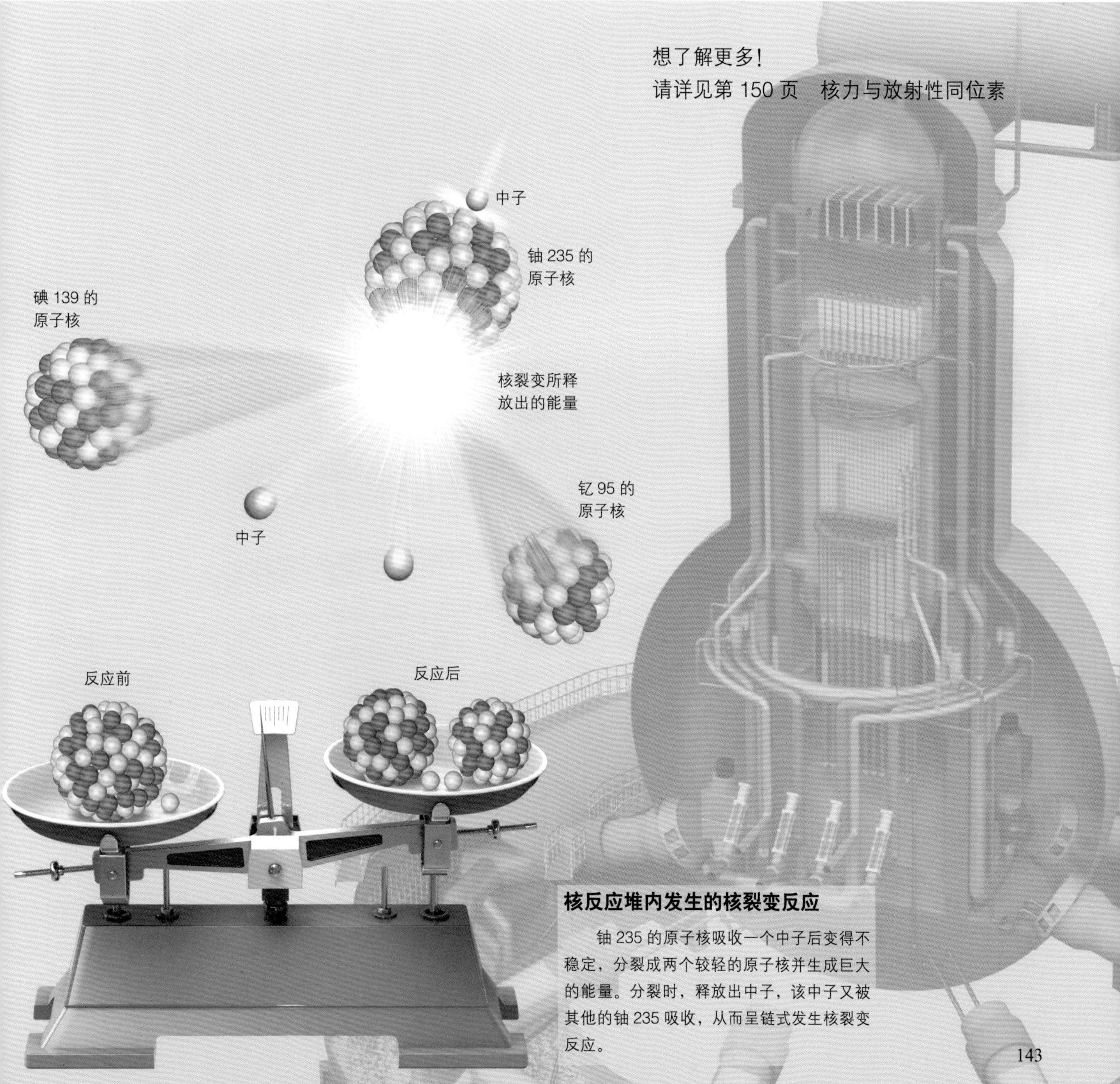


### 核反应堆内发生的核裂变反应

铀 235 的原子核吸收一个中子后变得不稳定，分裂成两个较轻的原子核并生成巨大的能量。分裂时，释放出中子，该中子又被其他的铀 235 吸收，从而呈链式发生核裂变反应。

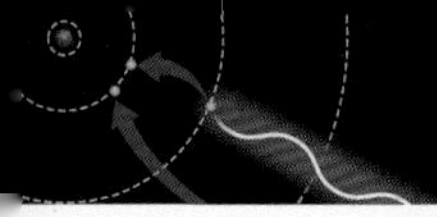



# 人类对原子结构的探索造就了量子力学，对光速的

正如第 138～141 页所介绍的那样，光子与电子兼具波与粒子的双重性质（波粒二象性）。不仅是光子和电子，其他所有微观粒子（原子、原子核、质子、中子及其他基本粒子等）都具有这一不可思议的性质。对于“波粒二象性”这一看似矛盾的奇妙事实，科学家的解释如下：

例如，电子在“未观测时”（没有观测的时候）具有波的性质，且遍布整个空间（下图左）。当该电子波遇到光，“看到”其位置（观测到）时，令人不可思议的是电子的波会瞬间坍缩并集中到一点，形成“尖锐的波”（波的收缩，下图右）。对我们来说，集中到一点的波看上去很像粒子。也就是说，未观测时，电子以波的形态出现；一旦观测到，则以粒子的形态出现。

观测电子时，作为粒子的电子会出现在观测前作为波所扩散范围内的某个地方。不过，科学家只能从概率上预测电子到底会出现在哪里。例如，出现在这个范围内的概率为 30%，出现在另一个范围内的概率为 2% 等。用上述观点解释的话，我们就能很好地理解电子等所具有的“波粒二象性”。但是，这种观点在科学家之间也没有明确结论，几十年来，大家一直对此争执不休。

微观粒子的波也可以用数学公式表达，这就是波函数。薛定谔方程可以推导出波函数是什么形状，以及如何随时间而变化。例如，关于电子的波函数，通过从数学上求解这个方程，就可以得知原子内的电子轨道等。

描述微观粒子“行为举止”的理论称为“量子力

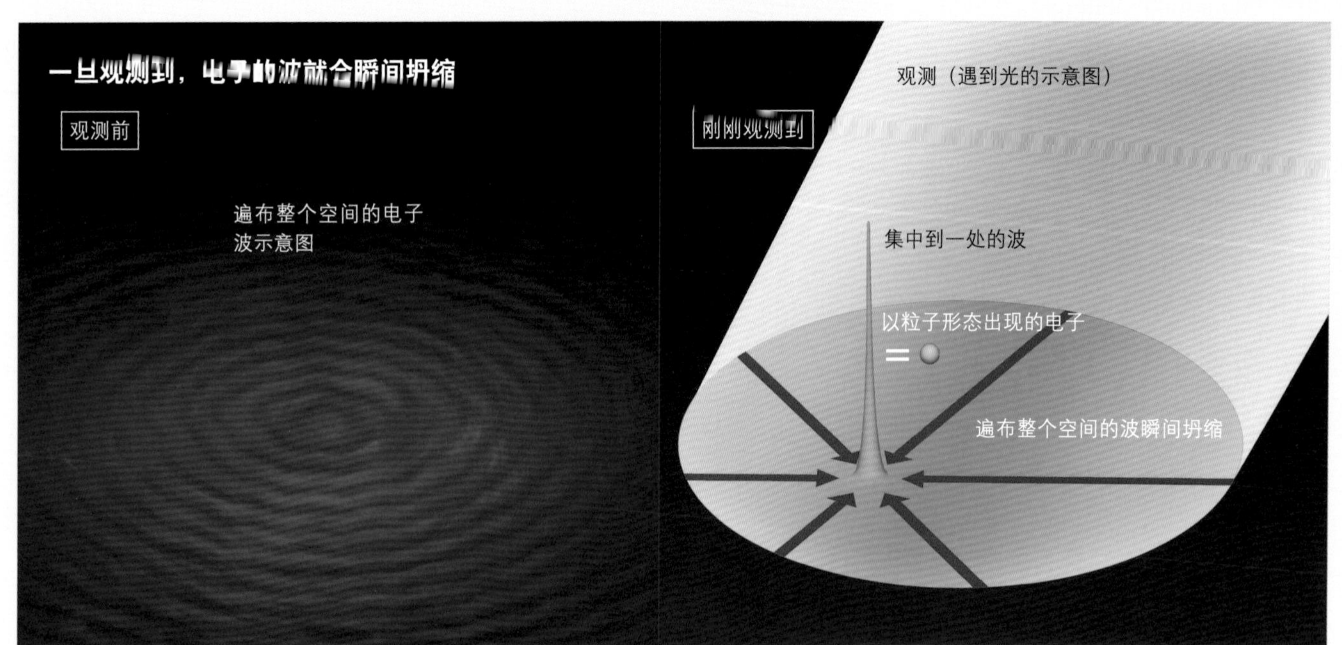


图片描绘了电子的波粒二象性。左图为观测前遍布整个空间的电子波示意图。一旦开始观测，电子的波就会瞬间集中到之前散布范围内的某个地方，变为“尖锐的波”（右图）。我们以粒子的形态观测到这种尖锐的波。

### 用数学公式表示电子波的“波函数”

奥地利物理学家埃尔温·薛定谔进一步完善了德布罗意的物质波理论（详见第 140 页），并于 1926 年提出了一个电子波必须满足的方程（微分方程，见右边的公式）。这个方程称为“薛定谔方程”，方程中的 $\Psi$ 称为波函数，是用数学来表示电子的波。

$$i\hbar\frac{\partial\psi}{\partial t}=-\frac{\hbar^2}{2m}\frac{\partial^2\psi}{\partial x^2}+U(x)\psi$$

# 探索造就了相对论

学”（量子论）。量子论是奠定现代物理学基础的理论之一。

## 时间与空间伸缩——相对论

著名的相对论是与量子论相提并论的现代物理学的另一大支柱。相对论是爱因斯坦创建的有关时间与空间（时空）及引力的理论。

光速不变原理是相对论的基石之一。这是指“无论观测光的人或光源以怎样的速度移动，光速总是恒定不变，保持在每秒约 30 万千米”。

这彻底颠覆了我们在日常生活中感受的速度常识。例如，从时速 50 千米的电车中，以时速 100 千米向电车行进方向扔出一个球。对于电车外的观察者来说，球速为时速 150 千米（50 千米 + 100 千米）。然而，光并不遵循这样的速度叠加。

此外，光速不变原理也得到了实验证实，我们只能认为“在宇宙中，光速对任何人来说都是恒定不变的”。为了符合逻辑地解释这一点，爱因斯坦提出，时间流逝与物体长度都会因观察者所处的位置不同而不同。正是基于这一观点，爱因斯坦在 1905 年发表了著名的狭义相对论。

在第 1 部分介绍的力学称为牛顿力学，其成立前提是满足上述抛球例子中单纯的“速度叠加”。然而，相对论明确指出这样的“常识”未必正确。本文不再进行详细解释，但当物体的运动速度接近光速时，将不再遵循单纯的速度叠加。

随着相对论登上历史舞台，力学从牛顿力学逐渐发展为认为时间与长度都因立场而异的“相对论力学”。但如果说“牛顿力学是错误的”，则有些言过其实。当物体的速度远远低于光速时，牛顿力学则非常完美地适用。只有当物体的运动速度接近光速时，相对论力学才能显示出其存在的必要性。

**引力的本质是时空弯曲**

太阳及地球等行星的质量导致其周围的时空弯曲。受时空弯曲的影响，物体的行进路径自然而然地发生改变，这就是引力的本质。

之后，爱因斯坦进一步完善了狭义相对论，在 1915～1916 年期间发表了广义相对论，阐明了引力的本质。广义相对论认为，具有质量的物体会导致周围时空弯曲从而产生引力。

广义相对论是描述天体等大规模（宏观）世界的理论。如今，广义相对论是探索宇宙诞生之谜不可或缺的重要理论。

## 致力于构建终极理论，继续探索物理学

目前，理论物理学家正在致力于把研究微观世界的量子论与研究宏观世界的广义相对论结合起来，构建一个“终极理论”。这一个理论暂称为“量子引力理论”。物理学旨在阐明整个世界运行的机制，但到目前为止尚未实现这一目标。如今，物理学家正在努力探索隐藏在自然界中的“规律”。

# 光（电磁波）就像是一个个的“能量包”

本书把光视为一种波，即认为“光是波”，但自然界有许多涉及光的现象，若把光只视为一种波，就无法得到合理的解释。这其中就有一种被称为“光电效应”的现象。光电效应是指金属受到光（电磁波）的照射得到光能以后，内部的电子从金属中逸出的一种现象。

如果光只是一种波，那么光电效应就是一种无法解释的现象。用长波长的光照射金属，无论多么强的光，也不会有电子从金属逸出（**1–a**）。另一方面，用短波长的光照射金属，即使是很弱的光，也会有电子从金属逸出（**1–b**）。强光意味着电磁波的振幅很大（**2–a**），其中的电场箭头长度很长，按理说应该有比较大的能量驱动金属内的电子，把它们逐出金属。反之，比较弱的光，电磁波中的电场箭头比较短（**2–b**），不会有多大的能量驱动金属电子内部的电子，因而无法把它们逐出金属。然而，在实际的光电效应中，只要波长足够短，即使比较弱的光也能使电子获得足够大的能量而逸出金属。显然，如果把光仅视为波，这种现象就无法得到解释。

这个难题最后是由阿尔伯特·爱因斯坦解决的。爱因斯坦认为，包括可见光在内的电磁波具有粒子性质，携带着一个个的“能量包”行进。电磁波实际上是由大量不可能再加以分割的“能量的最小单元”所组成。这些最小的能量单元被称为“光子”（或“光量子”）。短波长的电磁波，由于频率较高，其中的光子能够剧烈驱动电子，也就是说，赋予电子比较大的能量。

把光视为由光子组成，那么，强光不过是光子的数量较多而已。通常，作用于一个电子的只有一个光子，因此，波长比较长的光即使光子的数量很多（即很亮），由于其中一个光子的能量比较小，仍然无法将电子逐出金属（**3–a**）。另一方面，波长比较短的光，单个光子能量很大，作用于一个电子，就有可能将它逐出金属（**3–b**）。

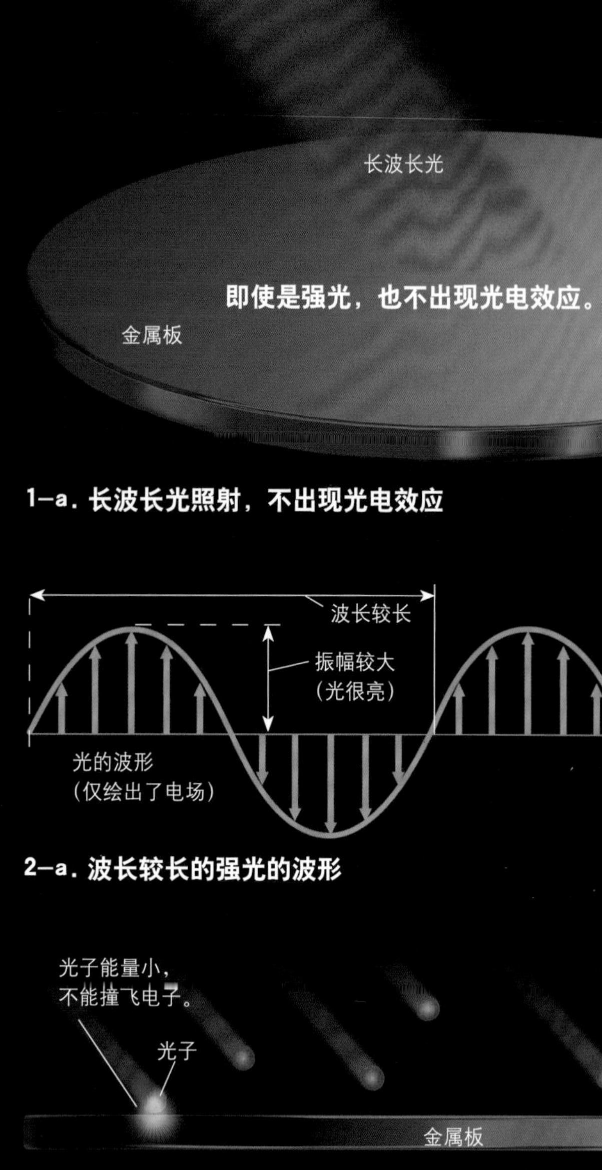


**1–a. 长波长光照射，不出现光电效应**

**2–a. 波长较长的强光的波形**

**3–a. 长波长光的光子能量较小**

光子的数量尽管很多，但单个光子的能量不能撞飞电子。

### 光子像弹子一样击打电子，将电子打飞

还有一种叫作“康普顿效应”的现象，指的是用X射线照射金属，反射的X射线的波长变长（能量变小）的事实。这种康普顿效应也必须要把电磁波视作光子才能够加以解释。具体的解释是这样的：X射线的光子就像台球的主球那样撞击电子，将电子打飞。电子在碰撞中获得了能量，而X射线的光子失去了一部分能量，因而反射的X射线的波长变长。

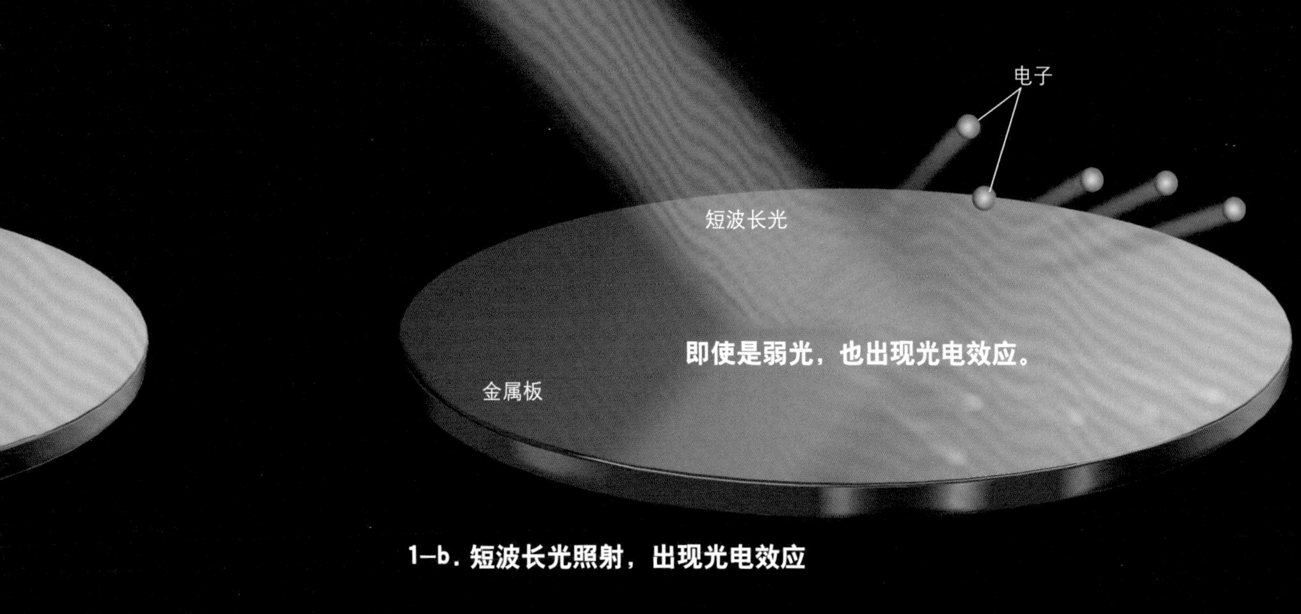


1-b. 短波长光照射，出现光电效应

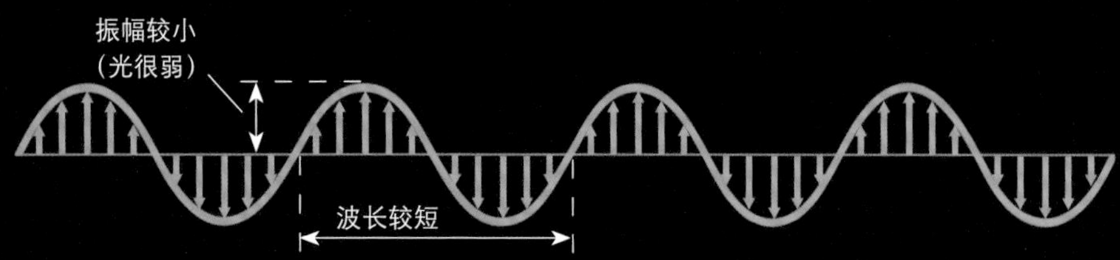


2-b. 波长较短的弱光的波形

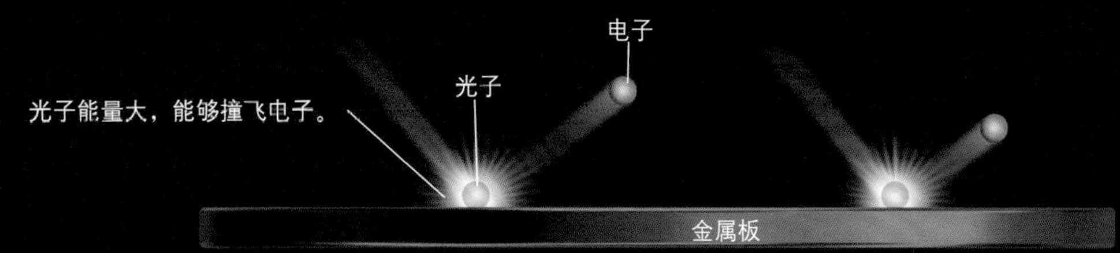


3-b. 短波长光的光子能量较大

单个光子的能量便足以撞飞电子

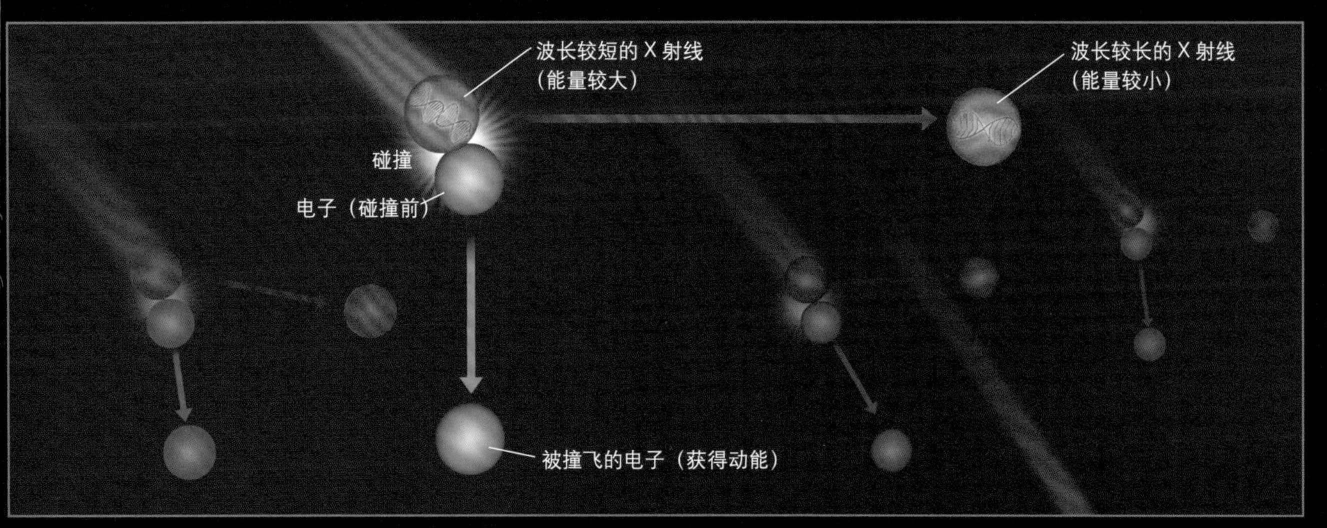

# 微观世界是由波支配的

电子是原子的构成要素之一，是一种粒子，经常被描绘成一个小球，但实际上电子并不仅是粒子，它也有波的性质。“电子的双缝实验”证实了这一点。

用前端尖锐的金属“电子枪”一个一个地发射电子。电子枪的前面放置有加了电压的中心电极，中心电极的后面是电子检测器。不可思议的是，这个实验持续进行下去的话，就会出现条纹。这些条纹与波的“双缝实验”中出现的干涉条纹（详细内容请参考右页图片）非常相似。

## 电子具有“波粒二象性”

由于电子是一个一个地射入检测器的，所以，在那个点上会像粒子一样运动。不过，仔细观察大量电子的实验结果，我们就会发现形成了干涉条纹，电子

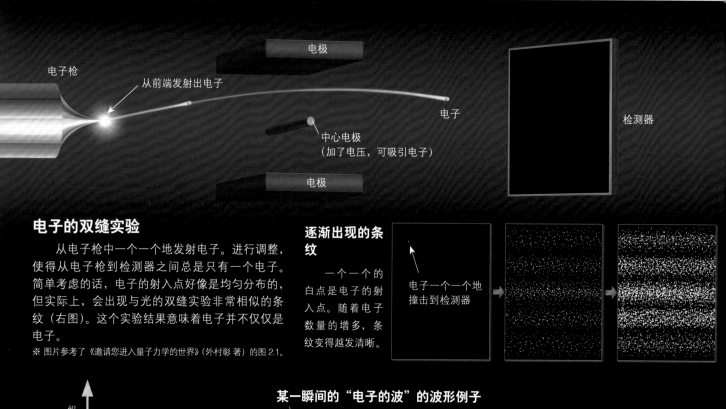

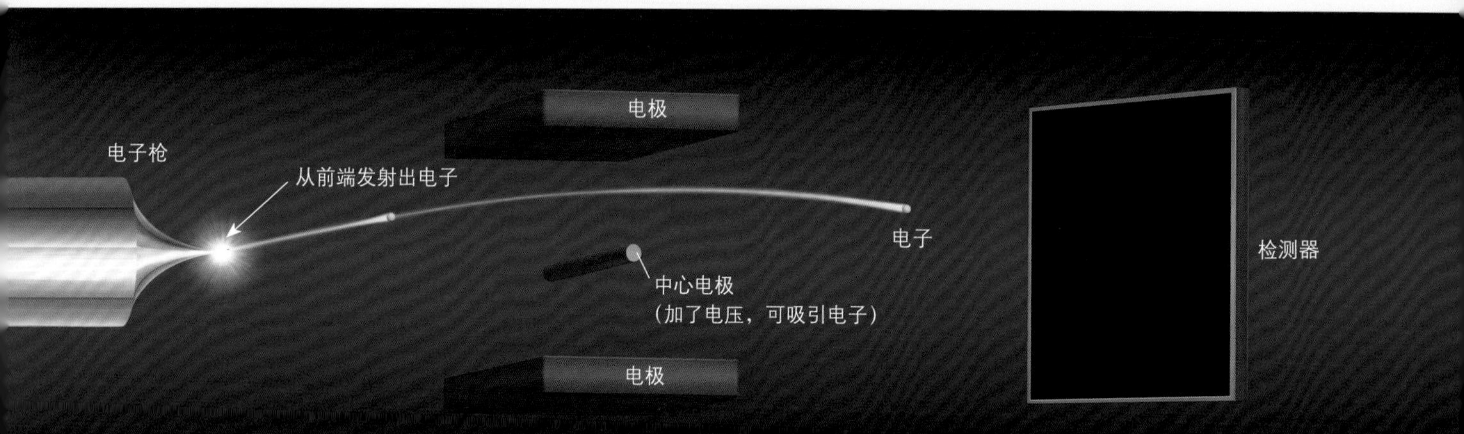

电极
电子枪
从前端发射出电子
电子
检测器
中心电极
（加了电压，可吸引电子）
电极

### 电子的双缝实验

从电子枪中一个一个地发射电子。进行调整，使得从电子枪到检测器之间总是只有一个电子。简单考虑的话，电子的射入点好像是均匀分布的，但实际上，会出现与光的双缝实验非常相似的条纹（右图）。这个实验结果意味着电子并不仅仅是电子。

※ 图片参考了《邀请您进入量子力学的世界》（外村彰 著）的图 2.1。

### 逐渐出现的条纹

一个一个的白点是电子的射入点。随着电子数量的增多，条纹变得越发清晰。

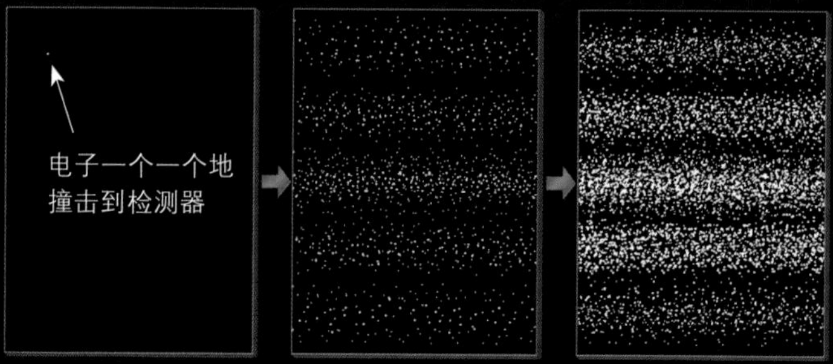

电子一个一个地撞击到检测器

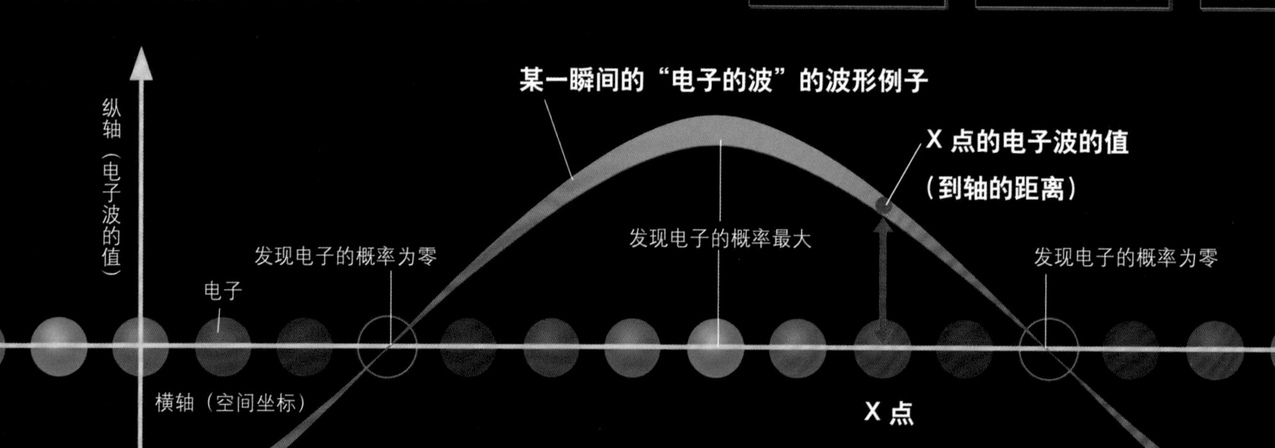

在像波一样运动。这到底应该怎么解释呢？

## 电子的波与“发现概率”密切相关

这种不可思议的现象用研究微观世界的物理学“量子论（或量子力学）”的标准解释（哥本哈根诠释）可以说明：在观测前，电子可表述为在空间中扩散的波。但在观测的瞬间，电子的波会“收缩”为 1 点，表现为粒子的形态。因此，在哪里发现电子取决于电子波的发现概率。

下面，我们整理一下电子的双缝实验。电子从电子枪发射出来后，以波的形式扩散和行进，同时穿过中心电极的两侧，在检测器前发生干涉。干涉的结果是，电子的发现概率会因位置不同而不同。发射大量电子的话，根据发现概率不同，会形成由明亮部分（发现概率高）和黑暗部分（发现概率低）构成的干涉条纹。

“电子的波”这一观点是量子论的基础。量子论在现代电子学（电子工学）领域不可或缺，如果没有量子论，计算机和手机也不会诞生。

### 波的双缝实验

波穿过有两条狭窄细缝（双缝）的挡板，即使在已经穿过窄缝后，波也会发生衍射而一边扩散一边行进。因此，两个波会发生干涉。

在光波中，波峰的高度相当于亮度。在波峰与波峰重叠的地方，波相互增强，光变亮。在波峰与波谷重叠的地方，波相互减弱，光变暗。结果放在双缝后面的屏幕上会出现条纹。

1807 年，英国物理学家托马斯·杨（1773～1829）进行了光的双缝实验，揭示了光具有波的性质。

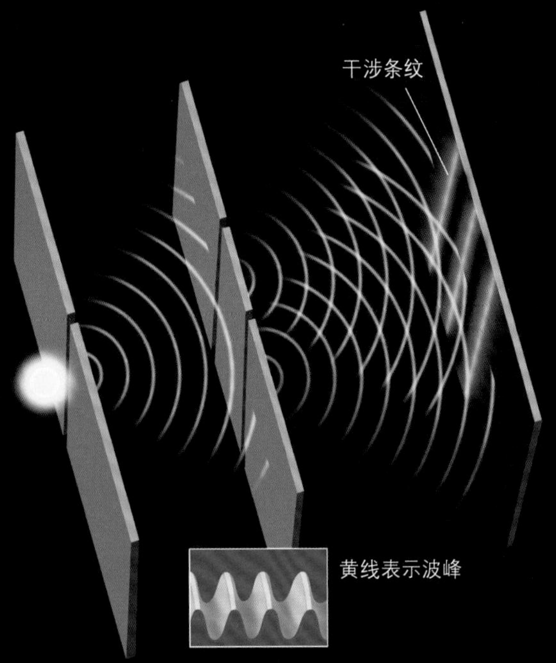


**更详细的说明**

### 在分子水平上也会发生干涉

并非只有电子才会发生干涉。研究证实，电子以外的基本粒子（不可再分割的粒子），以及比电子大的原子或分子也具有波的性质，都会发生干涉。由 60 个碳原子结合成的足球形状的“富勒烯分子（$C_{60}$）”也是其中之一。

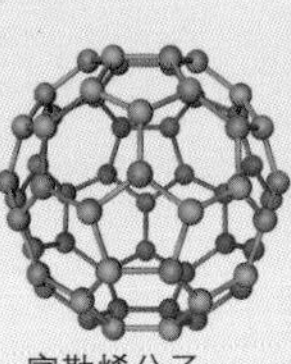
富勒烯分子

### 电子的波（下图）

虽然实际的电子波是三维扩散的，但图片是特定方向上的电子的波形示意图。电子的波形与发现概率密切相关。图中，发现概率越高的地方，电子“小球”的透明度越低。电子的发现概率最大的点是波峰的峰顶与波谷的谷底。而且，在电子的波形与横轴交叉的点，电子的发现概率为零。此外，电子波的值（相当于到图片横轴的距离）实际上采用了“复数”的值。复数是使用“虚数 **i**”（平方是 −1），用“**a+bi**”表示的数（**a**、**b** 均为实数）。根据量子力学理论，某一地方的电子发现概率与该处的波值的绝对值的平方成正比。

发现电子的概率为零

发现电子的概率最大

发现电子的概率为零

发现电子的概率最大

# 为什么质子和中子不会分开？

构成原子核的质子带正电，中子不带电。这样的粒子群为什么会结合在一起呢？

1934年，日本物理学家汤川秀树（1907～1981）预言了把原子核结合在一起的力，这就是“核力”。

核力产生于质子与中子之间、质子之间或中子之间，尤其是作用于质子和中子之间的强引力把原子核结合为一体。

研究发现，核力的作用距离非常短，只有质子或中子半径的几倍左右。而且，在核力的作用范围内，如果把核力与电力的强度相比较的话，核力是电力的大约100倍。虽说质子之间有电荷斥力，但由核力产生的引力远远大于电荷斥力。因此，原子核不会

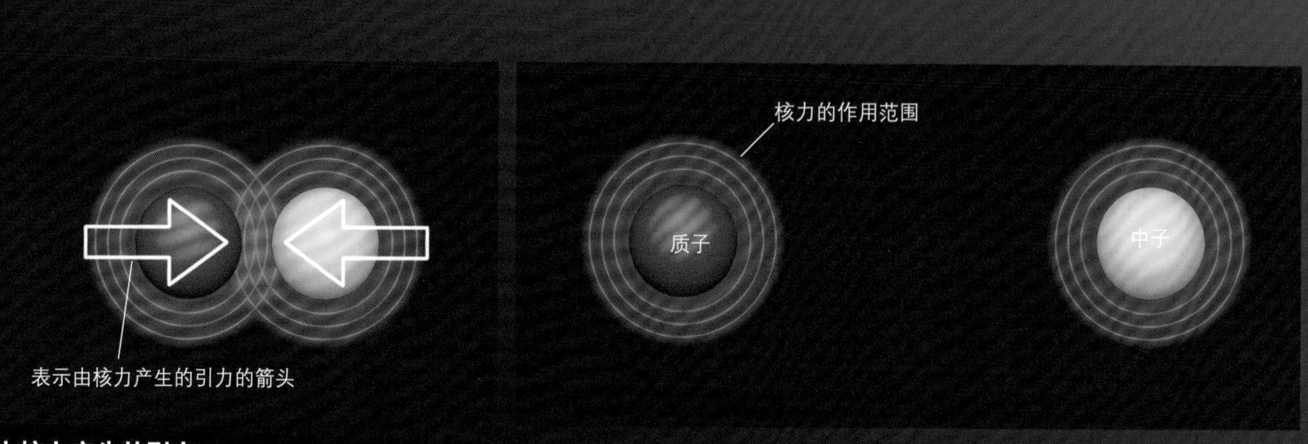


**由核力产生的引力**

因为核力，质子和中子之间会产生很强的引力。这种引力的作用范围是$10^{-12}$毫米的好几倍，仅限于“核子”的周围。如上图所示，当“核子”极其靠近时，核力就会产生作用。如果比较一下作用于相同距离的力的强度的话，核力非常强，是电荷斥力的大约100倍，正是因为强大的核力作用，原子核才不会分开。不过，在“核子”多的重原子核中，电荷斥力也绝不可忽视。

**放射线的种类**

“α 射线”是氦原子核高速释放的射线，“β 射线”是高速释放出的电子或正电子，“中子线”是因核裂变反应而飞出的高速中子。这些放射线全都是由粒子组成的。

“X 射线”和“γ 射线”都是电磁波的一种。X 射线是原子核周围的电子从高能状态转变为低能状态时释放的，γ 射线是原子核从高能状态转变为低能状态时释放的。在通常情况下，γ 射线比 X 射线的能量高。

图中的箭头表示各种放射线的穿透力。

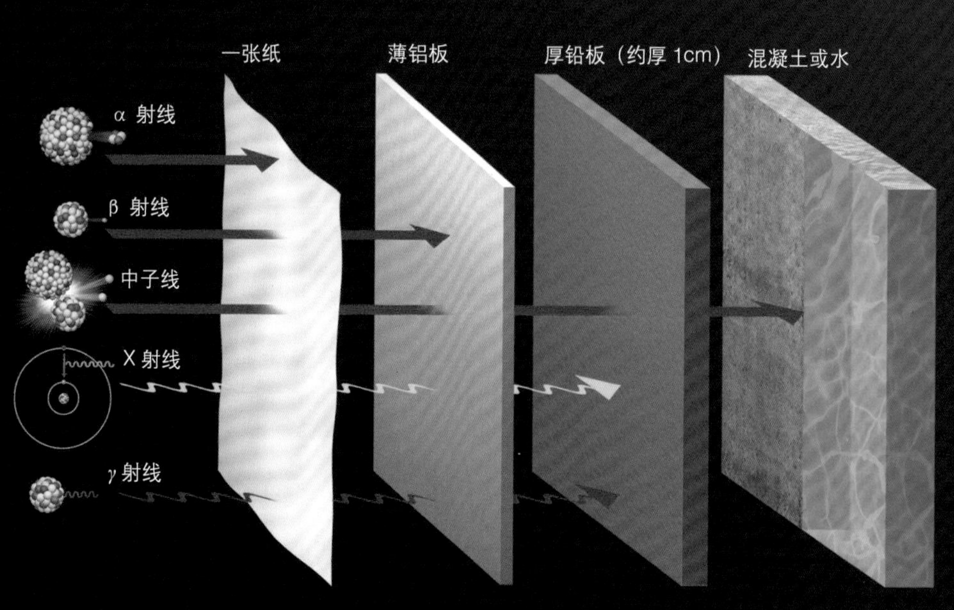

分开。

不过，原子核中存在不稳定的可自发辐射“放射线”的物质（参照左页下图）。这就是“放射性同位素”。例如，有两个中子的氢原子核通过释放 β 射线（其本质是高速电子），导致其中一个中子变成质子，结果氢原子核变成了其他原子核（氦 3）。

如果原子核中的质子和中子数量过多的话，有时原子核本身也会自发地分裂（自发裂变）。原子核裂变时，多余的中子会从原子核中飞出。自然界中不存在这种自发裂变的放射性同位素。

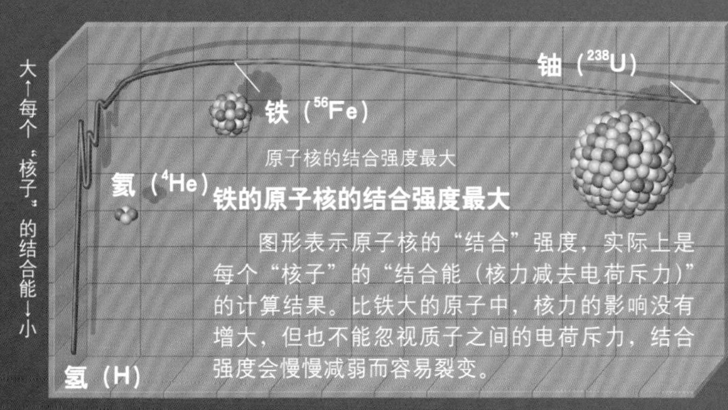


**铁的原子核的结合强度最大**

图形表示原子核的“结合”强度，实际上是每个“核子”的“结合能（核力减去电荷斥力）”的计算结果。比铁大的原子中，核力的影响没有增大，但也不能忽视质子之间的电荷斥力，结合强度会慢慢减弱而容易裂变。

**放射性衰变（β 衰变）**

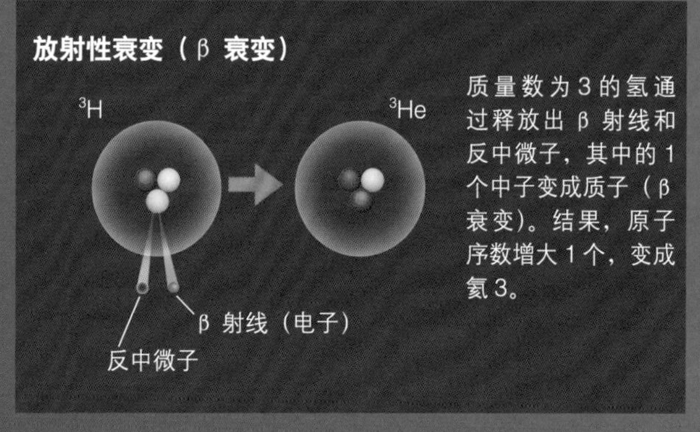


质量数为 3 的氢通过释放出 β 射线和反中微子，其中的 1 个中子变成质子（β 衰变）。结果，原子序数增大 1 个，变成氦 3。

## 应用范围广泛的放射性同位素

原子序数相同（质子数相同）、中子数不同的原子称为“同位素”，原子核不稳定，释放出放射线发生衰变的元素称为“放射性同位素”。放射性同位素的应用非常广泛。右侧是其应用实例。在医疗和地球科学等领域，放射性同位素不可或缺。

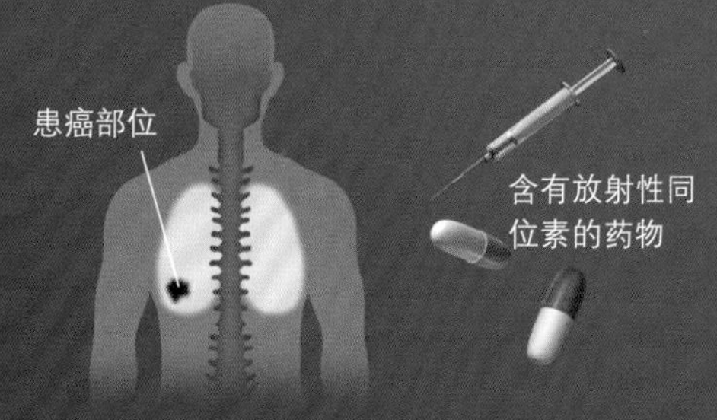


**用放射性同位素诊断癌症**

把放射性同位素附着在容易聚集到患癌部位的药物上，口服或静脉注射入体内。之后，用放射性探测仪扫描患者体内，可以明确患癌部位和病灶大小。

**用放射性同位素测定年代**

放射性同位素释放出放射线后会变成其他元素。这时，原有同位素含量衰减到一半的时间（半衰期）根据同位素不同而不同。例如，碳 14 这一放射性同位素会变成氮 14，但其半衰期是 5730 年。根据这一性质，利用碳 14 可测定年代。环境中的碳 14 含量是一定的。而且，生物体在吸收碳的同时也会排出碳，不断交换碳。因此，生物体内总会存在一定量的碳 14。生物死亡后，体内的碳就会停止交换，只是转化为氮 14。通过测定出土的贝壳、果实和遗骸等中残留的碳 14 含量，可以推测该生物死于多少年前。

# 现在确认的基本粒子一览

我们来对前文介绍的基本粒子作一个简单小结。

我们周围的物质全都是由各种原子构成的，而一切原子都仅由3种基本粒子所构成。它们是电子、上夸克和下夸克。这就是说，不论石头和电视机这些非生物，还是包括我们人类在内的生物，全都是由3种基本粒子所构成的（参见下图）。

如果只说到这3种构成物质的基本粒子，事情好像并不复杂。而物理学家通过研究发现，除了这3种基本粒子，其实还存在着与它们类似的其他粒子。这些基本粒子共分为两类，它们就是分类列在下图表中的夸克类粒子（统称“夸克”）、电子及中微子类粒子（统称“轻子”）。换句话说，在我们的眼前就有大量的粒子在飞来飞去，只是它们能够轻易地贯穿物质，我们觉察不到它们的存在而已。

在这些基本粒子中，可以看成是“重电子”的μ子和τ子，还有除上夸克和下夸克之外的其他夸克，除了在宇宙射线中有少量发现以外，在自然界中基本上并不存在，它们仅可以在加速器上通过人工合成而

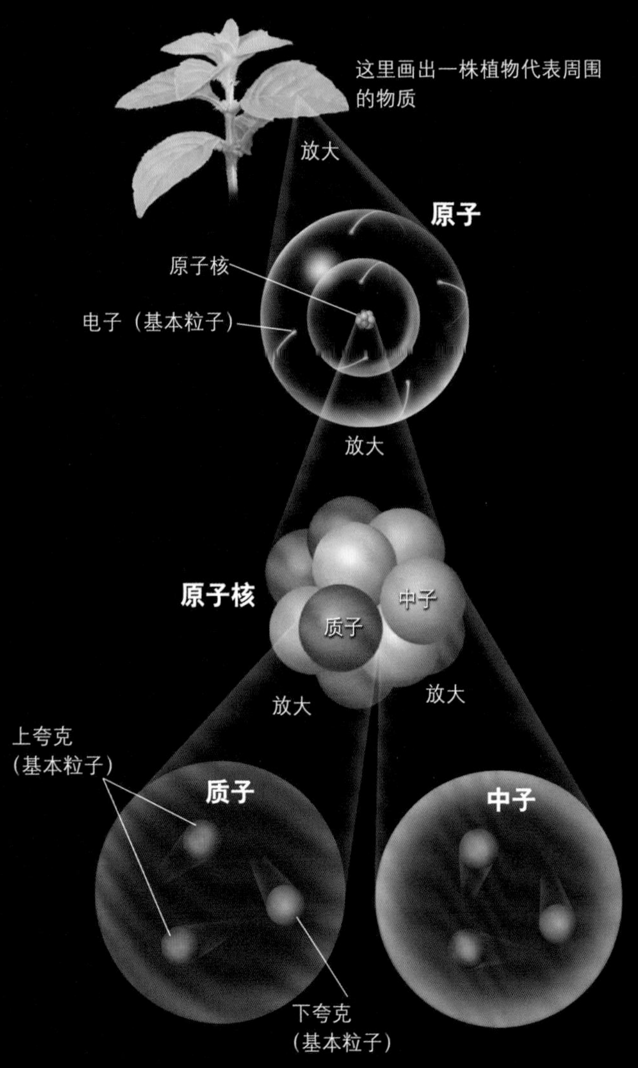


**我们周围的物质仅由3种基本粒子构成**

我们周围的物质全都是由原子构成的，而一切原子又都是由电子和上夸克及下夸克这3种基本粒子所构成。

**构成物质的基本粒子**

夸克类

| 约5倍 $+\frac{2}{3}$ 上夸克（构成原子的成分） | 约2500倍 $+\frac{2}{3}$ 粲夸克 |
|---|---|
| 约10倍 $-\frac{1}{3}$ 下夸克（构成原子的成分） | 约210倍 $-\frac{1}{3}$ 奇异夸克 |

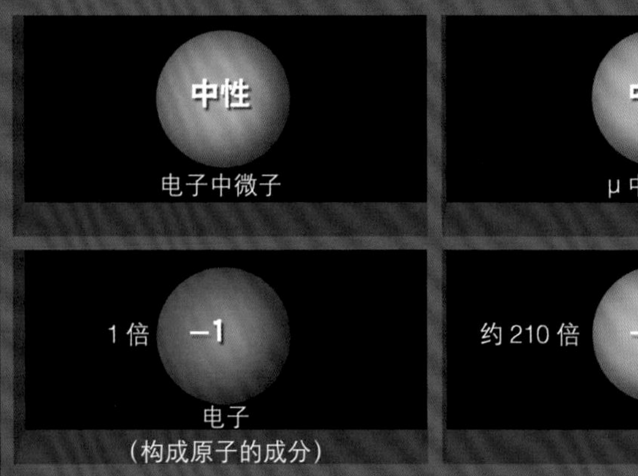


**共有6种夸克类和6种电子及中微子类基本粒子**

上表中列出的基本粒子，除了电子、上夸克和下夸克之外，全都不是构成周围物质的成分，它们仅在宇宙射线中有少量存在，并可以在加速器中制造出来。图表中代表基本粒子的各个小球左侧给出的数值，表示该粒子的质量为电子质量（$9.1\times10^{-28}$克）的倍数，小球内部的数值，表示取电子电荷为−1时的该粒子所带的电荷量。

获得。

此外，所有的基本粒子都有“镜像”般的伙伴粒子，即存在着带有相反电荷的反粒子。

## 要了解自然界还必须知道“力”

构成物质的各种基本粒子就像是自然界这个舞台上的一个个角色，如果它们互不交流，便不会“演绎”出自然界这台丰富多彩的“话剧”。自然界的一切，全都是在这些角色们彼此施加影响中进行的。这里所说的“影响”，就是作用在基本粒子之间的那些“力”（相互作用）。

“标准模型（或标准理论）”被视为现代基本粒子物理学的基础理论。实际上，根据标准模型，自然界中只有 4 种基本作用力——电磁力、重力，以及只出现在基本粒子水平的微观世界中的“强力”和“弱力”。强力是把夸克结合到一起的力，如果从基本粒子水平上来看的话，把原子核结合到一起的核力，也可以说是强力复杂地“纠缠”在一起所产生的力。而弱力是引发 β 衰变（第 151 页）的力。太阳中发生的部分氢聚变反应（第 140 页）也是由弱力启动的。

然而这些力，必须通过构成物质的基本粒子之外的其他基本粒子才能够实现（参见下面图表）。

约 34 万倍 $+\frac{2}{3}$

顶夸克

约 8300 倍 $-\frac{1}{3}$

底夸克

中性

τ 中微子

约 3500 倍 −1

τ 子

注：已经知道中微子具有质量，估计远小于电子，但是还不知道其具体数值。

### 传递力的基本粒子

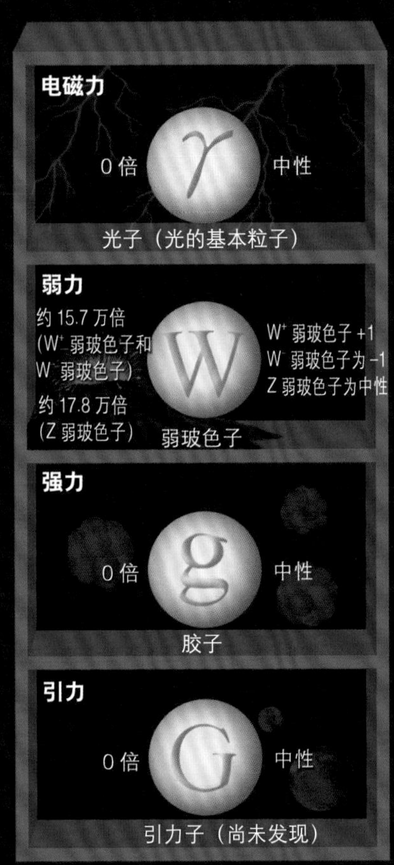


自然界存在着 4 种力，每一种力都由一种基本粒子来产生。在代表各种基本粒子的小球左侧给出的数值，是该粒子的质量为电子质量的倍数，右侧给出的，是取电子电荷为 −1 时的各基本粒子所带有的电荷量。

### 现已发现的或已被确认存在的各种基本粒子

左侧两个图表列出了现已发现的或已被确认存在的各种基本粒子。它们分为两大类：第一大类是“构成物质的基本粒子”（夸克类和电子及中微子类），第二大类是“传递力的基本粒子”。此外，还认为应该存在着下图中给出的赋予粒子以质量的“希格斯粒子”。

这里列出的这些基本粒子都是作为基本粒子物理学基础的‘标准模型’中给出的基本粒子，可以说是自发现电子（1897 年）以来基本粒子物理学的一个汇总。

#### 带有相反电荷的“反粒子”

各种基本粒子都有与它成对的对应粒子，即与它具有完全相同的质量，却带有相反电荷的“反粒子”。

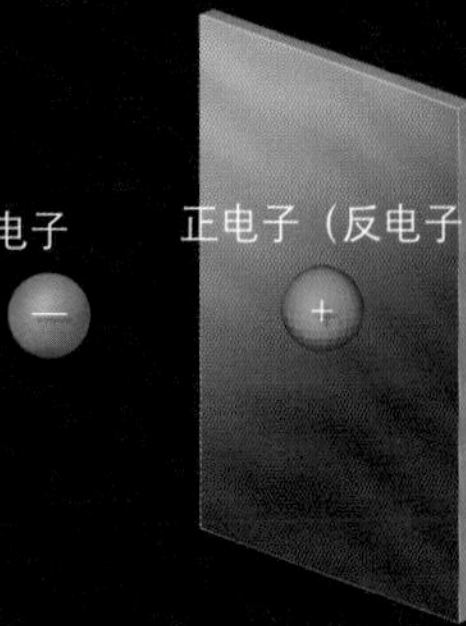


#### 赋予一切粒子以质量的希格斯粒子

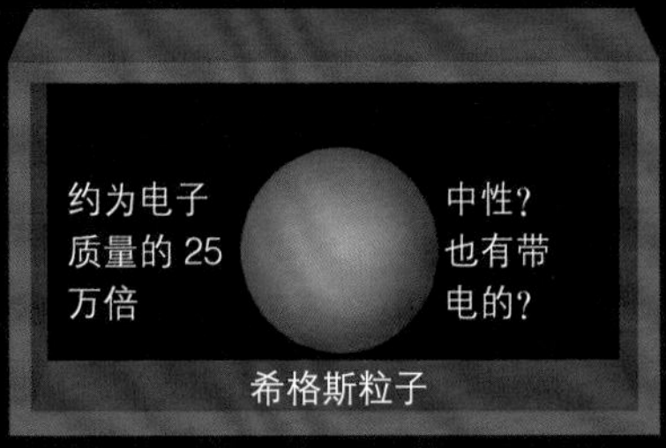


理论预言应该存在着一种赋予一切粒子以质量的“希格斯粒子”。最近发现的被认为是希格斯粒子的新粒子质量约为电子质量的 25 万倍，应该不带电荷（中性）。不过也有理论认为，应该存在着不止一种希格斯粒子。按照后一种理论，便应该也有带电的希格斯粒子。

# 物理学的历史也是“力的统一”历史

17 世纪，艾萨克·牛顿发现掌管宇宙中天体运动的力与地面上让物体落下的力是同样的力，这就是“万有引力（重力）”。**牛顿创建的万有引力定律把作用于天体的力和地上的力统一起来了**（第 1 部分）。

而且，**詹姆斯·麦克斯韦在 19 世纪创立了电磁学，指明电力和磁力可以作为“电磁力”统一处理**（第 3 部分）。

如今，大家都知道电磁力是构成所有原子和分子的力。**带正电的原子核与带负电的电子通过电磁力相互吸引，从而构成了原子和分子，甚至所有物体。**

可以说，除了重力以外，常见的各种力全都是电磁力的复杂表现。用球棒击球等物体相互接触时顶回去的力、推动沉重衣橱时的摩擦力、空气的阻力、遛狗时皮带的牵引力（拉力）等，全都是以作用于原子之间的电磁力（引力或斥力）为根基的。

就这样，通过“统一”和深入理解物理学上貌似不同的各种力，从而加深了我们对自然界的理解。现在的基本粒子物理学也继承了这一过程。基本粒子物理学家的最大奋斗目标是在理论上“统一”自然界中的所有基本力，即电磁力、弱力、强力和引力。换言之，就是把分别用不同理论解释的四种力放在一个理论中，统一成一种力。

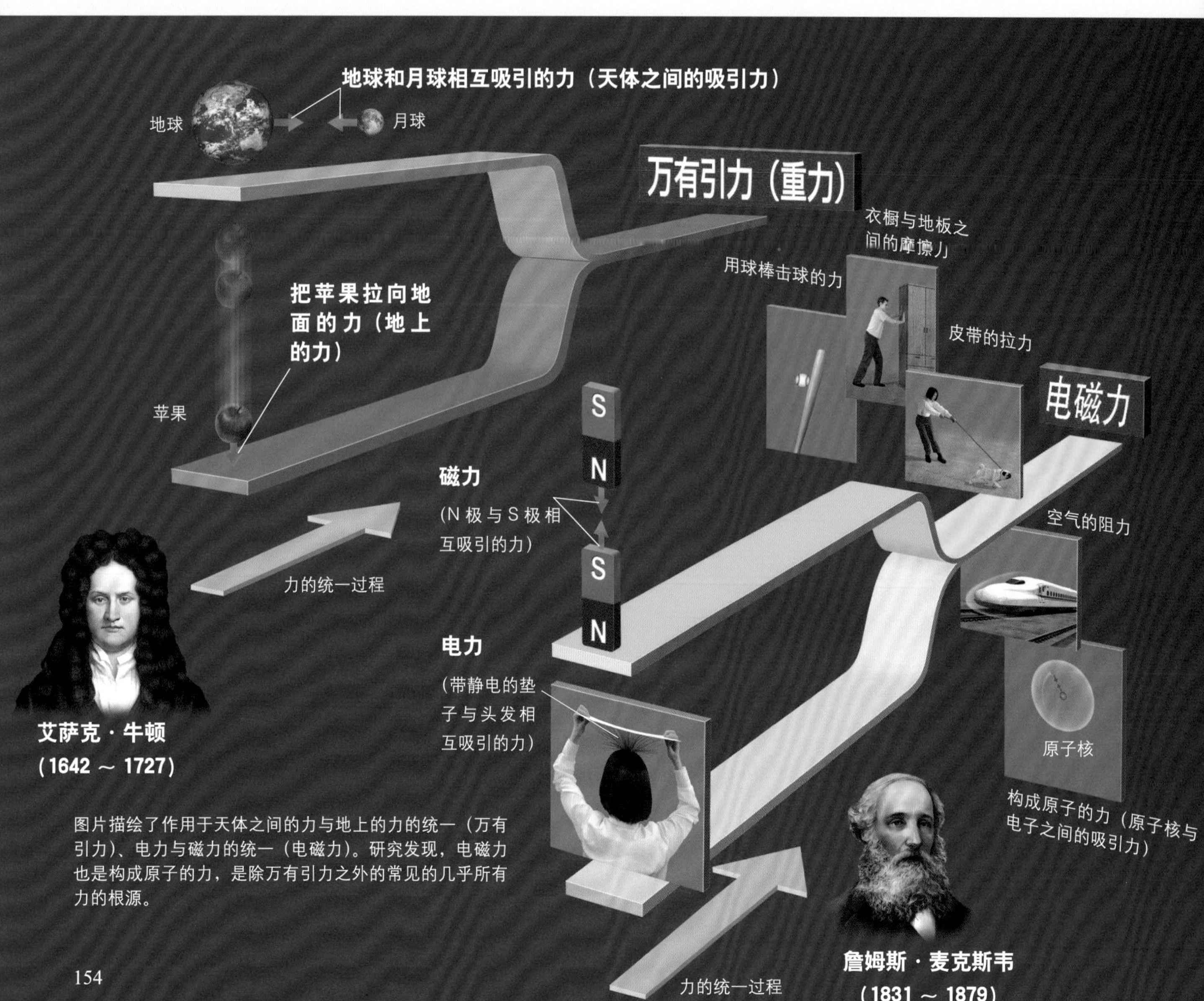


图片描绘了作用于天体之间的力与地上的力的统一（万有引力）、电力与磁力的统一（电磁力）。研究发现，电磁力也是构成原子的力，是除万有引力之外的常见的几乎所有力的根源。

## 在理论上统一了电磁力和弱力

1967 年，统一解释电磁力和弱力的“电弱统一理论（温伯格 – 萨拉姆理论）”终于完成。根据这一理论，电磁力和弱力在本质上是相同的力，但传递力的基本粒子的重量（质量）差异造就了“作用距离的远近”等差异※。传递电磁力的“光子”重量为零，但传递弱力的“W 玻色子”的质量是质子质量的 90～100 倍。

**电弱统一理论是构成基本粒子物理学标准模型的重要理论之一**。反过来说，利用标准模型所实现的“力的统一”只是到此为止。要想实现更进一步的“力的统一”，必须建立超越标准模型的理论。

现在，基本粒子物理学家正在孜孜不倦地研究，旨在建立除了电磁力和弱力之外，也包括强力在内的力的统一理论。此外，包括重力在内的“终极理论”的相关研究也正在从理论上推进。

※ 用很沉的铁球练习投接球是非常辛苦的。与此相同，在基本粒子之间传递较重的 W 玻色子也是很困难的。因此，当基本粒子之间的距离超过质子大小的 1/1000 左右时，弱力就无法作用。

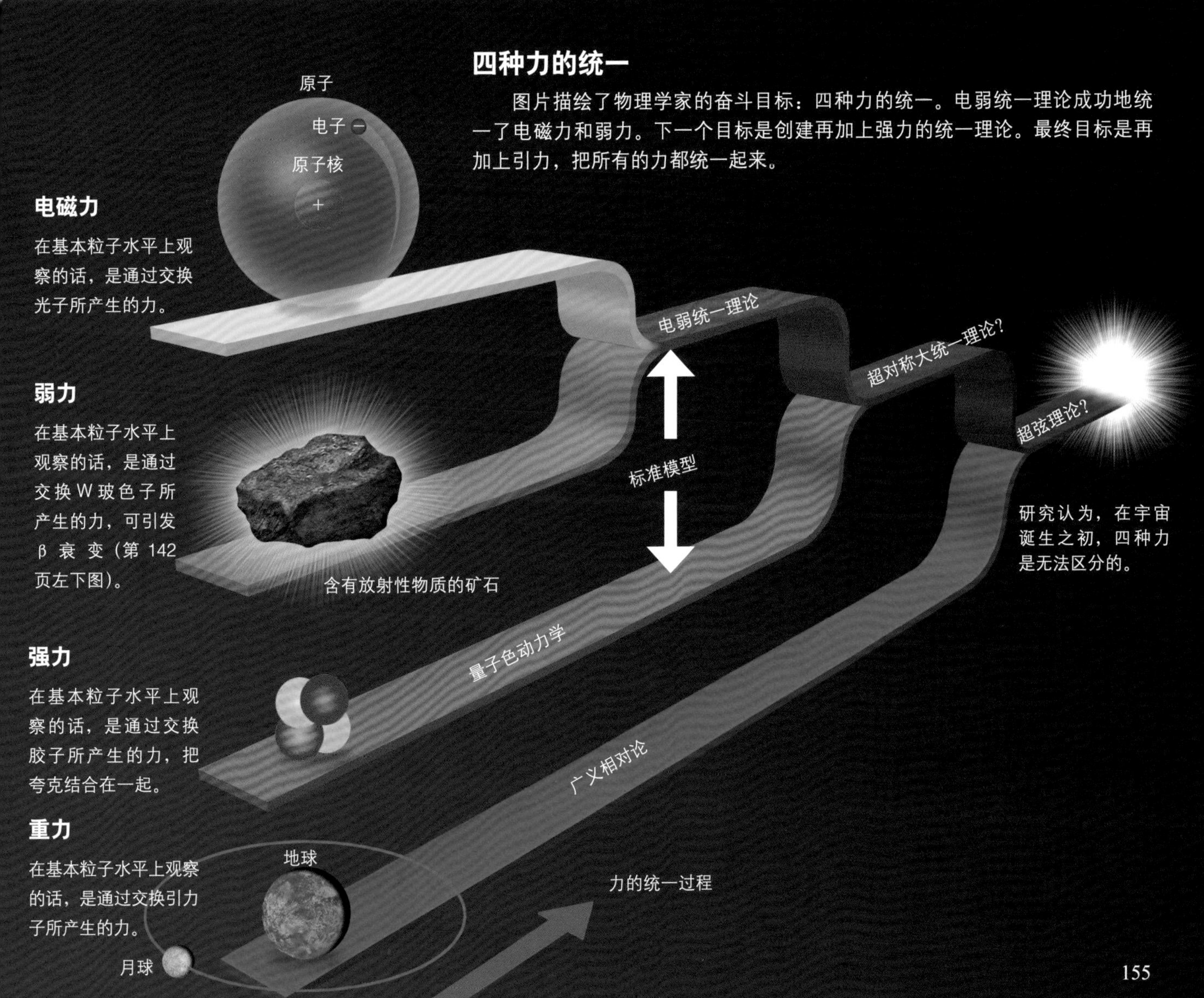

原子
电子
原子核
+
电磁力
在基本粒子水平上观察的话，是通过交换光子所产生的力。
弱力
在基本粒子水平上观察的话，是通过交换 W 玻色子所产生的力，可引发 β 衰变（第 142 页左下图）。
含有放射性物质的矿石
强力
在基本粒子水平上观察的话，是通过交换胶子所产生的力，把夸克结合在一起。
重力
在基本粒子水平上观察的话，是通过交换引力子所产生的力。
地球
月球
电弱统一理论
标准模型
超对称大统一理论?
超弦理论?
量子色动力学
广义相对论
力的统一过程
研究认为，在宇宙诞生之初，四种力是无法区分的。


### 四种力的统一

图片描绘了物理学家的奋斗目标：四种力的统一。电弱统一理论成功地统一了电磁力和弱力。下一个目标是创建再加上强力的统一理论。最终目标是再加上引力，把所有的力都统一起来。

# 万物产生自“弦线”和波动？

作为本书的结束，我们最后再来介绍一个非常有趣的话题，即最尖端的物理学理论竟然与弦乐器的琴弦所产生的波拉上了关系。

如前面的介绍，电子一类基本粒子全都具有“波粒二象性”，也就是同时具有粒子的性质和波动的性质。这里所说的粒子不可以用小球来比喻，其实是无限小的点状粒子。

但是，近年来出现的一种叫作“超弦理论”的物理学理论受到了物理学界的广泛关注，这种超弦理论不把基本粒子视作点状粒子，而是设想为一种具有长度的“弦线”。

按照超弦理论，所有的基本粒子都是由同一种弦线产生出来的。当然，虽然叫作“弦”，我们却不可以把它们想象为现实中弦线的样子。它们毕竟是量子论讨论的世界中才有的“怪异东西”——只有长度，却没有粗细（直径为零）。这种弦线的长度仅为大约 $10^{-35}$ 米。换句话说，短到只有 1 厘米的 1 亿分之 1 的 1 亿

**万物产生自弦线？**

我们周围的一切物质都是由原子构成的，原子则是由电子和原子核构成的。接下来，原子核是由质子和中子构成的，质子和中子又是由两种夸克构成的。到目前为止，科学家认为电子和夸克已经不可能再继续分割，属于基本粒子。根据超弦理论，这些基本粒子全都是由同一种弦产生出来的。不过，超弦理论现在还只能说是一种假说。

分之 1 的 1 亿分之 1，再 10 亿分之 1。要知道，原子的直径大约是 $10^{-10}$ 米，原子核的直径是大约 $10^{-15}$ 米，比较一下，我们就能知道这种弦线是如何小了。

## 超弦理论把相对论和量子论整合到一起

超弦理论把处理微观世界的“量子论”和处理宏观世界的引力理论“广义相对论”整合到一起，被认为是很有前途的一种尚未完成的“终极理论”。超弦理论能够在一个理论框架内处理一切基本粒子、基本粒子之间的作用力（相互作用）及时间和空间，简直就是一种“关于万物的理论”。

弦乐器是靠改变琴弦所产生的声波的波形使我们听到不同的声音。与此相似，超弦理论认为，弦的不同振动方式（振动模），也就是弦上所产生的“波”的不同波形，形成了我们所看见的那许多不同种类的基本粒子※。如果超弦理论被证明是正确的，那么，自然界的万物都应该是由弦线和弦线上的“波”产生出来的。

在本书中，我们先介绍了波动在自然界无所不在。然后，我们又介绍了在微观世界一切皆同波动有关。这样我们就知道，说“自然界被波动统治着”的确不是言过其实。

※ 不过，已经确知其存在的那些基本粒子（电子和各种夸克，以及传递力的各种基本粒子）并不是弦处在真正振动的状态，它们只相当于弦的“零点振动”。根据量子论，不存在完全静止的状态，即使处在能量最低的状态也还会有能量的略微起伏。零点振动指的就是这种状态。超弦理论还预言，应该存在着无数尚未被发现的粒子，它们具有较高的能量，相当于弦的真正振动状态。

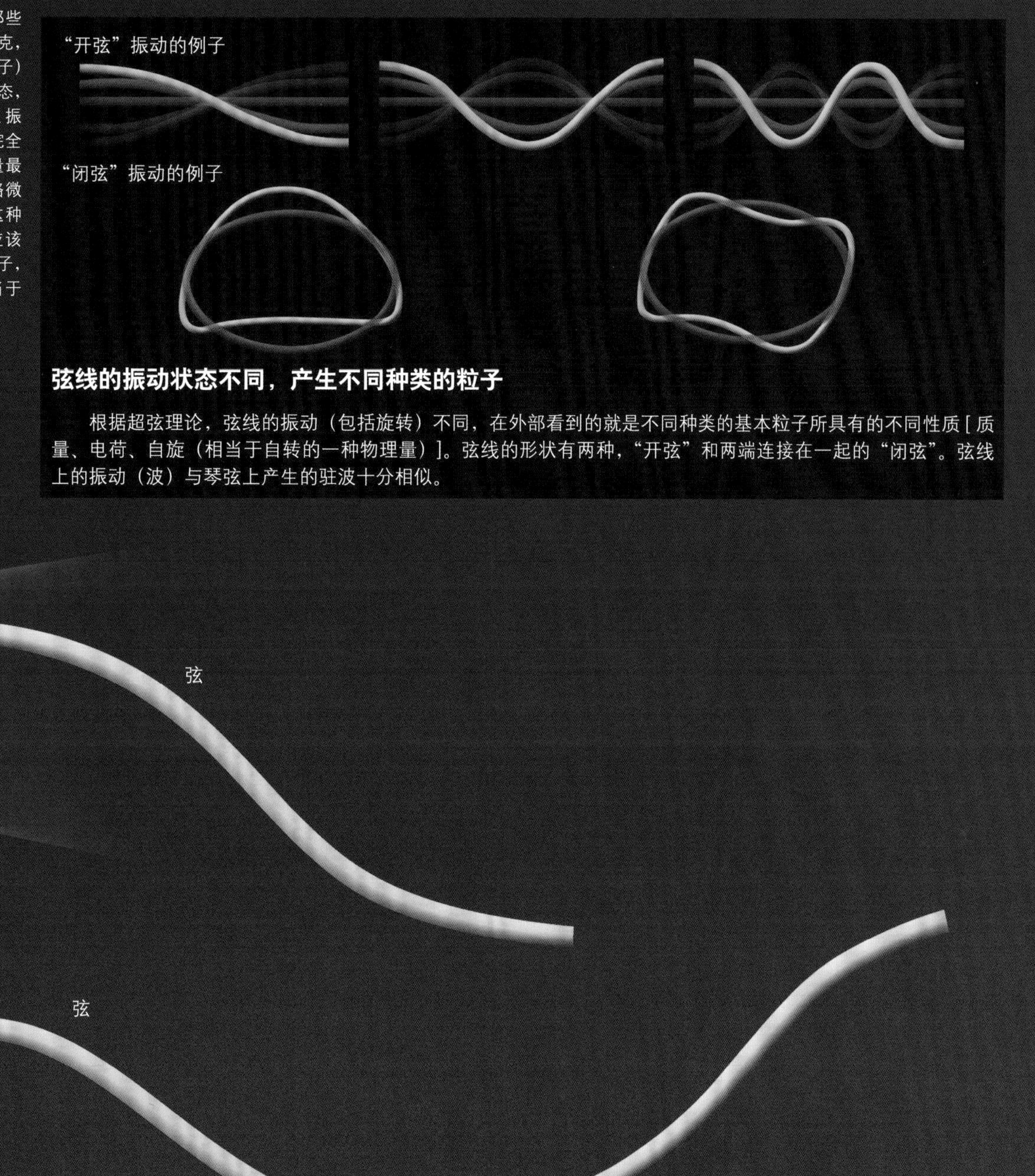


**弦线的振动状态不同，产生不同种类的粒子**

根据超弦理论，弦线的振动（包括旋转）不同，在外部看到的就是不同种类的基本粒子所具有的不同性质 [ 质量、电荷、自旋（相当于自转的一种物理量）]。弦线的形状有两种，“开弦”和两端连接在一起的“闭弦”。弦线上的振动（波）与琴弦上产生的驻波十分相似。



翻译 / 魏俊霞

## 原版图书编辑人员

主　编　木村直之
编　辑　疋田朗子

## 图片版权说明

6-7　[ 太空探测器 ] Brian Kumanchik, Christian Lopez. NASA/JPL-Caltech，[ 背景 ]ESA/Gaia/DPAC, CC BY-SA 3.0 IGO (https://creativecommons.org/licenses/by-sa/3.0/igo/)
10-11　JAXA/NASA
13　[ 跳伞的人 ]Alamy/ ユニフォトプレス
16-17　JAXA
65　Alamy/ ユニフォトプレス
72　ユニフォトプレス
75　Getty Images
88　Science Source/PPS 通信社
118　Alamy/PPS 通信社
表 4　[ 太空探测器 ] Brian Kumanchik, Christian Lopez. NASA/JPL-Caltech [ 背景 ] ESA/Gaia/DPAC, CC BY-SA 3.0 IGO ( https://creativecommons.org/licenses/by-sa/3.0/igo/)

## 插图版权说明

封面设计　设计师　宫川爱理
(插图：Newton Press)
目录　Newton Press，Newton Press· 地图数据：Reto Stöckli, Nasa Earth Observatory· 地图数据：NASA Goddard Space Flight CenterImage by Reto Stöckli (land surface, shallow water, clouds) . Enhancements by Robert Simmon (ocean color, compositing, 3D globes, animation). Data and technical support: MODIS Land Group; MODIS Science Data Support Team, MODIS Atmosphere Group; MODIS Ocean Group Additional data: USGS EROS Data Center (topography); USGS Terrestrial Remote Sensing Flagstaff Field Center (Antarctica); Defense Meteorological Satellite Program (city lights)., Newton Press
　吉原成行，Newton Press
2　Newton Press，吉原成行
3～9　Newton Press
11　[ 弹簧和人 ]Newton Press，[ 铁球和羽毛 ] 富崎 NORI
12～13　Newton Press
14～15　Newton Press· 地图数据：Reto Stöckli, Nasa Earth Observatory· 地图数据：NASA Goddard Space Flight Center Image by Reto Stöckli (land surface, shallow water, clouds). Enhancements by Robert Simmon (ocean color, compositing, 3D globes, animation). Data and technical support: MODIS Land Group; MODIS Science Data Support Team; MODIS Atmosphere Group; MODIS Ocean Group Additional data. USGS EROS Data Center (topography); USGS Terrestrial Remote Sensing Flagstaff Field Center (Antarctica); Defense Meteorological Satellite Program (city lights).
16～23　Newton Press
23　[ 牛顿 ] 小﨑哲太郎
24～25　Newton Press
25　[ 伽利略、笛卡儿 ] 小﨑哲太郎
26～27　富崎 NORI
28～29　Newton Press
30～31　Rey.Hori
32～33　富崎 NORI
34～35　小林稔
36～39　Newton Press
40　Newton Press，本园帅芳
41　Newton Press
42～43　木下真一郎
44　[ 牛顿 ] 小﨑哲太郎
44～45　小林稔
46～49　Newton Press
50～51　木下真一郎
52　[ 开普勒 ] 小﨑哲太郎
52～59　Newton Press
60　Newton Press，富崎 NORI，Newton Press
61　Newton Press，木下真一郎
62～65　Newton Press
66～69　吉原成行
70～71　カサネ · 治
73～99　Newton Press
99　吉原成行
100～133　Newton Press
134　[ 麦克斯韦 ] 黑田清桐
134～141　Newton Press
142～143　Newton Press　Ray.Hori
144～155　Newton Press
156　[ 牛顿 ] 小﨑哲太朗，[ 麦克斯韦 ] 黑田清桐
156-157　Newton Press
表 4　Newton Press

## 审阅

**和田纯夫**

日本成蹊大学特聘讲师，原东京大学大学院综合文化研究科专职讲师，理学博士。1949 年出生于千叶县，毕业于东京大学理学部物理学科，专业是理论物理，研究主题为基本粒子物理学、宇宙论、量子论、科学论等，著有《量子力学讲述的世界像》等。

## 协助

**清水明**

日本东京大学大学院综合文化研究科先进科学研究机构机构长、教授，理学博士。1956 年出生于长野县，毕业于东京大学理学部物理学科，专业为物理性基础论、量子物理，目前研究量子论给统计力学带来的异常性等，著有《热力学基础》《新版量子论的基础》等。

**中岛秀人**

日本东京工业大学自由艺术研究教育院教授，博士。1956 年出生于东京都，博士毕业于东京大学大学院理学系研究科，专业为科学技术与社会（STS）、科学技术史，主要研究 17 世纪科学技术史，著有《为工程师的工学概论》《被罗伯特 · 胡克、牛顿消灭的男人》等。